·视频讲解·

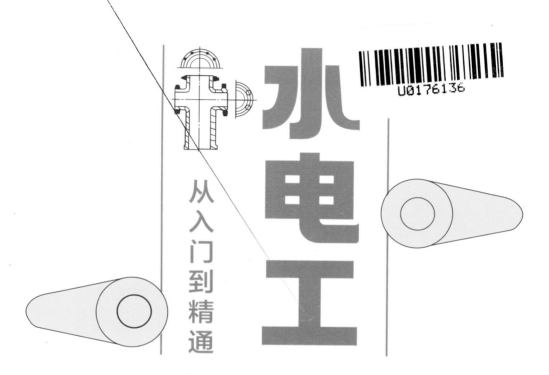

U0176136

小电工

从入门到精通

葛本利 ◎主编

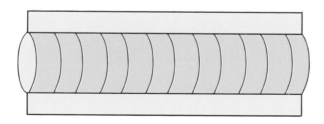

中国商业出版社

图书在版编目（CIP）数据

水电工从入门到精通 / 葛本利主编. -- 北京：中
国商业出版社，2022.2
　　（零基础学技能从入门到精通丛书）
　　ISBN 978-7-5208-1942-8

　　Ⅰ．①水… Ⅱ．①葛… Ⅲ．①房屋建筑设备－给排水
系统－建筑安装②房屋建筑设备－电气设备－建筑安装
Ⅳ．①TU82②TU85

中国版本图书馆CIP数据核字（2021）第241743号

责任编辑：许　妍

中国商业出版社出版发行

（www.zgsycb.com　100053　北京广安门内报国寺1号）

总编室：010-63180647　　编辑室：010-83114579

发行部：010-83120835/8286

新华书店经销

三河市龙大印装有限公司印刷

*

710毫米×1000毫米　16开　17.5印张　414千字

2022年2月第1版　2022年2月第1次印刷

定价：88.00元

* * * *

（如有印装质量问题可更换）

前　言

　　随着我国社会经济的不断发展，建筑行业的发展呈现出一片蓬勃的生机，而建筑水电工程在建筑工程中占据了相当重要的位置，水电工程的设计是否合理、施工是否规范，直接影响着建筑的内在品质以及人们的生活质量与生命财产安全。近年来，建筑业的发展带动了水电工程技术人员数量的极速增加，然而，在目前建筑工程水电施工中，由于技术人员水平良莠不齐，存在着许多不按规范施工、不重视施工安装质量的现象。因此从建筑水电行业安全和市场经济的需要出发，必须要培养出与当前建筑业发展相匹配的高素质建筑水电安装职业技术人才，为此我们组织编写了《水电工从入门到精通》。

　　本书针对初学入门者的特点，采用了大量图片和实施流程图，以避免空洞的理论和文字，内容通俗易懂，可以有效增强读者实际操作能力。在编写时，以知识点必需、够用为度，注重实用性，既考虑了传统水电工维修工艺，又突出了新技术、新知识的应用。在编写过程中力求体现"定位准确、注重能力、内容创新、结构合理、叙述通俗"的特色，使具有初中文化程度的读者也能读懂学会，稍加训练就可掌握基本操作技能，从而达到实用速成的目的。

　　本书根据现场施工技术人员的实际需要，结合建筑水电施工经验，以应用为目的，注重实用性，在内容编写上既介绍了水电工相关基础知识，又融入了水电工的施工经验与技巧以及施工案例。本书共分为四章，内容包括水电工基础知识、水工岗位操作规范、电工岗位操作规范、安全用电基本常识等。本书全面体现了本职业当前最新的知识与实用技术，对于提高从业人员基本素质，掌握高级水电工的核心知识与技能有直接的帮助和指导作用。本书实用性强、查阅方便，可供建筑水电初级、中级及以上技术人员以及建筑工程管理人员学习使用，也可供大中专院校相关专业的师生参考。

　　本书由五彩绳科技研究室组织编写，特邀请长期在教学工作第一线、具有丰富实践经验的教师和工程技术人员编写，其中主编为淮南技师学院葛本利副教授。

　　由于编者水平有限，书中难免存在疏漏之处，衷心希望广大读者不吝赐教，批评指正。

编　者

目录

第三章　电工岗位操作规范

第四章　安全用电基本常识

第一章 水电工基础知识

第一节 水工基础知识

一、管道工程安装图的识读

（一）管道工程图简介

1. 管道施工图分类（表 1-1-1）

表 1-1-1 管道施工图分类

类 别		定 义
按专业划分	工业（艺）管道施工图	为生产输送介质即为生产服务的管道，属于工业管道安装工程
	暖卫管道施工图	为生活或改善劳动卫生条件，满足人体舒适而输送介质的管道，属于建筑安装工程
按图形和作用划分	基本图	施工图目录：设计人员将各专业施工图，按一定的图名、顺序归纳编成施工图目录以便于查阅。通过施工图目录可以了解设计、建设单位、拟建工程名称、施工图数量、图号等情况
		设计施工说明：凡是图上无法表示出来，又必须让施工人员了解的安装技术、质量要求、施工做法等，均用文字形式表述，包括设计主要参数、技术数据、施工验收标准等
		设备材料表：是指拟建工程所需的主要设备、各类管道、阀门、防腐、绝热材料的名称、规格、材质、数量、型号的明细表
		工艺流程图：流程图是对一个生产系统或化工装置的整个工艺变化过程的表示。通过流程图可以了解设备位号、编号，建（构）物名称及整个系统的仪表控制点（温度、压力、流量测点）、管道材质、规格、编号、输送的介质、流向，主要控制阀门安装的位置、数量等
		平面图：平面图主要用于表示建（构）筑物、设备及管线之间的平面位置和布置情况，反映管线的走向、坡度、管径、排列及平面尺寸、管路附件及阀门位置、规格、型号等

续表

类 别			定 义
按图形和作用划分	基本图	轴测图	轴测图又称系统图,能够在一个图面上同时反映出管线的空间走向和实际位置,帮助读者想象管线的空间布置情况。轴测图是管道施工图的重要图形之一,系统轴测图是以平面图为主视图,进行第一象限 45° 或 60° 角斜投影绘制的斜等轴测图
		立面图和剖面图	立(剖)面图主要反映建筑物和设备、管线在垂直方向上的布置和走向、管路编号、管径、标高、坡度和坡向等情况
	详图	节点详图	主要反映管线某一部分的详细构造及尺寸,是对平面图或其他施工图所无法反映清楚的节点部位的放大
		大样图	大样图主要表示一组设备配管或一组配件组合安装的详图。其特点是用双线表示,对实物有真实感,并对组体部位的详细尺寸均做标注
		标准图	是一种具有通用性质的图样,是国家部委或各设计院绘制的具有标准性的图样,主要反映设备、器具、支架、附件的具体安装方位及详细尺寸,可直接应用于施工安装

2. 管道施工图主要内容及表示方法

（1）标题栏

标题栏提供的内容比图纸目录更进一层,其格式没有统一规定。标题栏常见内容见表 1-1-2。

表 1-1-2　标题栏常见内容

内 容	解 释
项目	根据该项工程的具体名称而定
图名	表明本张图纸的名称和主要内容
设计号	指设计部门对该项工程的编号,有时也是工程的代号
图别	表明本图所属的专业和设计阶段
图号	表明本专业图纸的编号顺序（一般用阿拉伯数字注写）

（2）比例

管道施工图上的长短与实际相比的关系叫作比例。各类管道施工图常用的比例见表 1-1-3。

表 1-1-3　管道施工图常用比例

名 称	比 例
小区总平面图	1∶2000，1∶1000，1∶500，1∶200
总图中管道断面图	横向　1∶1000，1∶500 纵向　1∶200，1∶100，1∶50
室内管道平、剖面图	1∶200，1∶100，1∶50，1∶20
管道系统轴测图	1∶200，1∶100，1∶50 或不按比例
流程图或原理图	无比例

（3）标高的表示

标高是标注管道或建筑物高度的一种尺寸形式。标高符号的形式如图1-1-1所示。标高符号用细实线绘制，三角形的尖端画在标高引出线上，表示标高位置，尖端的指向可向下，也可向上。剖面图中的管道标高按图1-1-2标注。

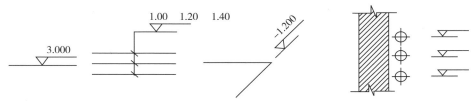

图1-1-1 平面图与系统图中管道标高的标注   图1-1-2 剖面图中管道标高的标注

标高值以米为单位，在一般图纸中宜注写到小数点后3位，在总平面图及相应的小区管道施工图中可注写到小数点后2位。

各种管道在起讫点、转角点、连接点、变坡点、交叉点等处视需要标注管道的标高，地沟宜标注沟底标高，压力管道宜标注管中心标高，室内外重力管道宜标注管内底标高，必要时室内架空重力管道可标注管中心标高（图中应加以说明）。

（4）方位标的表示

确定管道安装方位基准的图标，称为方位标。管道底层平面上一般用指北针表示建筑物或管线的方位；建筑总平面图或室外总体管道布置图上还可用风向频率玫瑰图表示方向，如图1-1-3所示。

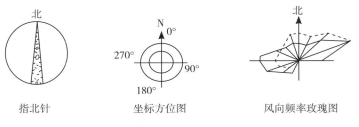

指北针   坐标方位图   风向频率玫瑰图

图1-1-3 方位标

（5）管径的表示

施工图上管道管径尺寸以毫米为单位，标注时通常只注写代号与数字，而不注明单位。低压流体输送用镀锌焊接钢管、不镀锌焊接钢管、铸铁管、硬聚氯乙烯管、聚丙烯管等，管径应以公称直径 DN 表示，如 $DN15$；无缝钢管、直缝或螺旋缝焊接钢管、有色金属管、不锈钢管等，管径应以外径 × 壁厚表示，如 $D108 \times 4$；耐酸瓷管、混凝土管、钢筋混凝土管、陶土管（缸瓦管）等，管径应以内径 d 表示，如 $d230$。

管径在图纸上一般标注在以下位置上：管径尺寸变径处，水平管道的上方，斜管道的斜上方，立管道的左侧，如图1-1-4所示。当管径尺寸无法按上述位置标注时，可另找适当位置标注。多根管线的管径尺寸可用引出线标注，如图1-1-5所示。

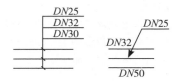

图 1-1-4　管径尺寸标注位置　　　　图 1-1-5　多根管线管径尺寸标注

（6）坡度、坡向的表示

管道的坡度及坡向表示管道倾斜的程度和高低方向，坡度用字母"i"表示，在其后加上等号并注写坡度值；坡向用单面箭头表示，箭头指向低的一端。常用的表示方法如图 1-1-6 所示。

（7）管道连接的表示

管道连接有法兰连接、承插连接、螺纹连接和焊接连接，它们的连接符号见表 1-1-4。

图 1-1-6　坡度及坡向表示

表 1-1-4　管道连接图例

名　称	图　例	名　称	图　例
法兰连接		四通连接	
承插连接		盲　板	
活接头		管道丁字上接	
管　堵		管道丁字下接	
法兰堵盖		管道交叉	
弯折管	管道向后及向下弯转 90°	螺纹连接	
三通连接		焊　接	

（8）管线的表示

管线的表示方法很多，可在管线进入建筑物入口处进行编号。管道立管较多时，可进行立管编号，并在管道上标注出管材、介质代号、工艺参数及安装数据等。图 1-1-7 是管道系统入口或出口编号的两种形式，其中图 1-1-7（a）主要用于室内给水系统的入口和室内排水系统出口的系统编号；图 1-1-7（b）则用于采暖系统入口或动力管道系统入口的系统编号。立管编号，通常在 8 ～ 10mm 直径的圆圈内，注明立管性质及编号，如给水立管用 JL 表示。

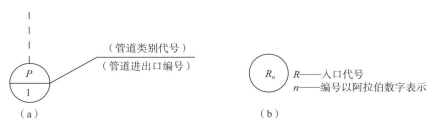

图 1-1-7 管道系统编号

（二）给排水管道施工图的识读

1. 识读内容

建筑给排水管道施工图主要包括平面图、系统图和详图三部分，具体识读内容见表1-1-5。

表1-1-5 建筑给排水管道施工图识读内容

识读对象		内容及注意事项
平面图		建筑给排水管道平面布置图是施工图中最重要和最基本的图样，其比例为1：50和1：100两种。主要表明室内给水排水管道、卫生器具和用水设备的平面布置，识读时应掌握的主要内容和注意事项有以下几点
	1	查明卫生器具、用水设备（开水炉、水加热器）和升压设备（水泵、水箱）的类型、数量、安装位置、定位尺寸
	2	弄清给水引入管和污水排出管的平面位置、走向、定位尺寸、与室外给排水管网的连接方式、管径及坡度
	3	查明给水排水干管、主管、支管的平面位置与走向、管径尺寸及立管编号
	4	对于消防给水管道应查明消火栓的布置、口径大小及消火栓箱形式与设置。对于自动喷水灭火系统，还应查明喷头的类型、数量以及报警阀组等消防部件的平面位置、数量、规格、型号
	5	应查明水表的型号、安装位置及水表前后的阀门设置情况
	6	对于室内排水管道，应查明清通设备的布置情况，同时，弯头、三通应考虑是否带检修口。对于大型厂房的室内排水管道应注意是否设有室内检查井以及检查井的进出管与室外管道的连接方式。对于雨水管道应查明雨水斗的布置、数量、规格、型号，并结合详图查清雨水管与屋面天沟的连接方式及施工做法
系统图		给水和排水管道系统图是分系统绘制成正面斜等轴测图的，主要表明管道系统的空间走向。识读时应掌握的主要内容和注意事项有以下几点
	1	查明给水管道系统的具体走向，干管敷设形式、管径尺寸、阀门设置以及管道标高。识读给水系统图时，应按引入管、干管、立管、支管及用水设备的顺序进行
	2	查明排水管道系统的具体走向、管路分支情况，管径尺寸、横管坡度、管道标高、存水弯形式、清通设备设置型号、弯头、三通的选用是否符合规范要求。识读排水管道系统图时，应按卫生器具或排水设备的存水弯、器具排水管、排水横管、立管、排出管的顺序进行
详图		室内给排水管道详图主要包括管道节点、水表、消火栓、水加热器、开水炉、卫生器具、穿墙套管、排水设备、管道支架等，图上均注有详细尺寸，可供安装时直接使用

2. 识图实例

【**实例**】 图 1-1-8 ～图 1-1-10 是某三层办公楼的给水排水管道平面图和系统图，试对这套施工图进行识读。

通过识读平面图得知该办公楼底层设有淋浴间，二层和三层设有卫生间。淋浴间内设有四组淋浴器、一只洗脸盆、一只地漏；二层卫生间内设有三套高水箱蹲式大便器、两套小便器、一只洗脸盆、两只地漏；三层卫生间布置与二层相同。每层楼梯间均设有消火栓箱。

给水引入管的位置处于 7 号轴线东 615mm 处，由南向北进入室内并分两路，一路由西向东进入淋浴间，立管编号为 JL1；另一路进入室内后向北至消防栓箱，消防立管编号为 JL2。

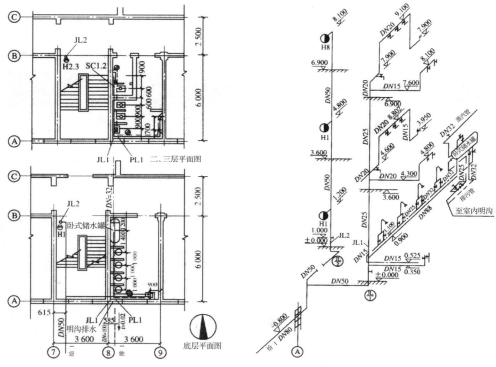

图 1-1-8　管道平面图　　　　　　　　图 1-1-9　给水管道系统图

JL1 位于 A 轴线和 8 号轴线的墙角处，该立管在底层分两路供水，一路由南向北沿 8 号轴线沿墙敷设，管径为 DN32，标高为 0.900m，经过四组淋浴器进入储水罐。另一路沿 A 轴线沿墙敷设，送至洗脸盆。标高为 0.350m，管径为 DN15。管道在二层也分两路供水，一路为洗涤盆供水，标高为 4.600m，管径为 DN20。又登高至标高 5.800m，管径为 DN20，为蹲式大便器高水箱供水，再返低至 3.950m，管径为 DN15，为洗脸盆供水。另一路由西向东，标高为 4.300m，登高至 4.800m 转向北，为小便器供水。

JL2 设在 B 轴线和 7 号轴线的楼梯间，在标高 1.000 处设闸阀，消火栓编号为 H1、H2、H3，分别设在 1 ～ 3 层距地面 1.200m 处。

排水系统图中，一路是地漏、洗脸盆、蹲式大便器及洗涤盆组成的排水横管，在排水横管上设有清扫口。清扫口之前的管径为 $DN50$，之后的管径为 $DN100$。另一路是由两只小便器、地漏组成的排水横管。地漏之前的管径为 $DN50$，之后的管径为 $DN100$。两路横管坡度均为 0.020。底层是由洗脸盆、地漏组成的排水横管，为埋地敷设，地漏之前的管径为 $DN50$，之后的为 $DN100$，坡度为 0.020。

排水立管及通气管管径为 $DN100$，立管在底层和三层分别距地面 1.00m 处设检查口，通气管伸出屋面 0.700m。排出管管径 $DN100$，穿墙处标高为 −0.900m，坡度为 0.020。

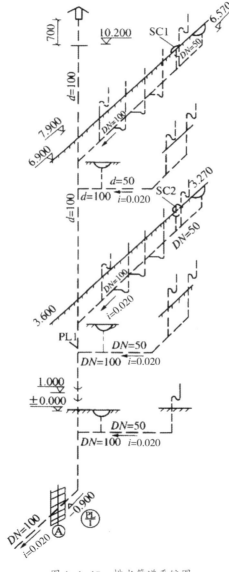

图 1-1-10 排水管道系统图

（三）室外给排水系统施工图的识读

1. 识读内容（表 1-1-6）

表 1-1-6　室外给排水系统施工图识读内容

识读对象		识读内容
平面图识读		室外给排水管道平面图主要表示一个小区或楼房等给排水管道布置情况，识读时应注意
	1	查明管路平面布置与走向。通常给水管道用粗实线表示，排水管道用粗虚线表示，检查井用直径 2 ～ 3mm 的小圆表示。给水管道的走向是从大管径到小管径，通向建筑物；排水管的走向是从建筑物出来到检查井，各检查井之间从高标高到低标高，管径从小到大
	2	查明消火栓、水表井、阀门井的具体位置。当管路上有泵站、水池、水塔及其他构筑物时，要查明这些构筑物的位置、管道进出的方向，以及各构筑物上管道、阀门及附件的设置情况
	3	了解给排水管道的埋深及管径。管道标高往往标注绝对标高，识读时要搞清楚地面的自然标高，以便计算管道的埋设深度。室外给排水管道的标高通常是按管底来标注的
	4	特别要注意检查井的位置和检查井进出管的标高。当没有标高标注时，可用坡度计算出管道的相对标高。当排水管道有局部污水处理构筑物时，还要查明这些构筑物的位置、进出接管的管径、距离、坡度等，必要时应查看有关详图，进一步搞清构筑物构造及构筑物上的配管情况
纵断面图识读		由于地下管道种类繁多，布置复杂，为了更好地表示给排水管道的纵断面布置情况，有些工程还绘制管道纵断面图，识读时应注意
	1	查明管道、检查井的纵断面情况。有关数据均列在图样下面的表格中，一般列有检查井编号及距离、管道埋深、管底标高、地面标高、管道坡度和管道直径等
	2	由于管道长度方向比直径方向大得多，纵断面图绘制时纵横向采用不同的比例

　　管道纵断面图分为上下两部分，上部分的左侧为标高塔尺，靠近塔尺的左侧注上相应的绝对标高，右侧为管道断面图形，下部分为数据表格。

　　读图时，先识读平面图，然后结合平面图识读断面图。读断面图时，先看是哪种管道的纵断面图，然后看该管道纵断面图形中有哪些节点，并在相应的平面图中找该管道及其相应的各节点。最后在该管道纵断面图的数据表格内，查找其管道纵断面图形中各节点的有关数据。

2. 室外给排水系统管道施工图识读举例

　　某大楼室外给排水管道平面图和纵断面图如图 1-1-11、图 1-1-12 所示。

　　室外给水管道布置在大楼北面，距外墙约 2m（用比例尺量），平行于外墙埋地敷设，管径 DN80，由 3 处进入大楼，管径为 DN32、DN50、DN32。室外给水管道在大楼西北角转弯向南，接水表后与市政给水管道连接。

　　室外排水系统有污水系统和雨水系统，污水系统经化粪池后与雨水管道汇总排至市政排水管道。污水管道由大楼 3 处排出，排水管管径、埋深见室内排水管道施工图。污水管道平行于大楼北外墙敷设，管径 d150，管路上设有 5 个检查井（编号 13、14、15、16、17）。

大楼污水汇集到 17 号检查井后排入化粪池，化粪池的出水管接至 11 号检查井后与雨水管汇合。

室外雨水收集大楼屋面雨水，大楼南面设 4 根雨水立管、4 个检查井（编号 1、2、3、4），北面设有 4 根立管、4 个检查井（编号 6、7、8、9），大楼西北设一个检查井（编号 5）。南北两条雨水管管径均为 $d230$，雨水总管自 4 号检查井至 11 号检查井，管径 $d380$，污水雨水汇合后管径仍为 $d380$。雨水管起点检查井管底标高：1 号检查井 3.200m，5 号检查井 3.300m，总管出口 12 号检查井管底标高 2.550m。其余各检查井管底标高见平面图或纵断面图。

接市政排水管道
2.550
12
d380
2.600(北)
3.000(西)
11
化粪池
d150
3.100
3.050
2.880
3.130
2.650(北)
2.800(西)
3.350
6
7
8
9
10
13
14
15
16
17
d230
d150
DN80
d380
3.300
5
DN32
DN50
DN32
4.400(±0.000)
DN80
2.750(北)
2.900(西)
d100
d230
3.200
1
2
3
4
接市政给水管道

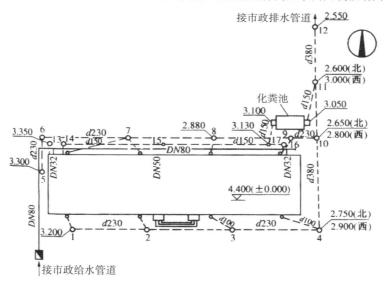

图 1-1-11　某大楼室外给排水管道平面图

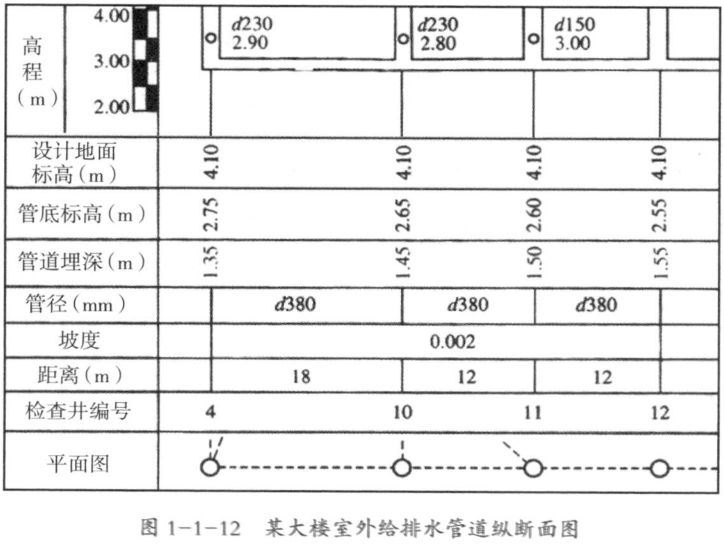

高程（m）
4.00
3.00
2.00
d230 2.90
d230 2.80
d150 3.00
设计地面标高（m）
4.10 4.10 4.10 4.10
管底标高（m）
2.75 2.65 2.60 2.55
管道埋深（m）
1.35 1.45 1.50 1.55
管径（mm）
d380 d380 d380
坡度
0.002
距离（m）
18 12 12
检查井编号
4 10 11 12
平面图

图 1-1-12　某大楼室外给排水管道纵断面图

（四）室内采暖管道施工图的识读

1. 识读内容

室内采暖管道施工图主要表示一栋建筑物的供暖系统，主要包括平面图、系统图、详图。具体识读内容见表1-1-7。

表1-1-7　室内采暖管道施工图识读内容

识读对象		识读内容
平面图		室内采暖平面图主要表示管道、附件及散热器在建筑物平面上的位置及相互关系
	1	查明建筑物内散热器的平面位置、种类、片数及散热器的安装形式、方式
	2	查明水平干管的布置方式、干管上的阀门、固定支架、补偿器等的平面位置、型号、干管管径
	3	通过立管编号查明系统立管的数量和平面布置位置
	4	在热水采暖系统平面图上查明膨胀水箱、自动排气阀或集气罐的位置、型号、配管管径及布置。对车间蒸汽采暖管道，应查明疏水器的平面位置、规格尺寸、疏水装置组成等
	5	查明热媒入口及入口地沟情况。当热媒入口无节点详图时，平面图上一般将入口组成的设备如减压阀、疏水器、分水器、分汽缸、除污器、控制阀、温度计、压力表、热量表等表示清楚，并标注管径、热媒来源、流向、热工参数等。如果热媒入口主要配件与国家标准图相同时，平面图则注明规格、标准图号，可按给定标准图号查阅。当热媒入口有节点详图时，平面图则注明节点图的编号以备查阅
系统图		采暖系统图主要表示从热媒入口至出口的采暖管道，散热设备及附件的空间位置和互相之间的关系
	1	查明管道系统中干管与立管之间及支管与散热器之间的连接方式、阀门安装位置及数量，各管径大小、坡度坡向、水平干管的标高、立管编号、管道的连接方式
	2	查明散热器的规格型号、类型、安装形式及方式和片数（中片和足片）、标高、散热器进场形式（现场组对或成品）
	3	查明各种阀件、附件及设备在管道系统中的位置，凡是注有规格型号者，应与平面图和材料明细表进行校对
	4	查明热媒入口装置中各种阀件、附件、仪表之间相对关系及热媒的来源、流向、坡向、标高、管径等。如有节点详图时，应查明详图编号及内容
详图		采暖施工图的详图包括标准图和节点图两种。标准图是详图的重要组成部分。供水管、回水管与散热器之间的连接形式、详细尺寸和安装要求，均可用标准图表示。因此，对施工技术人员来说，掌握常用的标准图，熟知必要的安装尺寸和管道配件、施工方法，对于组织施工活动，控制施工质量是十分必要的。采暖管道施工中常用标准图的内容如下
	1	膨胀水箱、冷凝水箱的制作、配件与安装
	2	分汽罐、分水器、集水器的构造、制作与安装
	3	疏水器、减压阀、减压板的组成形式和安装方法
	4	散热器的连接与安装要求
	5	采暖系统立、支、干管的连接形式
	6	管道支、吊架的制作与安装
	7	集汽罐的制作与安装

各种散热器的规格及数量应按以下规定标注：

（1）柱型散热器只标注数量；

（2）圆翼型散热器应标注根数和排数；

（3）光排管散热器应标注管径、长度、排数及型号（A 型和 B 型）。

2. 识图实例

【实例】 某器材仓库底层和二层采暖平面图、系统图，如图 1-1-13、图 1-1-14 所示。试对这套图样进行识读。

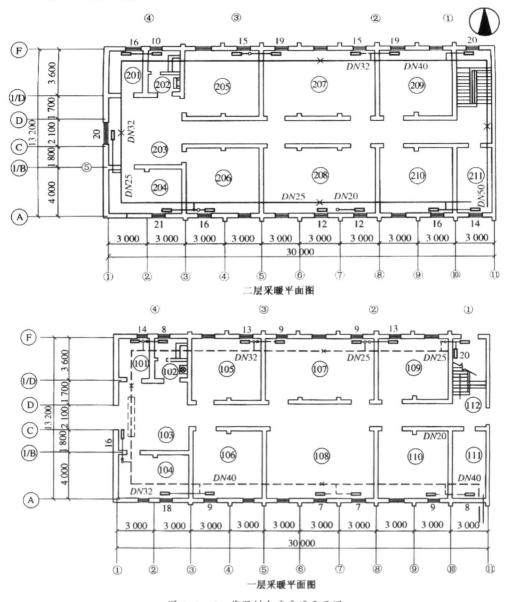

图 1-1-13 某器材仓库采暖平面图

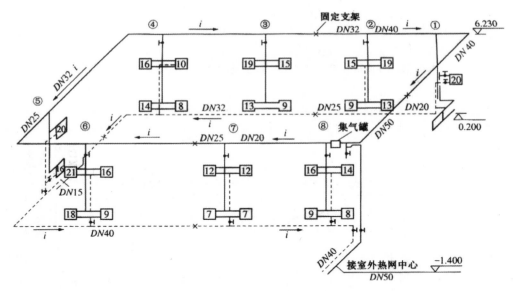

图 1-1-14　某器材仓库采暖管道系统轴测图

通过识读平面图可以了解建筑物总长为 30m，总宽为 13.2m，水平轴线为①～⑪，竖向轴线为Ⓐ～Ⓕ。建筑物出入口有两处，其中一处位于⑩、⑪轴线之间，另一处在Ⓒ、Ⓓ轴线之间。每层各有面积不等的约 11 个房间。

在建筑物的两个入口处，散热器布置在门口墙壁上，其余的散热器全部布置在各房间的窗台下。散热器的片数均注在散热器图例上。

通过查阅系统图得知，本例为双管上分式热水采暖系统，热媒干管管径为 DN50，标高为 -1.40m，由南向北穿过轴线外墙进入 111 号房间，在Ⓐ～⑪轴线交角处登高，在总立管上安装一控制阀门。总立管登高至二层 6.00m，在天棚下沿墙敷设。干管管径依次为 DN50、DN40、DN32、DN25、DN20。本例共有 8 根立管，管径均为 DN20。立管为双管式，采用三通和四通与散热器连接。回水干管的起始端在 103 房间，标高为 0.200m，沿墙在底层地面拖地敷设，管道坡度与回水流动方向为同向。回水干管在 103 房间过门处，返低至地沟绕过大门。干管管径依次为 DN20、DN25、DN32、DN40、DN50。干管在 111 房间返低 -1.400m 流至室外管道。

在供水、回水立管上均设有阀门，但①立管上未装，而在散热器的支管上安装阀门。

由图 1-1-14 得知，干管上设有固定支架，供水干管上设有 4 个，回水干管上设有 3 个。管道活动支架通常在施工图上是不显示的，施工人员应按有关规范要求，在现场选定和设置。

在识读平面图和系统图的同时，需要查阅部分标准图，本例中集气罐构造详图，如图 1-1-15 所示，散热器与立支管的连接，如图 1-1-16 所示。

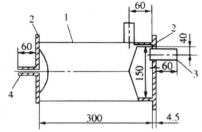

图 1-1-15　集气罐构造详图
1—外壳；2—盖板；
3—放空气管；4—供水干管

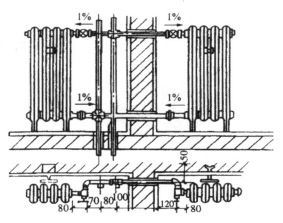

图 1-1-16　散热器与立支管连接

（五）室外供热管道施工图的识读

室外供热管道施工图主要反映从热源（锅炉房）至用热建筑物热媒入口的管道布置情况。包括平面图，管道纵、横断图，详图，具体内容见表1-1-8。

表 1-1-8　室外供热管道施工图识读内容

识读对象	主要内容	
平面图	建筑总平面的地形、地貌、标高、道路、建筑物的位置等	
	管道名称、用途、平面位置、标高、管径、连接方式	
	管道支架形式、数量、位置，管道地沟的形式、平面尺寸	
	阀门、补偿器、疏水器、放气装置的形式、位置、数量、安装方式以及阀门井、阀门操作平台等的位置、平面尺寸、标高等	
管道纵、横断面图	室外供热管道纵、横断面图主要反映管道、地沟、管架在某一纵、横断面上的布置情况	
	1	管道在纵断面和横断面上的布置、管道间距、管道坡度、管道标高
	2	管架的布置、标高、地沟断面尺寸、地面标高、地沟坡度
	3	补偿器、疏水器等管道附件的设置位置、标高

二、管工常用工具

1. 管子台虎钳

管子台虎钳又称龙门压力钳、龙门台虎钳，如图1-1-17所示。管子台虎钳安装在钳工工作台上或三脚架上，是用来夹紧管子，并对管子进行锯割、套螺纹或装配拆卸管子的加工工具。

管子台虎钳按夹持管子直径大小分为6种规格：10～60mm，10～90mm，15～115mm，15～165mm，30～220mm，30～300mm。

使用管子台虎钳时，一定要把台虎钳牢固地垂直固定在工作台上，钳口必须与工作台边缘相平。安装好的台虎钳下钳口应牢固可靠，上钳口上下移动自由。

（a）管子台虎钳　　　（b）轻便型桌上管子台虎钳　　　（c）三角架式管子台虎钳

图 1-1-17　管子台虎钳示意图

加工管子时应选用符合规格的台虎钳。加工过长管子时，应支撑管子另一端，以防翻转。加工脆性或软性的管子时应用布或铜皮等垫夹管子。夹持管子不能过紧，以防管子损伤。装夹管件时，必须插上保险销，压紧螺杆，旋转时用力适当，不得用锤子击打手柄或加装套管旋转螺杆。

2. 管钳

管钳有张开式和链条式两种，它是夹持、旋转各种管子、管路附件和圆形工件的常用工具（图 1-1-18）。

（a）张开式　　　　　　　　　　　（b）链条式

图 1-1-18　管钳示意图

（1）张开式管钳又称管子钳，由钳柄、套夹和活动钳口组成。活动钳口由套夹与钳柄相连，钳口两侧有齿牙以便咬住管子使之转动。转动管钳上螺母可调节钳口张开大小。张开式管钳的规格是根据其张口中心至手柄端头的长度来划分的（表 1-1-9）。

表 1-1-9　管钳规格及适用范围　　　　　　　　　单位：mm

规格	150	200	250	300	350	450	600	900	1200
夹持管子最大径	20	25	30	40	50	60	75	85	110

随着工具的开发，新型的工具不断产生，而且被广泛应用，如六角管钳等（图 1-1-19）。

图 1-1-19　六角管钳示意图

（2）链条式管钳（链条钳）是通过链条来锁紧管子并使之转动的，它适用于管径较大的管子。链条钳的规格也是根据其长度来划分的。链条钳规格及适用范围见表 1-1-10。

表 1-1-10 链条钳规格及适用范围 单位：mm

型号	A 型	B 型		
规格	300	900	1000	1200
夹持管子最大径	50	100	200	250

链条钳的形式在不断变化，重型链条钳和皮带钳就是新型的管钳，如图 1-1-20 所示。

40118736
重型链条钳

40118712
链条钳(单排)

图 1-1-20 重型链条钳和皮带钳

使用管钳时，要两手协调操作：一手扳手柄，另一手调节螺母使之咬住管子，以防打滑。扳动手柄时，用力不要过猛，更不允许在钳柄上加套管。当钳柄末端高出操作者头部时，不得采用正面拉吊的方式扳动手柄。不得用管钳代替扳手操作带棱角的工件（除六角管钳外），也不得当撬杠和锤子使用。

3. 手锯

（1）手锯的结构。手锯由锯架和锯条两部分组成。如图 1-1-21 所示。

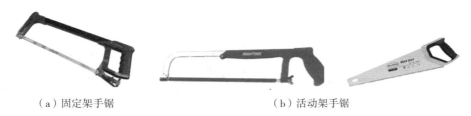

（a）固定架手锯 （b）活动架手锯

图 1-1-21 手锯

表 1-1-11 锯条的分类

分类型式	分类
按锯条型式	可分为单面齿型（A 型，普通齿型）和两面齿型（B 型）
按锯条特性	可分为全硬型（代号 H）和挠性型（代号 F）
按锯路（锯齿排列）形状	可分为交叉锯路和波浪形锯路
按锯条材质	可分为优质碳素结构钢（代号 D）、碳素（合金）工具钢（代号 T）、高速钢或双金属复合钢（代号 G）3 种
按锯齿的齿距大小	锯条分为粗齿、中齿和细齿 3 种

锯条齿部最小硬度值分别为 MA76，HRA81，HRA82。A 型：细齿齿距为 0.8mm，1.0mm；

中齿齿距为 1.2mm；粗齿齿距为 1.4mm，1.5mm，1.8mm。B 型：细齿齿距为 0.8mm，1.0mm；粗齿齿距为 1.4mm。

锯条的选用应根据加工材料的软硬和厚薄来确定。材料软且厚，选粗齿锯条；材料硬且薄，选细齿锯条；中等硬度材料如普通钢材、铸铁等，一般选用中齿锯条。

（2）手锯操作方法。起锯操作时，往复距离应短，用力要轻，运动方向要保持水平。手往复运动的方法有两种：一种是直线运动。适用于壁较薄或锯割要求平直的底面沟槽小工件；另一种是弧线运动，前进时右手下压、左手上提的轻松自如的操作。锯割时，锯缝应尽量靠近钳口，锯断前速度放慢，行程应小，以免折断锯条或碰伤手臂（图 1-1-22）。

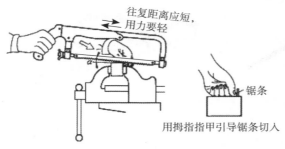

（a）起锯姿势　　　　　　　　　　　　　（b）锯割姿势

图 1-1-22　锯割姿势

4. 割管器

割管器是切割各种金属管子的常用工具，切割管子有手工切割和机器切割两种。

（1）管子割刀。管子割刀一般是 PVC、PP-R 等塑管材料的剪切工具，如图 1-1-23 所示。

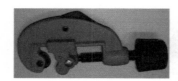

图 1-1-23　管子割刀

使用管子割刀切管时，首先应按管径的大小选择合适型号的割刀。将割刀的刀片对准切割线，转动手柄将刀片挤在管子上，此时刀片应垂直于管子轴线。然后转动刀架绕管子旋转，将管壁切出刀痕。每进刀一次绕管子旋转 1～2 圈，且每圈进刀量不宜过大，以免管口明显缩小或损坏刀片。同时，对切口处应加油冷却润滑。如此不断加深刀痕，直至将管子切断。切断后的管口若出龟缩口应铣削或铰削管口缩小部分，以保证管子的小径。

（2）砂轮切割机。砂轮切割机是利用砂轮片高速运转，对所切割的管子进行磨削而磨断管子的切割方法，也称为磨割（如图 1-1-24）。

切割前，应将管子夹钳夹紧夹稳。切割时，手握紧操纵杆并打开电气开关，等砂轮片转速正常后，稍加压慢慢向下进行磨削切割。管子切断后松开操纵杆上的开关，关闭电源。

使用注意事项：

① 被切割的管子应用夹钳夹紧夹稳。操作时用力要均匀，不要过猛。

② 切割过程中不得松开按钮开关，以防事故发生。

③ 操作人员的身体应错开砂轮片，以防火花飞溅伤人。

④ 砂轮片磨损后要及时更换，以防砂轮碎片飞出。

⑤ 断管后要将管口断面的管膜、毛刺清除干净。

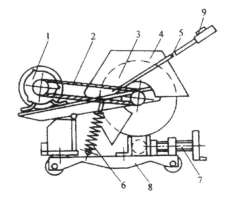

图 1-1-24　砂轮切割机示意图

1—电动机；2—传动带；3—砂轮片；4—护罩；

5—操纵杆；6—弹簧；7—夹钳；8—底座；9—电气开关

5. 管子铰板

（1）管子铰板是用手铰制钢管外螺纹的工具。它主要由机身、板把、板牙等部分组成（图 1-1-25）。

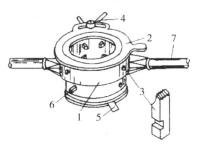

图 1-1-25　管子铰板

1—机体；2—前卡板；3—板牙；4—前卡板压紧螺钉；5—后卡板；6—板牙松紧螺钉；7—板把

管子铰板应用最多的主要有普通式和轻便式两种，具体见表 1-1-12。

表 1-1-12　管子铰板

类别	型号
普通式管子铰板	普通式管子铰板型号有 GJB-60、GJB-60W 和 GJB-114W 3 种。GJB-60 为无间歇机构，GJB-60W 和 GJB-114W 为间歇机构，其使用具有万能性。GJB-60 和 GJB-60W 型铰板有 3 套板牙，每套板牙可套两种管径的管螺纹，即 DN15mm、DN20mm、DN25mm、DN32mm、DN40mm、DN50mm 6 种管螺纹。GJB-114W 型铰板有 2 套板牙，每套板牙也可套两种管径的管螺纹，即 DN65mm、DN80mm、DDN90mm、DN100mm 4 种管螺纹

类别	型号
轻便式铰板	结构简单，操作方便、质轻。适用于加工管径尺寸小且数量少的场合，其加工的螺纹种类有圆锥螺纹和圆柱螺纹两种。 轻便式 Q74-1 型铰板加工螺纹为圆锥螺纹，有 5 套板牙规格，每套板牙加工一种管径，其板牙规格为 $DN8mm$，$DN10mm$，$DN15mm$，$DN20mm$，$DN25mm$。 轻便式 SH-76 型铰板加工螺纹为圆柱螺纹和圆锥螺纹两种。SH-48 型铰板加工螺纹为圆锥螺纹。两种型号的铰板均有 5 套板牙规格，每套板牙加工一种管径，其板牙规格为 $DN15mm$，$DN20mm$，$DN25mm$，$DN32mm$，$DN40mm$

管子铰板每套板牙有 4 个，分别刻有 1 ～ 4 的序号，在机身上的板牙孔口处也分别刻有 1 ～ 4 的序号。

安装板牙时，先将刻有"0"位的固定盘对准，然后将板牙对号插入，转动固定盘可使板牙同时向中心靠近。当板牙中心对称后，调整到所要加工的管螺纹位置锁紧，安装完毕。

（2）套螺纹机按结构形式分为两种：板牙架旋转和夹具夹持管子旋转，如图 1-1-26 所示。套螺纹机适用于对管子进行套螺纹、切断和管内倒角，常用套螺纹机最大套螺纹直径为 $DN100mm$。

图 1-1-26　套螺纹机

三、管道工常用材料

1. 焊接钢管

焊接钢管是指用钢带或钢板弯曲变形为圆形、方形等形状后再焊接成的、表面有接缝的钢管，如图 1-1-27 所示。

图 1-1-27　焊接钢管

室内给水系统中常用的钢管属于低压流体输送焊接钢管，它有直缝焊管和卷焊管之分。按表面防腐处理可分为镀锌管（白铁管）和不镀锌管（黑铁管）两种，按管壁厚度可分普通管和加厚管。

普通焊接钢管可承受的工作压力为 1.0MPa，加厚焊接钢管可承受的工作压力为 1.6MPa。

低压流体输送焊接钢管的配件，通常用可锻铸铁锻造加工而成，配件有镀锌和非镀锌之分，分别用于连接镀锌焊接钢管和非镀锌焊接钢管。

常用的管件有管箍、外螺丝、弯头、三通、四通、活接头、螺钉、丝堵等（表 1-1-13）。

表 1-1-13　低压流体输送焊接钢管螺纹连接配件

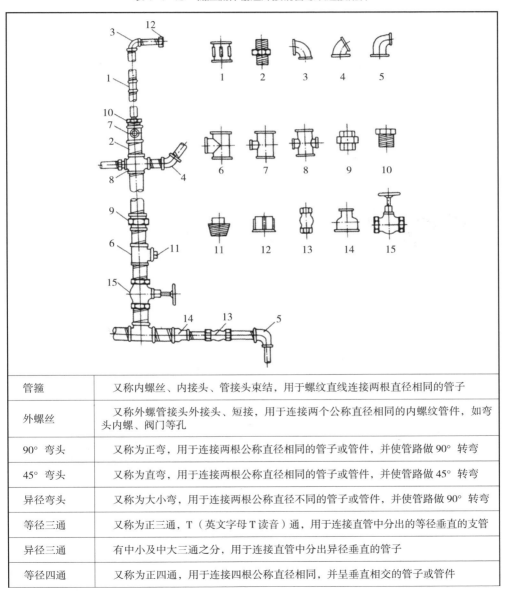

管箍	又称内螺丝、内接头、管接头束结，用于螺纹直线连接两根直径相同的管子
外螺丝	又称外螺管接头外接头、短接，用于连接两个公称直径相同的内螺纹管件，如弯头内螺、阀门等孔
90° 弯头	又称为正弯，用于连接两根公称直径相同的管子或管件，并使管路做 90° 转弯
45° 弯头	又称为直弯，用于连接两根公称直径相同的管子或管件，并使管路做 45° 转弯
异径弯头	又称为大小弯，用于连接两根公称直径不同的管子或管件，并使管路做 90° 转弯
等径三通	又称为正三通，T（英文字母 T 读音）通，用于连接直管中分出的等径垂直的支管
异径三通	有中小及中大三通之分，用于连接直管中分出异径垂直的管子
等径四通	又称为正四通，用于连接四根公称直径相同，并呈垂直相交的管子或管件

续表

活接头	又称为由壬，连接管子的作用与管箍相同，它用于管路需装卸的地方，如淋浴器与管路连接的地方
内外螺丝	又称为内外螺管接头、补心，用于直线管路变径处的连接，其外螺纹公称直径大于内螺纹
丝堵	又称为堵头、闷头，用于堵塞管路附件的端头或堵塞管道设备预留管口
管帽	用于堵塞管子外螺纹的端头口
快速接头	用于连接两根公称直径相同的管子。在工程抢修中常用到这种接头。它是一个新款活络接头，接头与管子之间采用胶圈密封

2. 铸铁管

铸铁管根据用途可分为给水铸铁管和排水铸铁管。根据材料性能可分为普通灰口铸铁管和球墨铸铁管。

（1）给水铸铁管

灰口铸铁管，根据铸造方式可分为砂型离心铸铁管和连续铸铁管。

砂型离心铸铁管（如图1-1-28）按其壁厚分为P级和B级。P级适用于输送工作压力 ≤ 75 MPa 的流体，B级适用于输送工作压力 ≤ 1.0 MPa 的流体。

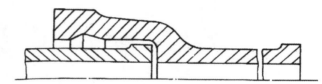

图 1-1-28　砂型离心铸铁管

砂型离心铸铁管有公称直径 DN75mm ～ DN1000mm 各种规格，有效长度有 5000mm 和 6000mm 两种。其中公称直径小于 DN300mm 时，管子有效长度为 5000mm；公称直径大于 DN300mm 时，管子有效长度为 6000mm；公称直径等于 DN300mm 时，管子有效长度有 5000mm 和 6000mm 两种规格。

连续铸铁管按其壁厚分为 L_A，A 和 B 三级。L_A 适用于输送工作压力 ≤ 0.75 MPa 的流体；A 级适用于输送工作压力 ≤ 1.0MPa 的流体；B 级适用于输送工作压力 ≤ 1.25 MPa 的流体（如图 1-1-29）。

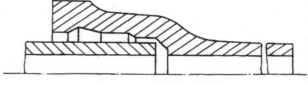

图 1-1-29　连续铸铁直管

连续铸铁直管有公称直径 DN75mm ～ DN1200mm 各种规格。管子有效长度有 4000mm，5000mm 和 6000mm 三种。其中公称直径 ≤ DN100mm 时，管子有效长度为 4000mm 和 5000mm 两种规格；公称直径 > DN100 mm 时，管子有效长度为 4000mm，5000mm 和 6000mm 三种规格。

球墨铸铁管具有承受压力高、韧性好、管壁薄、便于安装等特点。有公称直径 DN500mm ～ DN1200 mm 各种规格，管子有效长度为 6000mm。

给水铸铁管管件按接口形式分为承插和法兰两种（如图 1-1-30）。

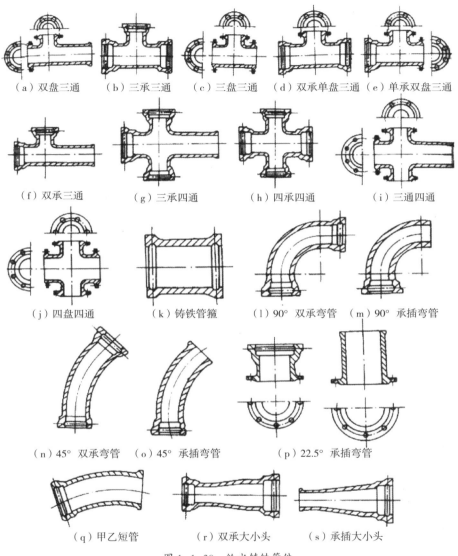

（a）双盘三通　（b）三承三通　（c）三盘三通　（d）双承单盘三通　（e）单承双盘三通

（f）双承三通　　　（g）三承四通　　　（h）四承四通　　　（i）三通四通

（j）四盘四通　（k）铸铁管箍　（l）90°双承弯管　（m）90°承插弯管

（n）45°双承弯管　（o）45°承插弯管　　　（p）22.5°承插弯管

（q）甲乙短管　　（r）双承大小头　　（s）承插大小头

图 1-1-30　给水铸铁管件

（2）排水铸铁管

排水铸铁管，在新建的普通建筑物工程中已被塑料排水管及其他化学管材取代。但是旧建筑上仍存在着大量的排水铸铁管。因此这里有必要对排水铸铁管做简单的介绍。

排水铸铁管材料为灰口铸铁，接口形式为承插式。按管承口部位的形状分为 A 型和 B 型（图 1-1-31）。

排水铸铁管较钢管耐腐蚀，其管壁较给水铸铁管的薄，不能承受较高的压力，它常应用于生活污水管道、生活盥洗管道等，也可用于工艺设备振动不大的场所的生产排水管道。排水铸铁管管件类型如图 1-1-32 所示。

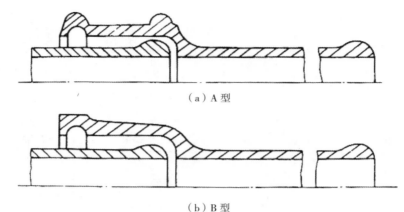

（a）A 型

（b）B 型

图 1-1-31　排水铸铁直管

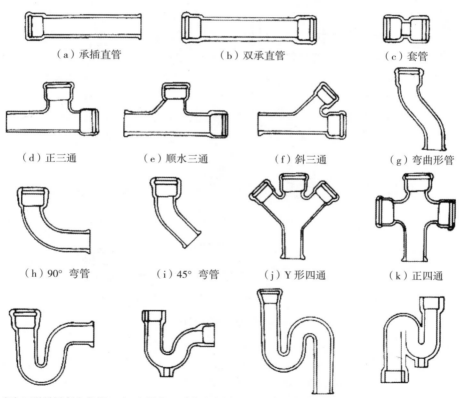

（a）承插直管　　　（b）双承直管　　　（c）套管

（d）正三通　　（e）顺水三通　　（f）斜三通　　（g）弯曲形管

（h）90°弯管　　（i）45°弯管　　（j）Y 形四通　　（k）正四通

（l）P 形承插存水弯管　（m）螺纹 P 形存水弯管　（n）S 形承插存水弯管　（o）螺纹 S 形存水弯管

图 1-1-32　排水管管件示意图

排水铸铁管管件均有 A 型和 B 型两种。承插短管、三通、四通、弯头均有带检查口和不带检查口两种。

3. 塑料管

塑料管种类很多，分为热塑性塑料管和热固性塑料管两大类。属于热塑性的有聚氯乙烯管、聚乙烯管、聚丙烯管、聚甲醛管等；属于热固性的有酚塑料管等。塑料管的主要优点是耐蚀性能好、质量轻、成型方便、加工容易，缺点是强度较低，耐热性差。目前塑料管已广泛用于建筑物内给排水系统中。这里主要介绍硬聚氯乙烯给排水管。

（1）给水塑料管

给水聚氯乙烯管材及管件应符合现行的产品标准《给水用硬聚氯乙烯（PVC–U）管材》（GB/T 10002.1—2006）和《给水用硬聚氯乙烯（PVC–U）管件》（GB/I 10002.2—2003）的要求。适用于给水温度不大于 45℃，给水压力不大于 0.6 MPa 的多层和高层建筑分区供水系统。

管道在室内不得用于消防供水系统或与消防供水系统相连接的生活给水系统。

（2）排水塑料管

硬聚氯乙烯管（PVC–U）已广泛用于建筑物内排水系统，在一般民用和工业建筑室内排水系统中基本上取代了排水铸铁管。建筑排水用硬聚氯乙烯管具有耐腐蚀、质量轻、排水阻力小、施工方便等特点。适用于建筑物内连续排放温度不大于 40℃，瞬时排放温度不大于 80℃的生活污水（废水）管道。

硬聚氯乙烯排水管的管件主要有以下几个品种：45°弯头、90°弯头、90°顺水三通、45°斜三通、瓶形三通、正四通、45°斜四通、直角四通、异径管和管箍，如图 1–1–33 所示。

图 1–1–33 硬聚氯乙烯排水管的管件

4. 水嘴、开关阀门和水表

（1）水嘴

水嘴又称龙头，其种类繁多式样各异，有普通水嘴、洗脸盆水嘴、洗涤盆水嘴、浴盆水嘴等。水嘴的作用是用来调节和启闭水流（图 1–1–34）。

图 1–1–34 水嘴

（2）开关阀门

阀门用来调节水量和关闭水流。

1）阀门的种类。常用的有闸阀、截止阀、球阀、浮球阀等。

闸阀又称为闸板阀，是利用旋转螺杆来调节闸板的开启和关闭并调节管道流量的大小。闸阀的通路口径与管径相同，流动阻力小，因此，广泛用于不含杂质的给水管道系统，图1-1-35 为各种闸阀的示意图。

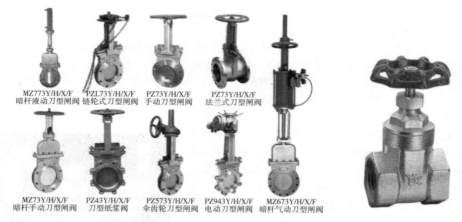

MZ773Y/H/X/F 暗杆液动刀型闸阀　PZL73Y/H/X/F 链轮式刀型闸阀　PZ73Y/H/X/F 手动刀型闸阀　PZ73Y/H/X/F 法兰式刀型闸阀

MZ73Y/H/X/F 暗杆手动刀型闸阀　PZ43Y/H/X/F 刀型纸浆阀　PZ573Y/H/X/F 伞齿轮刀型闸阀　PZ943Y/H/X/F 电动刀型闸阀　MZ673Y/H/X/F 暗杆气动刀型闸阀

图 1-1-35　闸阀

闸阀密封面易磨，不宜用在频繁开启和关闭或经常调节流量的管路上。

截止阀结构较简单。它广泛应用于给水管道系统，还可用于蒸汽管道系统，截止阀主要有标准式、角式和直流式 3 种（图 1-1-36）。截止阀开启时流动阻力较闸阀大。

球阀、浮球阀如图 1-1-37 所示。

（a）标准式　　　（b）角式　　　（c）直流式　　　图 1-1-37　球阀、浮球阀

图 1-1-36　截止阀示意图

2）阀门设置与选用。给水管网在下列管段上，应设阀门：引入管、水表前和立管、环形管网分干网、贯通支状管网的连通管；居住和公共建筑中，从立管接有 3 个及以上配水点的支管；工艺要求设置阀门的生产设备配水支管或配水管，但同时关闭的配水点不得超过 6 个。阀门应装设在便于检修和易于操作的位置。

给水管网上阀门的选择，应符合下列规定：管径≤50mm 时，宜采用截止阀；管径大于 50mm 时，宜采用闸阀；在双向流动管段上，宜采用闸阀；在经常启闭的管段上，宜采用截止阀。

（3）水表

常用水表的种类有旋翼式、螺翼式、翼轮复式等，如图 1-1-38 所示。

（a）旋翼式

（b）螺翼式

（c）翼轮复式

图 1-1-38 水表的种类

1）旋翼式水表。旋翼式水表又称为叶轮式水表，按传动机构接触的状态不同，可分干式和湿式两种。干式水表的传动机构和计量盘用金属盘与水隔开，避免了水中杂质的污损，但精度较低。湿式水表的传动机构和计量盘都被浸在水中，而在标度盘上装有一块厚玻璃，用来支承压力。

干式水表构造较湿式水表复杂，精度比湿式差，所以目前湿式水表应用较广。但湿式水表只能用在水中不含杂质的管道上。

湿式水表根据水的温度高低又分为旋翼湿式冷水表和旋翼湿式热水表。图 1-1-39 所示为室内冷、热水表安装图。旋翼湿式冷水表适用于介质温度小于 40℃，旋翼湿式热水表适用于介质温度小于 100℃。旋翼湿式冷、热水表的公称压力均为 1.0 MPa。

2）螺翼式水表。螺翼式水表分为水平式和垂直式两种。螺翼式水表工作时，由于翼轮轴与水流方向平行，水流阻力小，因此它适用于测量较大流量的管道（图 1-1-40）。

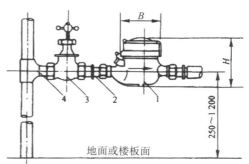
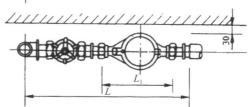

图 1-1-39 室内冷、热水表安装图
1—水表；2—补心；3—铜阀；4—短管

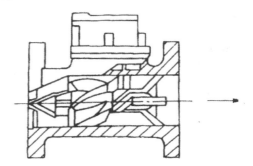

图 1-1-40 水平螺翼式水表

3）翼轮复式水表。翼轮复式水表同时配有主表和副表主表。前面设有开闭器。当通过流量小时，开闭器自闭，水流经旁路通过副表计量。当流量大时，开闭器打开，水流同时通过主、副表，两表同时计量。翼轮复式水表适用于流量变化较大的给水管道上。

水表安装要求：

① 水表应安装在方便查看、检修，无振动、无污染的环境之中，并做好防冻措施。

② 安装水表时应注意方向，水表箭头方向应与水流方向一致，不得反装。

③ 水表前应设阀门，螺翼式水表的上游应有 8 ～ 10 倍水表公称直径的直线管段，以保证计量准确。

5. 地漏和存水弯

（1）地漏

厕所、盥洗室、卫生间及其他房间需从地面排水时，应设置地漏。地漏应设置在易溅水的器具附近及地面的最低处。

地漏的顶面标高应低于地面 5 ～ 10mm。地漏水封深度不得小于 50mm。

淋浴室内地漏的直径，可按表 1-1-14 来确定。

表 1-1-14　沐浴室地漏直径

地漏直径（mm）	沐浴器数量（个）
50	1 ～ 2
75	3
100	4 ～ 5

地漏是室内排水系统排水口位置最低处。当排水管堵塞时，污水（废水）往往从地漏处返溢而造成室内进水，因此，建筑上应使用和推广防返溢地漏（图 1-1-41）。

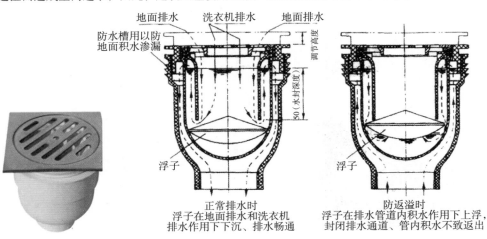

图 1-1-41　防返溢地漏工作原理图

防返溢地漏适用于建筑排水系统中地面排水和家用洗衣机排水。防返溢多用地漏可用于浴盆和洗脸盆排水。图 1-1-42 所示为防返溢多用地漏安装示意图。当地漏因堵塞而致排水量减少时,可取出水封套,清洗地漏内部,便可恢复原状态重新排水。

地漏安装程序:在楼板上预留安装孔,放置地漏,连接排水管道、调整地漏与地面的高度,使地漏的顶面标高低于地面5～10mm,细石混凝土分层嵌实。

安装时应确保地漏垂直度及顶面水平。

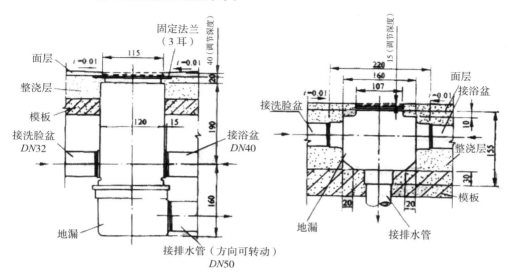

图1-1-42　防返溢多用地漏安装示意图

（2）存水弯

存水弯是一种特殊的弯管,如图1-1-43所示,其作用是防止排水管道系统所产生的臭气、有害气体、可燃气体以及小虫、小动物通过卫生器具进入室内。

当卫生器具排水后,弯管里面存有一定深度的水,这个深度称为水封深度。存水弯的水封深度一般不小于50mm。存水弯有S形、P形和瓶形。采用何种形式的存水弯应根据安装条件来选择。

当卫生器具和工业废水受水器与生活污水管道或其他可能产生有害气体的排水管道连接时,必须在排水口以下设置存水弯。卫生器具构造内已有存水弯时,则不必在排水口以下设置存水弯,如坐便器。

图1-1-43　存水弯

第二节　电工基础知识

一、电气安装图及其识读

（一）电气工程项目的分类及其工程图

1. 家装电气工程项目分类

（1）室内配线工程。主要有线管配线、桥架与线槽配线、线夹配线、钢索配线等。

（2）照明工程。安装照明灯具、开关、插座、电扇和照明配电箱等设备。

（3）防雷工程。安装建筑物、电气装置和其他设备的防雷设施。

（4）接地工程。安装各种电气装置的工作接地和保护接地系统。

（5）发电工程。安装备用柴油发电机组。

（6）弱电工程（智能工程）。安装消防报警系统、保安系统及广播、电话、闭路电视系统等。

2. 家装电气工程图

家装电气工程图是用来说明建筑电气工程的构成和功能，描述电气装置的工作原理，提供安装技术数据和使用、维护依据。常用的建筑电气工程图有以下几类：

（1）图纸目录、设计（施工）说明、图例、设备材料明细表。图纸目录内容有序号、图纸名称、图纸编号、图纸张数等；设计说明主要阐述工程设计的依据、要求，施工原则，建筑特点，电气安装标准、安装方法、工程等级、工艺要求及有关设计的补充说明等；图例即图形符号，通常只列出本套图纸中涉及的一些图形符号；设备材料明细表列出了该项工程所需要的设备和材料名称、型号、规格和数量。

（2）电气系统图。它是表述电气工程的供电方式，电能输送、分配控制关系，设备运行情况的图纸，从中可看出工程的概况。电气系统图有变配电系统图、动力系统图、照明系统图、弱电系统图等。

（3）电气平面图。它是表示电气设备、装置与线路平面布置的图纸，是进行电气安装的主要依据。电气平面图以建筑总平面图为依据，在图上绘出电气设备、装置及线路的安装位置、敷设方法等。常用的有配电所平面图、动力平面图、照明平面图、防雷平面图、接地平面图、弱电平面图等。

（4）设备布置图。它是表示各种电气设备和器件平面与空间的位置、安装方式及其相互关系的图纸，通常由平面图、立面图、剖面图及各种构件详图等组成，并按三视图原理绘制。

（5）安装接线图。它又称为安装配线图，用来表示电气设备、器件和线路的安装位置、配线方式、接线方法、配线场所特征等。

（6）电气原理图。它是表示某一电气设备或系统工作原理的图纸，是按各个部分的动作原理采用展开法绘制的。通过分析电气原理图可看出整个系统的动作顺序，可指导电气设备和器件的安装、调试、使用与维修。

（7）详图。它是表示电气工程中设备某一部分的具体安装要求和做法的图纸。

（二）电气安装施工图的识读

1.电气安装施工图识读步骤

（1）按目录核对图纸数量，查找设计的标准图。

（2）详细阅读设计施工说明，了解材料表内容及电气设备型号含义。

（3）分析电源进线、各弱电系统进线方式及导线的规格、型号。

（4）仔细阅读电气平面图，了解和掌握电气设备的布置、线路编号、走向、导线规格、根数及敷设方法。

（5）对照平面图，查看系统图分析线路的连接关系，明确配电箱的位置、相互关系及箱内电气设备的安装情况。

2.电气安装施工图识读注意事项

（1）熟悉电气施工图的图例、符号、标注及画法。

（2）具有相关电气安装与应用的知识和施工经验。

（3）能建立空间思维，正确确定线路的走向。

（4）电气图与土建图对照识读。

（5）明确施工图识读的目的，准确计算工程量。

（6）善于发现图中的问题，在施工中加以纠正。

3.识图举例

如图1-2-1～图1-2-3分别为某三层（一梯两户）住宅楼某个单元的单元总表箱系统接线图、标准户型照明平面图、标准户型插座平面图。

（1）系统图的识读。由图1-2-1可以看出单元电表箱电源进线为三相四线制，电源电压为380/220V，入户处做重复接地，重复接地后随电源线专放接地保护线。单元总表箱内含进线断路器及浪涌保护器，进线断路器应加隔离功能和漏电保护功能。由单元总表箱分7个出线回路，除了为每户提供一个回路外，还设一个公共设备回路，公共设备回路主要给公共照明供电。每个出线回路都设置一个断路器及IC电表。

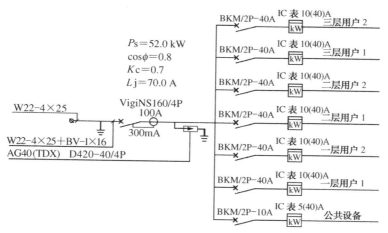

图1-2-1　单元总表箱系统接线图

（2）平面图的识读。由图1-2-2可看出，每户共设8处照明灯具，并且所有的照明灯具都连在同一个回路（WL1）中；图中标"2"的线路表示两根导线，标"4"的线路表示 4 根导线，未标注的线路均为 3 根导线；除了卫生间内的灯的控制开关为两联开关外，其他灯的控制开关都是单联开关。

由图 1-2-2、图 1-2-3 可看出每户户内的配电箱设 8 个出线回路，其中 WL1 为照明回路；起居室、各卧室的插座共用回路 WL2；回路 WL3 为卫生间专用回路；WL4 为厨房专用回路；WL5、WL6、WL7、WL8 分别为各空调专用回路。

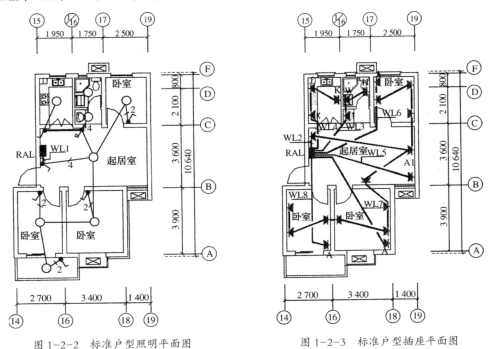

图 1-2-2　标准户型照明平面图　　　　图 1-2-3　标准户型插座平面图

（三）电气安装施工综合图识读举例

1. 施工说明

（1）土建概况：本建筑是三层砖混结构住宅楼，层高 2.7m。甲单元是三居室，乙单元是两居室。每单元都设厨房、卫生间、洗衣间、客厅和餐厅。

（2）电源采用 380V/220V 三相线四电缆埋地引入。室外电缆埋深 0.8m，进入建筑物时穿钢管埋地敷设，引至首层照明电度表箱内。

（3）电话系统进户线采用 HYV 型电话电缆，穿钢管埋地引入首层电话组线箱，并由首层电话组线箱引至二、三层电话组线箱。

（4）电视系统由室外有线电视网穿钢管埋地引入，首层设电视设备箱。每户单元各设两个电视用户插座。

（5）配电线路除标注外，照明支路和普通插座支路皆采用 BV-2.5mm^2 的塑料铜线，穿 SC15 钢管在结构内敷设。空调插座支路采用 BV-4mm^2 塑料铜线穿 SC20 钢管在结构内敷设。电话支路采用 RVS-（2×0.5）穿 SC15 钢管暗设在地面内。电视支路采用 SYV-75-5 电缆穿 SC20 钢管在墙内和地面内敷设。

（6）照明电度表配电箱暗装在墙内，距地面 1.4m。电话组线箱暗装在墙内，距地面 0.5m。电视设备箱暗装在墙内，距地面 0.5m。

（7）接地母线采用 40×4 镀锌扁钢，室内部分暗敷设在首层地面内，室外埋地敷设，埋深 0.8m。接地极采用 25 镀锌圆钢。接地电阻不大于 10Ω。

2. 电气照明系统图

如图 1-2-4 所示，本楼照明系统设首层照明配电箱 AL-1 和二、三层照明配电箱 AL-2 和 AL-3。

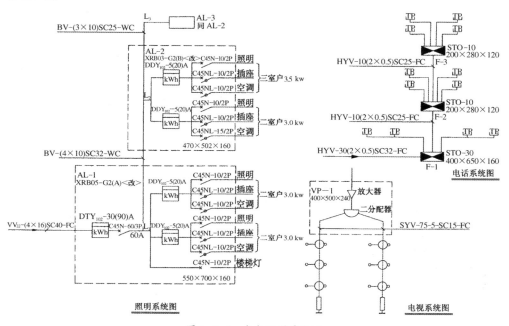

图 1-2-4　电气照明系统图

注：图中未注明电话线径为 RVS（2×0.5）穿 SC15 管，沿地面及墙暗敷。

首层照明配电箱 AL-1 设总电度表 DTY₁₀₂-30（90）A 一块，作该楼电能总计量用。总电源开关为 C45N-60/3P。并设甲乙两单元电度表各一块，型号为 DDY₁₀₂-5（20）A。每单元分三路供电，照明支路、插座支路和空调插座支路分路供电。照明支路由 C45N-10/2P 空气开关控制。插座支路和空调支路分别由 C45NL-10/2P 漏电型空气开关控制，并实现漏电保护。该楼楼梯灯照明由 C45N-10/2P 开关单独控制。

二、三层照明配电箱系统相同，各设甲乙单元电度表，分三路供电，与首层供电方式相同。

进户线采用 VV₂₂-（4×16）电缆并在室外埋地引入。进入建筑物部分穿 SC40 钢管埋地引至首层照明配电箱 AL-1。首层照明配电箱至二层照明配电箱采用 BV-（4×10）塑料铜线，穿 SC32 钢管在墙内暗敷设。二层配电箱至三层配电箱采用 BV-（3×10）塑料铜线，穿 SC25 钢管暗设在墙内。

3. 电话与电视系统图

电话系统设三个电话组线箱。首层电话组线箱 STO-30，为 30 对电话组线箱 F-1、F-2、F-3；电话组线箱 STO-10，为 10 对电话组线箱 F-2 和 F-3，每层电话组线箱各带 4 个电话出线口。首层为串联配管，二、三层为放射型配管。电话进户线采用 HYV-30（2×0.5）电缆，穿 SC32 钢管埋地并引至首层电话组线箱 F-1。首层电话组线箱至二层、三层电话组线箱 F-2 和 F-3 分别采用 HYV-10（2×0.5）电缆，穿 SC25 钢管在墙内和地面内暗敷设。电话支路一律采用 RVS-（2×0.5）电话线，穿 SC15 钢管在各楼层地面内敷设。

电视系统在首层设电视设备箱 VP-1，内设宽频带放大器和二分配器。由电视设备箱引出两路电视干线，引至各楼层甲乙单元电视用户插座上。每户采用串联二分支路。电视线路均采用 SYV-75-5 电缆，穿 SC15 钢管在墙内和地面内敷设。

4. 甲、乙单元照明平面图

（1）甲、乙单元首层平面图（图 1-2-5）。首层照明配电箱 AL-1 设在楼道轴墙内，安装高度距地面 1.4m。由 AL-1 配电箱向甲、乙单元各引出一路照明支路至各单元餐厅②灯。再引出一路至各楼层楼梯灯电源。首层楼梯灯 313 由墙上定时开关控制。由 313 灯再引到楼门口 313 灯由一单联单控开关控制。甲、乙单元卧室均为⑤灯固定线吊式，安装高度距地面 2.5m。客厅为⑤灯，采用吸顶式安装。餐厅为②灯吸顶式安装。厨房为②灯吸顶式安装。卫生间、洗衣间各设 126 灯在墙上安装，距地面 2.2m。所有居室内灯具均由单联单控翘板开关控制，翘板开关一律在墙上暗装，距地面 1.4m。

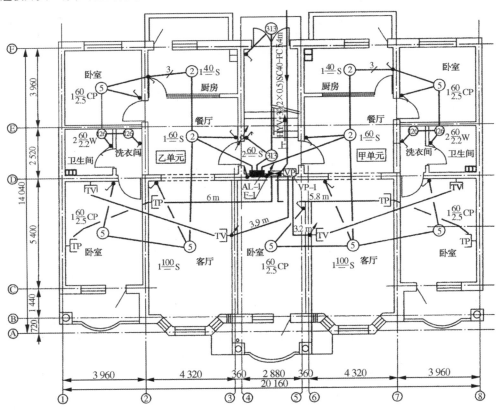

图 1-2-5　甲、乙单元首层照明平面详图 1：100

首层照明平面图中还设有电话组线箱 F-1 和电视设备箱 VP-1。F-1 箱和 VP-1 箱在楼道墙上暗装,安装高度距地面 0.5m。

由 F-1 箱向甲、乙单元各引一路电话支路,每一支路各带两个电话出线口 TP,分设在客厅和一个卧室内墙上,距地面 0.3m。

由 VP-1 箱向甲、乙单元各引一路电视支路,每一支路各带两个电视用户插座 TV,分设在客厅和卧室内墙上,距地面 0.3m。

(2)二、三层照明平面图与首层基本相同。各楼层只设一盏 313 楼道灯。电话支路为放射型配管。电视支路由下层电视用户插座引至本层,如图 1-2-6 所示。

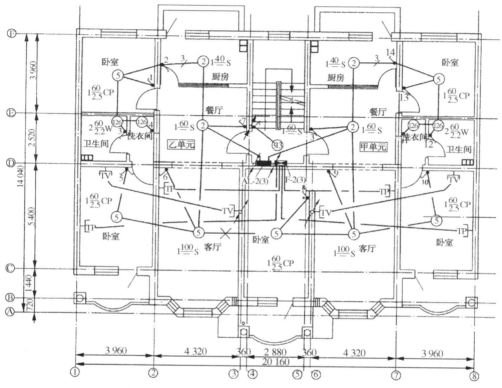

图 1-2-6　甲、乙单元二、三层照明平面详图 1:100

5. 甲、乙单元插座平面图

如图 1-2-7 所示,电源由首层楼梯间埋地引入 AL-1 箱,采用 VV_{22}-(4×16)电力电缆,穿 SC40 钢管。接地母线由 AL-1 箱沿轴在室内和地面内引出室外。室外设 3 根接地极,距外墙 3m,间距 5m。室外接地母线埋地敷设,埋深 0.8m。

由 AL-1 箱向甲、乙单元各引两条插座支路,一路为普通插座支路,另一种为空调插座支路。

卧室、客厅、餐厅及厨房各设有 2 个或 3 个单相 2、3 孔暗插座。卧室、客厅及餐厅插座距地面 0.3m。卫生间、洗衣间和厨房各设有一个单相三孔暗插座,除洗衣间插座距地面 1.2m 外,其余插座距地面均为 2.2m。

空调插座支路各设两个单相三孔空调插座,安装在客厅和一间卧室内,距地面 2.2m。

甲、乙单元二、三层插座平面图与首层插座平面图基本相同。

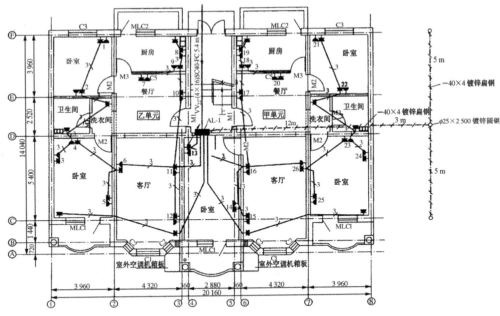

图1-2-7 甲、乙单元首层插座平面详图1:100

各楼层插座支路除空调插座支路采用 SC20 钢管穿 BV-4mm² 导线外，其他一律采用 SC145 钢管穿 BV-2.5mm² 导线在地面内暗敷设。

二、电工常用工具及仪表

（一）常用电工仪表

1. 电流表

电流表是最常用的测量仪表，电流表分为直流电流表、交流电流表。交流电流表只能用于测量交流电流，直流电流表只能用于测量直流电流，两种仪表绝对不能互换使用。

（1）直流电流表。直流电流表是用于测量直流线路电流的仪表。直流电流表有直接接入式和间接接入式两种接线方式，如图1-2-8所示。

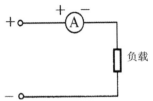
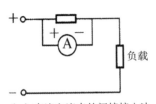

（a）直流电流表的外形　（b）直流电流表的直接接入法　（c）直流电流表的间接接入法

图1-2-8 直流电流表

直流电流表的测量范围为 0～0.6A 及 0～3A。若预先不知道被测电流的约值，可在电路中用一只可变电阻器与安培计串联，开始时可变电阻器电阻用最大值，电流表先用 0～3A 量程，接通电路后，再将可变电阻器电阻逐渐减小，如电流一直保持在 3A 内，此时可将变阻器电阻减小到零。如电流不超过0.6A，为提高读数的准确性，可改用 0～0.6A 量程进行测量。

直流电流表使用前应先检查指针是否对准零点，如有偏差，需用零点调节器将指针调到零位，调整时只需旋动表盖正面中间的零点调整旋钮即可。

注意：在任何情况下不得将电流表直接连接于电池两极，以免烧坏。

（2）交流电流表。交流电流表可直接串入电路测量电流，也可以通过电流互感器测量电流。通过电流互感器间接测量电流，是用量程小的电流表测量大电流的方法。电流互感器原边绕组匝数很少，导线截面大；副边绕组很多，导线截面小。电流互感器原边绕组串于被测线路，而副边接电流表。交流电流表接线方法如图 1-2-9 所示。

　　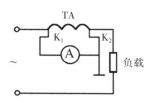

（a）交流电流表的外形　（b）交流电流表的直接接入法　（c）交流电流表的间接接入法

图 1-2-9　交流电流表

用交流电流表测量三相交流电流电源三根相线电流是最常用到的。对输变电来说，及时掌握三相电网运行是否平稳，是首要任务之一。三相电网运行是否平稳是根据三相电压和三相电流来衡量的。

测量三相电源线电流的方法有两种：第一种是用三个电流互感器接三块电流表测三相电流；第二种是用两个电流互感器接三块电流表测三相电流。测量三相电流的具体接线如图 1-2-10 和图 1-2-11 所示。

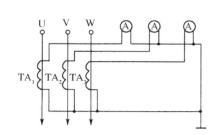
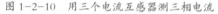
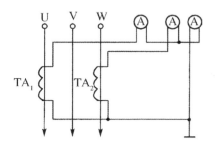

图 1-2-10　用三个电流互感器测三相电流　　图 1-2-11　用两个电流互感器测三相电流

交流电流表的内阻很小（测量的是互感器次级的短路的电流），对电路来说是短路的，电流可以允许交流 5A 流过。

2. 电压表

测量电压主要是采用电压表对正弦电压的稳态值及其他典型的周期性非正弦电压参数进行测量。在电器的维修过程中，在一般工频（50Hz）和要求不高的低频（低于几十千赫兹）测量时，可使用万用表电压挡进行测量。当然，也可以使用专门的电压表。例如：以磁电式电流表作指示器显示测量结果的模拟电压表和数字电压表，如图 1-2-12 所示。

图 1-2-12　模拟电压表和数字电压表

　　数字式电压表采用数字形式输出，直观显示测量结果，其具有测量准确度高、速度快、输入阻抗大、过载能力强、抗干扰能力强和分辨力高等特点。一般分为交流电压表、直流电压表。

　　注意：交流电压表只能用于测量交流电压，直流电压表只能用于测量直流电压，绝对不能互换使用。

　　（1）直流电压表。测量直流电压时，直流电压表有两种接线方法，如图 1-2-13 所示。

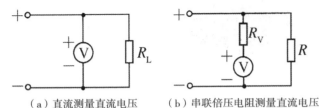

（a）直流测量直流电压　　　（b）串联倍压电阻测量直流电压

图 1-2-13　直流电压表接线示意图

　　（2）交流电压表。用交流电压表测交流电压时，电压表也分为直接接入法和通过电压互感器间接接入法两种。

　　在采用直接接入法测交流电压时，电压表的量程必须大于被测线路的电压值。例如，测量 380V 线路电压时，交流电压表可以选择量程为 450V 或 500V 的电压表。

　　用交流电压表测量单相交流电压和三相交流电压的实际接线方法如图 1-2-14 ～图 1-2-16 所示。

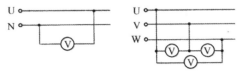

图 1-2-14　直接接入法测量交流电压时电压表接线图

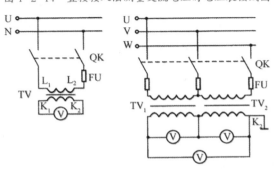

图 1-2-15　用电压互感器和交流电压表测量交流电压的接线图

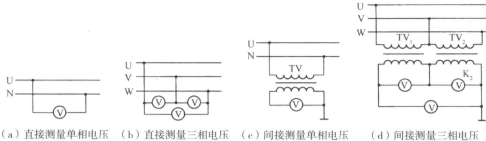

（a）直接测量单相电压　（b）直接测量三相电压　（c）间接测量单相电压　　（d）间接测量三相电压

图 1-2-16　交直流电两用电压表接线图

毫伏表是一种测量交流信号电压的仪表，它可以测量万用表所不能测的交流信号。这种仪表的种类及测量范围见表 1-2-1。

表 1-2-1　毫伏表的种类及测量范围

种类	测量范围	示意图
低频毫伏表	一般可测量 200kHz 以下的交流信号，常用在收音机、录音机及音响产品的维修和调试工作中，测量各种音响电路的输入和输出信号电平、计算增益。它可以直接读取电压值，也可以读取分贝数值，使用比较方便	
高频毫伏表	在测量高频信号方面，高频毫伏表使用得较为广泛，它可以测量高于 200kHz 的高频信号	
微伏表	进行测量小的交流信号	

毫伏表的使用方法比较简单，具体见表 1-2-2。

表 1-2-2　毫伏表的使用方法

步骤	使用方法
步骤 1	模拟式电压表首先都应进行机械调零
步骤 2	量程旋钮设置在最大量程处或最大估算范围内
步骤 3	将电压表水平放置，接上电源

续表

步骤	使用方法
步骤 4	将输入信号由输入端口（INPUT）输入电压表［注意：辨别输入信号的极性，先将地线（低电位线）连通，再接高电位线］
步骤 5	选择合适的量程［即测量时表针指在满度的 2/3（至少 1/3）以上］
步骤 6	读数并记下电压值
步骤 7	先拆除高电位线，再拆低电位线，测量完毕

毫伏表在操作时应注意：

①测量前要进行校零，即指针应对准表的零刻度线，如有偏差，应予调整。

②电压表必须并接在待测电路的两端，要使电流从表的正接线柱流入，从负接线柱流出，不可反接。

③要注意电压表的测量范围，正确选用量程，测量前，要对所测电路的电压进行估测。若无法估测，则应先用大量程，采用试测的方法，当电压值没有超过小量程范围时，则应换用小量程进行测量。

3. 万用表

万用表也称为三用表或万能表，它集电压表、电流表和电阻表于一体，是测量、维修各种电器设备时最常用、最普通的测量工具。

（1）指针式万用表

指针式万用表是用指针指示测量数值的万用表，属于一种模拟显示万用表。它通常由表头、表盘、外壳、表笔、转换开关、调零部件、电池、整流器和电阻器等组成，如图 1-2-17 所示。表头一般采用内阻与灵敏度均较高的磁电式微安直流电流表，它是万用表的主要部件，由指针、磁路系统、偏转系统和表盘组成。

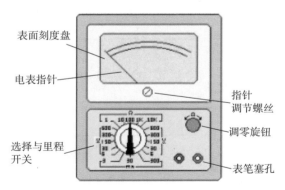

图 1-2-17　指针式万用表的结构

表头一般采用内阻与灵敏度均较高的磁电式微安直流电流表，它是万用表的主要部件，由指针、磁路系统、偏转系统和表盘组成。

表盘上印有多种符号，标度 R 和数值。使用万用表之前，应正确理解表盘上各种符号、字母的含义及各条刻度线的读法。

转换开关用来选择测量项目和量程。大部分万用表只有一只转换开关，而 500 型万用表用两只转换开关配合选择测量项目及量程。

万用表中心的"一"字形机械调零部件，用来调整表头指针静止时的位置（即表针静止时应处于表盘左侧的"0"处）。调零旋钮只在测量电阻时使用。

万用表有两支表笔，一支为黑表笔，接万用表的"−"端插孔（在电阻挡时内接表内电池的正极）；另一支为红表笔，接在万用表的"+"端插孔（在电阻挡时内接表内电池的负极）或 2500V 电压端插孔、5A 电流端插孔。

常用的指针式万用表包括 MF10 型、MF30 型、MF35 型、MF47 型、MF50 型和 500 型等多种。图 1−2−18 是 500 型万用表的面板示意图，图 1−2−19 是 MF47 型万用表的面板示意图。

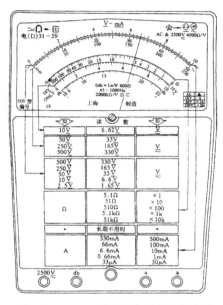 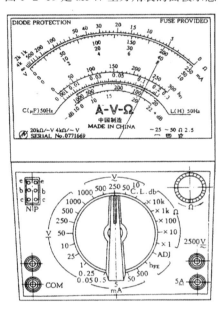

图 1−2−18　500 型万用表的面板示意图　　　图 1−2−19　MF47 型万用表的面板示意图

① 测量电阻。应将万用表的转换开关置于电阻挡（Ω 挡）的适当量程。MF47 型万用表和 500 型万用表均有 R×1Ω、R×10Ω、R×100Ω、R×1kΩ 和 R×10kΩ 挡。

选择量程时应尽量使表针指在满刻度的 2/3 位置，读数才更准确。例如，测量 1.5kΩ 电阻器，应选择 R×100Ω 挡，用测出的读数 15 乘以所选电阻挡的电阻值，则被测电阻值 R=15×100Ω=1.5kΩ。测量大电阻时，两手不要同时接触电阻器两端或两表笔的金属部位，否则人体电阻会与被测电阻值并联，使测量数值不准确。

用 500 型万用表测量电阻时，应将左边的转换开关置于 Ω 挡，将右边的转换开关置于电阻挡（Ω 挡）的适当量程。用 MF47 型万用表测量电阻时，直接将转换开关置于电阻挡（Ω 挡）的适当量程即可。

在测量电阻之前，应进行调零，即将两表笔短接后，看表的指针是否指在表盘右侧的 0Ω 处。若表针偏离 0Ω 处，则应调节调零旋钮，使表针准确地指在 0Ω 处。若表针调不到 0Ω 处，则应检查表内电池是否电量不足。

在万用表置于电阻挡时，其红表笔内接电池负极，黑表笔内接电池正极。R×1Ω ~ R×1kΩ 挡表内电池为 1.5V；R×10kΩ 挡表内电池为 9V 或 15V（MF47 型万用表为 15V，500 型万用表为 9V）。在测量晶体管和电解电容器时，应注意表笔的极性。

不要带电测量电路的电阻，否则不但得不到正确的测量结果，甚至还会损坏万用表。在测量从电路上拆下的电容器时，一定要将电容器短路放电后再测量。

② 测量直流电压。将转换开关置于直流电压挡（V 挡）范围内的适当量程。MF47 型万用表可以直接将转换开关拨至直流电压挡（V 挡）的适当量程，而 500 型万用表需将右边的选择开关置于"交流电压挡"，再将左边的选择开关拨至直流电压（V）的适当量程。

MF47 型万用表的直流电压挡有 0.25V、1V、2.5V、10V、50V、250V、500V、1000V 共八个量程，500 型万用表的直流电压挡有 2.5V、10V、50V、250V、500V 共五个量程。转换开关所指数值为表针满刻度读数的对应值。例如，若选用量程为 250V，则表盘上直流电压的满刻度读数即为 250V。若表针指在刻度值 100 处，则被测电压值为 100V。

测量直流电压时，应将万用表并联在被测电路的两端，即黑表笔接被测电源的负极，红表笔接被测电源的正极。极性不能接错，否则表针会反方向冲击或被打弯。

若不知道被测电源的极性，则可将万用表的一支表笔接被测电源的某一端，另一支表笔快速触碰一下被测电源的另一端。若表针反方向摆动，则应把两支表笔对调后再测量。

若不知道被测点的电压数值，应先选择最大的量程测一下，再换用适当的量程测量。

③ 测量交流电压。测量交流电压的方法及其读数方法与测量直流电压相似，不同的是测交流电压时万用表的表笔不分正、负极。

测量交流电压时，MF47 型万用表的选择开关应置于交流电压挡的适当量程（交流电压挡有 10V、50V、250V、500V、1000V 共五个量程）。500 型万用表应将右边的选择开关仍选择"交流电流挡"，左边的选择开关应在交流电压挡的范围内选择适当的量程（交流电压挡有 10V、50V、250V、500V 共四个量程）。

一般的万用表只能测量正弦波交流电压，而不能用于测量三角波、方波、锯齿波等非正弦波电压。如被测交流电压中叠加有直流电压值，应在表笔中串接一只耐压值足够的隔直电容器后再测量。

在测量交流电压时，还要了解被测电压的频率是否在万用表的工作频率范围（一般为 45Hz～1500Hz）之内。若超出万用表的工作频率范围，测量读数值将急剧降低。

④ 测量直流电流。万用表的转换开关应置于直流电流挡（A 挡）。MF47 型万用表的直流电流挡有 0.25mA、0.05mA、0.5mA、5mA、50mA、500mA 共六个量程，测量时转换开关直接拨至适当量程即可。500 型万用表的直流电流挡有 50μA、1mA、10mA、100mA、500mA 共五个量程，测量时应将右边的转换开关置于直流电流挡（A 挡），将右边的转换开关置于直流电流挡（A 挡）的适当量程。

测量时，应将万用表串入被测电路中，还应注意表笔的极性，红表笔应接高电位端。电流值的读数方法与测直流电压相同。

MF47 型万用表和 500 型万用表均具有 2500V（交流与直流）电压与 5A 直流电流的测量功能。测量时，应将红表笔从面板上的"+"端插孔拔出后，插入 2500V（交流与直流）电压测试插孔或 5A 直流电流的测试插孔。

⑤ 晶体管放大倍数的测量。MF47 型万用表具有晶体管放大倍数测量功能。测量时，先将转换开关置于 ADJ 挡，两表笔短接后调零，再将转换开关拨至 hFE 挡。然后将被测三极管的 e、b、c 三个电极分别插在 hFE 测试插座上的相应电极插孔中（大功率三极管可用引线将其各电极引出，再插入插座中）。NPN 管插在"N"插座上，PNP 管插在"P"插座上，表针将显示被测管的放大倍数值。

⑥ 测量 dB（分贝）值。dB 值是功率增益电平的单位。MF47 型、500 型万用表均有 dB 值测量功能。

测量 dB 值时，万用表应置于 10V 交流电压挡。表盘上的 dB 刻度线为 –10dB ～ 22dB，它是在 10V 交流电压挡的电压范围内画出来的，只适合被测点电压在 10V 交流电压以下时使用。若被测点电压较高，万用表应置于交流电压挡的 50V 或 250V、500V 量程。若用 50V 交流电压挡测量 dB 值，则指针读数应加上 28dB（例如，若测出读数是 10dB，则实际的绝对电平应为 10dB+28dB=38dB）；若使用 500V 交流电压挡测量 dB 值，则指针读数应加上 34dB。

当测量的阻抗力为 600Ω 时，万用表的 dB 值指示为标准值（500 型的万用表的表盘上标注有 "0dB=1mW 600Ω" 字样，是指测量点的阻抗为 600Ω 时 1mW 的基准功率即为零电平）。另外，测 dB 值时，要求被测信号的频率为 45Hz ～ 1000Hz 的正弦波。若被测信号频率超过 1000Hz 或不是正弦波，则测出的结果不能认为是电平值。

（2）数字式万用表

数字式万用表的结构由显示器、显示器驱动电路、双积分模 / 数（A/D）转换器、交—直流变换电路、转换开关、表笔、插座、电源开关及各种测试电路以及保护电路等组成，如图 1-2-20 所示。

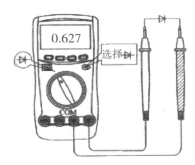

图 1-2-20　数字式万用表的结构

显示器一般采用 LCD，便携式数字万用表多使用三位半 LCD，台式数字万用表多使用五位半 LCD。显示器驱动电路与双积分 A/D 转换器通常采用专用集成电路，其作用是将各测试电路送来的模拟量转换为数字量，并直接驱动 LCD，将测量数值显示出来。

常用的数字式万用表包括 DT830、DT860、DT890、DT930、DT940、DT960、DT980、DT1000 等型号。数字式万用表的使用方法如下：

① 测量电阻。数字式万用表与指针式万用表在电阻挡的使用上和数值识读方面均不一样。测量电阻之前，应将转换开关拨至电阻挡（Ω 挡）适当的量程。DT830 型和 DT890 型万用表的电阻挡有 200Ω、$2k\Omega$、$20k\Omega$、$200k\Omega$、$2M\Omega$、$20M\Omega$ 共六个量程，DT830B 型万用表的电阻挡有 $2k\Omega$、$20k\Omega$、$200k\Omega$、$2M\Omega$ 共四个量程。被测电阻值应略低于所选择的量程。例如，200Ω 电阻挡，只能测量低于 200Ω 的电阻器（测量范围为 0.1 ～ 199.9Ω），超过 200Ω 的电阻，显示器即显示为 "1"（即溢出状态，为无穷大）。高于 200Ω、低于 $2k\Omega$ 的电阻器，应用 $2k\Omega$ 电阻挡测量。

测量时，将黑表笔接 COM（接地端）插孔，红表笔接 "V·Ω" 插孔。接通电源开关（将其置于 "ON" 位置）将两表笔短接后，显示器应显示 0（200Ω 挡约有 0.3Ω 的阻值，在测量低阻值电阻时应减去该阻值）。将两表笔断开，显示器应显示无穷大（溢出）。

② 测量直流电压。测量直流电压之前，应根据被测电压的数值，将转换开关拨至直流

电压挡（DCV 挡）的适当量程。DT830 型和 DT890A 型万用表的 DCV 挡有 200mV、2V、20V、200V、1000V 共五个量程。DT830B 型万用表只有 2V、20V、200V、500V 共四个量程。

测量时，黑表笔接 COM 插孔，红表笔接"V·Ω"插孔。接通电源开关，用两表笔并接在被测电源的两端，测正电压时黑表笔接电源负极，红表笔接正极；测负电压时黑表笔接电源正极，红表笔接负极。显示器会显示所测的电压值（若转换开关为"mV"挡，则显示数值以"毫伏"为单位；若转换开关为"V"挡，则显示数值以"V"为单位）。

③ 测量直流电流。测量直流电流之前，应将转换开关拨至直流电流挡（DCA 挡）的适当量程。DT830 型和 DT890A 型万用表的直流电流挡有 200μA、2mA、20mA／10A、200mA 共四个量程。DT830B 型万用表的直流电流挡只有 200mA 一个量程。

选择适当量程后，将红表笔从"V·Ω"插孔中拔出，接入"mA"插孔，黑表笔仍接 COM 插孔不动。接通电源开关，将两表笔串入被测电路中（应注意被测电流的极性），显示器即会显示所测的数值。若在"mA"挡，则显示数值的单位为"mA"，若在"μA"挡，则显示数值的单位为"μA"。

测量 200mA 以上、10A 以下的大电流时，红表笔应接入"10A"插孔。DT830 型万用表的转换开关应拨到 20mA／10A 挡，测量显示数值的单位是"A"。

④ 测量交流电压。测量交流电压之前，应将转换开关拨至交流电压挡（ACV）的适当量程。DT830 和 DT890A 型万用表的交流电压挡有 200mV、2V、20V、200V、750V（DT890 型为 700V）共五个量程。DT830B 型万用表的交流电压挡只有 200V 和 500V 两个量程。

测量时，将红表笔接入"V·Ω"插孔，黑表笔仍接 COM 插孔不动。接通电源开关后，将两表笔并接在被测电源两端后，显示器即可显示所测的相应数值。若在"mV"挡，则测出数值的单位是"mV"；若在"V"挡，则测出数值的单位是"V"。

⑤ 测量交流电流。

测量交流电流之前，应将转换开关拨至交流电流挡（ACA）的适当量程。DT830B 型万用表的交流电流挡有 200μA、2mA、20mA／10A、200mA 共四个量程，DT890A 型万用表的交流电流挡有 2mA、20mA、200mA 共三个量程。

测量 200mA 以下的电流时，将红表笔接入"mA"挡，黑表笔仍接 COM 插孔。接通电源开关后，将两表笔串接在被测电路中，显示器将显示出所测的数值。测量 200mA 以上、10A 以下的电流时，应将红表笔接入"10A"插孔，黑表笔仍接 COM 插孔，转换开关拨至 20mA／10A 挡，两表笔串接在被测电路中。若使用"μA"挡，则所测数值的单位为"μA"；若使用"mA"挡，则测出数值的单位是"mA"；若使用"20mA／10A"挡，则所测数值的单位为"安"。

⑥ 二极管测量挡的使用。数字式万用表上的二极管测量挡（标注有二极管图形符号），可用来检测二极管、三极管、晶闸管等器件。

在测量时，将转换开关拨至二极管测量挡，红表笔接"V·Ω"插孔，黑表笔接 COM 插孔，接通电源开关后，用两表笔分别接二极管两端或三极管 PN 结（b、e 或 b、c）的两端，万用表会显示二极管正向压降的近似值。

测量二极管时，将黑表笔接二极管的负极，红表笔接二极管的正极，测量锗二极管时显示器显示 0.25V～0.3V，测量硅二极管时显示器显示 0.5V～0.8V。若二极管击穿短路或开路损坏，则显示器将显示"000"或"1"（溢出）。将红表笔接二极管的负极，黑表笔接二极管的正极，若二极管正常，则显示器显示"1"（溢出）；若二极管已损坏，则显示器显示"000"。

三极管两个 PN 结的测量方法与二极管的测量方法相同。

⑦ 蜂鸣器挡的使用。数字式万用表的蜂鸣器挡（标注有蜂鸣器图形符号）用于检查线路的通断。检测之前，可将万用表的转换开关置于蜂鸣器挡，黑表笔接 COM 插孔，红表笔接"V·Ω"插孔。接通电源开关后，两表笔接在被测线路的两端。当被测线路的直流电阻小于 20Ω（阈值电阻）时，蜂鸣器将发出 2kHz 的音频振荡声。

蜂鸣器挡也可用来检查 100 ～ 4700μF 的电解电容器是否正常。测量时，电容器应先短路放电，然后将红表笔接电容器正极，黑表笔接电容器负极。若电容器正常，则会听到一阵短促的蜂鸣声，随即停止发声；若电容器已击穿短路，则蜂鸣器会一直发声；若电容器已失效（开路或干涸），则蜂鸣器不发声，显示器始终显示溢出信号"1"。

⑧ hFE 挡的使用。数字式万用表的 hFE 挡用来测量晶体三极管的电流放大倍数。测量时，将转换开关置于 hFE 挡（测 NPN 管时用"NPN"挡，测 PNP 管时用"PNP"挡），将被测三极管的三个引脚分别插入 hFE 插座上的相应引脚中，然后接通电源开关，显示器即会显示三极管的 hFE 值。

（3）万用表使用时应注意

① 使用前认真阅读产品说明书，充分了解万用表的性能，正确理解表盘上各种符号和字母的含义及各条标度尺的读法，了解并熟悉转换开关等部件的作用和使用方法。

② 万用表应水平放置，应避开强大的磁场区（例如，与发电机、电动机等保持一定距离），保持清洁、干燥并且不得受振、受热和受潮。

③ 测量前，应根据被测项目（如电压或电阻等）将转换开关拨到合适的位置；检查指针是否指在机械零位上，如果不在零位，应调到零位。

④ 接线应正确，表笔插入表孔时，应将红色表笔的插头插入"+"孔，黑色表笔的插头插入"−"孔；拿表笔时，手指不得触碰表笔金属部位，以保证人身安全和测量准确。

⑤ 量限的选择，应尽量使指针偏转到标度尺满刻度的 2/3 附近。如果事先无法估计被测量的大小，可在测量中从最大量限挡逐渐减小到合适的挡位；调节量限时，用力不得过大，以免打在其他量限上而损坏电表；每次拿起表笔准备测量时，一定要再校对一下测量项目，核查量限是否拨对、拨准。

⑥ 测试时，表笔应与被测部位可靠接触；若测试部位的导体表面有氧化膜、污垢、焊油、油漆等，应将其除去，以免接触不良而产生测量误差。

⑦ 开关转到电流挡时，两支表笔应跨接在电源上，以防烧毁万用表；每次测量完毕，应将转换开关置于空挡或最高电压挡，不可将开关置于电阻挡，以免两支表笔为其他金属所短接而耗尽表内电池，或因误接而烧毁电表。

⑧ 测量时，切不可错旋选择开关或插错插口。例如，不得用电阻测量挡或电流测量挡去测量电压，或以低压量限去测量高电压，小电流量限去测量大电流等。否则，会烧坏万用表。

⑨ 测量时，要根据选好的测量项目和量限挡，明确应在哪一条标度尺上读数，并应了解标度尺上一个小格代表多大数值。读数时目光应与表面垂直，不要偏左偏右。否则，读数将有误差。精密度较高的万用表，在表面的刻度线下有弧形反射镜，当看到指针与镜中的影子重合时，读数最准确。一般情况下，除了应读出整数值外，还要根据指针的位置再估计读取一位小数。

⑩ 变换测量范围时，要另外调整零点，然后进行测量；表内电池的电能一旦消耗过度，要及时更换电池。

4. 钳形表

钳形表是一种在不断开电路的情况下，可以随时测量电路中电流的携带式电工仪表。有的钳形表还带有测电杆，可用来测量电压。钳形表的结构如图1-2-21所示。

测量交流电流的钳形表工作原理实质上是由一个电流互感器和整流系仪表组成。被测导线相当于电流互感器的一次线圈，绕在钳形表铁芯上的线圈相当于电流互感器的二次线圈。当被测载流导线卡入钳口时，二次线圈便感应出电流，使指针偏转，指示出被测电流值。

测量交、直流的钳形表工作原理实质上是一个电磁系仪表。当被测载流导线卡入钳口时，导线式测量机构受磁场的作用偏转，指示出被测电流值。

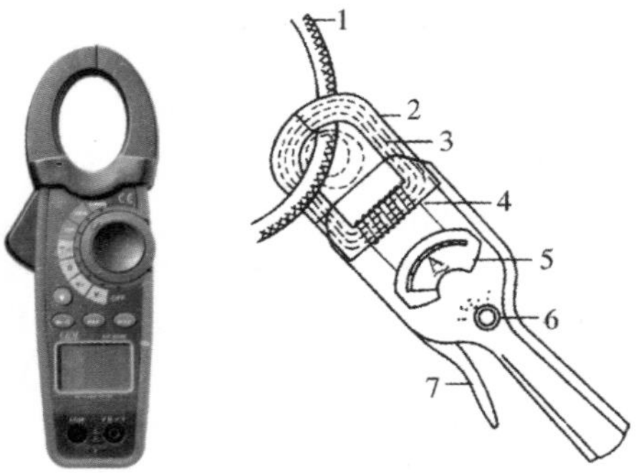

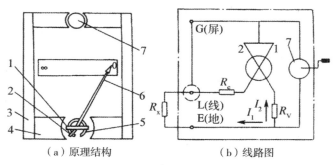

图1-2-21　钳形表的结构

1—载流导线；2—铁芯；3—磁通；4—线圈；
5—电流表；6—改变量程的旋钮；7—扳手

钳形表的使用注意事项：

（1）测量前，应检查仪表指针是否在零位，若不在零位，应调至零位。

（2）测量时，应将转换开关置于合适量程，对被测量大小心中无数时，应将转换开关置于最高挡，然后根据测量值的大小，变换到合适量程。应注意不要在测量过程中切换量程。

（3）进行测量时，被测导线应置于钳口的中心位置，以减少测量误差。钳口两个面应接合良好，如有杂声，可将钳口重新开合一次。钳口有污垢，可用汽油擦净。

（4）测量小于5A以下的电流时，为获得准确的读数，可将导线多绕几圈放进钳口进行测量，但实际的电流值为读数除以放进钳口内的导线根数。

（5）不可用钳形电流表测量高压电路中的电流，以免发生事故。

（6）钳形表不用时，应将量程旋钮置于最高端，以免下次误用而损坏仪表。

5. 兆欧表

兆欧表俗称摇表，它是专供用来检测电气设备、供电线路绝缘电阻的一种可携式仪表。兆欧表标度尺上的单位是"兆欧"用"$M\Omega$"表示，$1M\Omega=10^3k\Omega=10^6\Omega$。

兆欧表的种类很多，但基本结构相同，主要有一个磁电系的比率表和高压电源（常用手摇发电机或晶体管电路产生）组成。兆欧表的外形如图1-2-22所示，兆欧表的原理结构和线路图如图1-2-23所示。

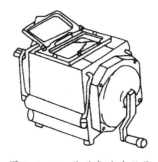

图1-2-22　兆欧表的外形图

图1-2-23　兆欧表的原理结构和线路图

（a）原理结构　　（b）线路图

1、2—可动线圈；3—永久磁铁；4—极掌；5—有缺口的圆环铁芯；
6—指针；7—手摇发电机；R_c、R_V—附加电阻；R_x—被测电阻从图 1-2-23 可以看出，被测的绝缘电阻 R_x 接于兆欧表的"线"（线路）和"地"（接地）端钮之间，此外在"线"端钮外圈还有一个铜质圆环，叫作保护环，又称为屏蔽接线端钮，符号为"G"，它与发电机的负极直接相连。被测绝缘电阻 R_x 与附加电阻 R_c 及比率表中的可动线圈 1 串联，流过可动线圈 1 的电流 I_1 与被测电阻 R_x 的大小有关。R_x 越小，I_1 就越大，磁场与可动线圈 1 相互作用而产生的转动力矩 M_1 也就越大，越使指针向标度尺"0"的方向偏转。指针的偏转可指示出被测电阻的数值。可动线圈 2 的电流与被测电阻无关，仅与发电机电压 U 及附加电阻 R_V 有关，它与磁场相互作用而产生的力矩 M_2 与 M_1 相反，相当于游丝的反作用力矩，使指针稳定。

兆欧表的使用注意事项如下：

（1）测量前，应切断被测设备的电源，并对被测设备进行充分的放电，以保证被测设备不带电。用兆欧表测试过的电气设备，也要及时放电，以确保安全。

（2）兆欧表与被测设备间的连接线应用单根绝缘导线分开连接。两根连接线不可缠绞在一起，也不可与被测设备或地面接触，以避免导线绝缘不良而引起误差。

（3）被测对象的表面应清洁、干燥，以减小测量误差。

（4）测量前，先对兆欧表进行一次开路和短路试验，检查兆欧表是否良好。将两连接线开路时，摇动手柄，指针应指"∞"位置（有的兆欧表上有"∞"调节器，可调节指针在"∞"位置）；然后再将两连接线短路一下，指针应指"0"，否则说明兆欧表有故障，需要检修。另外，使用前兆欧表指针可停留在任意位置，这不影响最后的测量结果。

（5）测量时，摇动手柄的速度逐渐加快，并保持在 120r/min 左右的转速约 1min，这时读数才是准确的结果。如果被测设备短路，指针指零，应立即停止摇动手柄，以防表内线圈发热损坏仪表。

（6）用兆欧表测量绝缘电阻的正确接法如图 1-2-24 所示，兆欧表上分别标有接地"E"、线路"L"和屏蔽（或保护环）"G"的接线柱。

测量绝缘电阻时，将被测端接于"线路"的接线柱上，而以良好的接地线接于"接地"的接线柱上，如图 1-2-24（a）所示。

测量电机绝缘电阻、电缆的缆芯对缆壳的绝缘电阻时，除将缆芯和缆壳分别接于"线路"和"接地"接线柱外，还应将缆芯与缆壳之间的绝缘物接"保护环"，以消除因表面漏电而引起的误差，如图 1-2-24（c）所示将电机绕组接于"线路"的接线柱上，机壳接于"接地"的接线柱上，如图 1-2-24（b）所示。

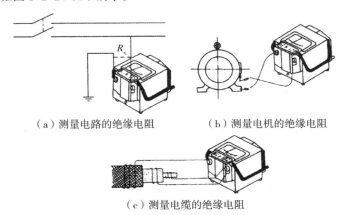

（a）测量电路的绝缘电阻　　　　（b）测量电机的绝缘电阻

（c）测量电缆的绝缘电阻

图 1-2-24　兆欧表测量绝缘电阻的接法

（7）测量大电容的电气设备绝缘电阻（电容器、电缆等）时，在测定绝缘电阻后，应先将"线路"（L）连接线断开，再降速松开手柄，以免被测设备向兆欧表倒充电而损坏仪表。

（8）禁止在有雷电时或邻近高压设备时使用兆欧表，以免发生危险。

（9）测量完毕后，在手柄未完全停止转动和被测对象没有放电之前，切不可用手触及被测对象的测量部分和进行拆线，以免触电。

6. 功率表

功率表是用来测量电功率的电工仪表。功率表可分为单相功率表和三相功率表两种，如图1-2-25所示。

 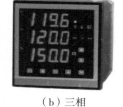

（a）单相　　　　　　　　　　（b）三相

图1-2-25　功率表

功率表大多采用电动系测量机构。电动系功率表与电动系电流表、电压表的不同之处为：固定线圈和可动线圈不是串联起来构成一条支路，而是分别将固定线圈与负载串联，将可动线圈与附加电阻串联后再并接至负载，由于仪表指针的偏转角度与负载电流和电压的乘积成正比，故可测量负载的功率。

功率的测量见表1-2-3。

表1-2-3　功率的测量

种类	测量范围	示意图
直流电路功率的测量	用电压表和电流表测量直流电路功率	接线方法如图所示。功率等于电压表与电流表读数的乘积，即 $P=UI$ 式中，P 为功率（W）；U 为电压（V）；I 为电流（A） （a）电压表内阻负载电阻时的接线　（b）电流表内阻负载电阻时的接线
	用功率表测量直流电路功率	接线方法如图所示。功率表的读数就是被测负载的功率

续表

种类	测量范围	示意图
单相交流电路功率的测量	测量单相交流电路的功率应采用单相功率表。功率表的接线必须遵守"发电机端"规则。正确的接线如图所示，应将标有"*"号的电流端钮接至电源端，另一电流端钮接至负载端；标有"*"号的电压端钮可接至任一电流端钮，但另一电压端钮则应该接至负载的另一端 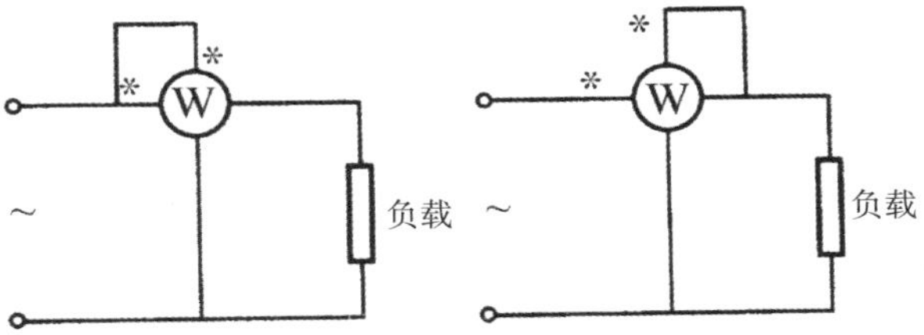	
三相交流电路功率的测量	用单相功率表测量三相四线制电路功率。接线方法如图所示。电路总功率为三只功率表的读数之和 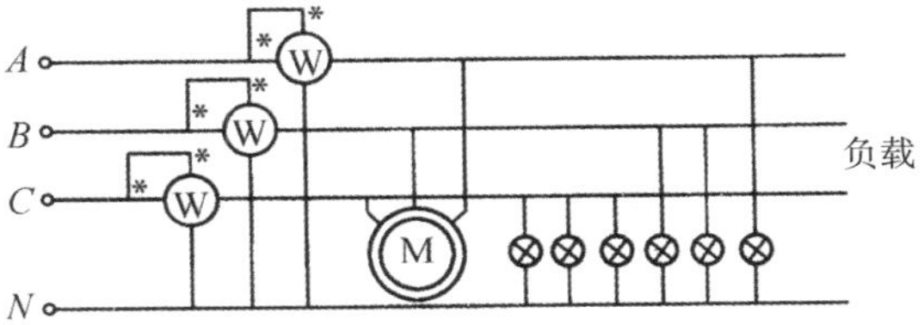	
	用单相功率表测量三相三线制电路功率。接线方法如图所示。电路总功率为两只功率表的读数之和。如果负载的功率因数低于0.5，则会有一只功率表的读数为负值，即该功率表指针会反转。为了取得读数，这时需要将该功率表电流线圈的两个端钮对换，使指针往正方向偏转，这时所测得的功率应为两只功率表读数之差 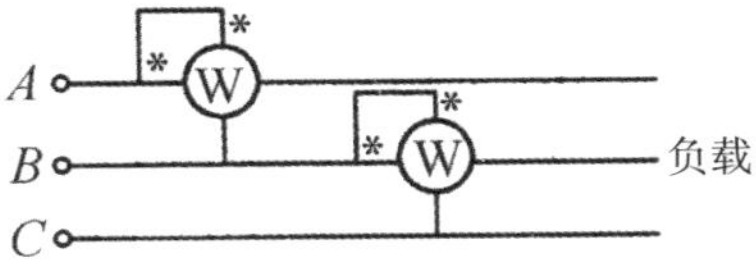	
	用三相功率表测量三相电路功率。三相功率表实际上相当于两个单相功率表组合在一起。它有两个电流线圈和两个电压线圈，分别接于电路中，其内部接法即三相三线制电路的二功率表法，外部接线如图所示 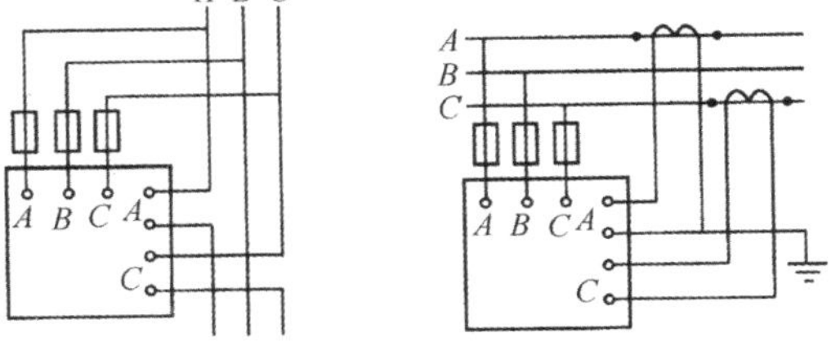 （a）直接接入法　（b）带有电流互感器的接入法	

用单相功率表测量三相三线制电路功率的方法适用于测量三相三线制或负载完全对称的三相四线制电路的功率。

使用功率表的注意事项见表1-2-4。

表1-2-4　使用功率表的注意事项

序号	注意事项
1	选择功率表的量限时除考虑应有足够的功率量限外，还应注意要正确选择功率表中的电流量限和电压量限，务必使电流量限能容许通过负载电流，电压量限能承受负载电压，这样测量功率表的量限自然就足够了。例如有一负载，其最大功率约为800W，电压为220V，电流为4A。选择功率表量限时，应选额定电压300V、额定电流5A的功率表，这样它的功率量限为1500W，其功率、电压、电流量限都符合要求。如果选用额定电压为150V、额定电流为10A的功率表，功率表量限虽同样为1500W，负载功率的大小并未超过它的值，但是由于负载电压220V已超过功率表所能承受的150V，故不能使用
2	如果使用电流互感器和电压互感器，实际功率应为功率表的读数乘以电流互感器和电压互感器的变比值
3	要防止出现接线差错，如下图所示就是功率表接线中经常出现的几种错误接法 （a）电流线圈反接　　（b）电压线圈反接　　（c）电流线圈、电压线圈同时反接 　　图（a）所示的情况为电流线圈反接，此时功率表的指针将向反方向指示，无法读数，甚至指针被打弯 　　图（b）所示为电压线圈反接，它与图（a）的情况一样，功率表也会反方向指示。此时电流线圈与电压线圈之间的电位差接近于电源电压 　　图（c）所示为电流线圈、电压线圈同时反接，此时表针指向正方向，但由于附加电阻 R_f 的阻值比电压线圈大得多，而电流线圈的内阻则很小，所以电源电压几乎全部加于 R_f 上，不仅会使测量结果产生静电误差，而且还可能使电流线圈与电压线圈之间的绝缘击穿而烧坏仪表。这种接线从表面上看似乎是正确的，而实际上是错误的，产生的后果会更加严重
4	测量时，如果出现功率表接线正确而指针反偏现象，则表明功率输送的方向与预期方向相反。此时，应改变其中一个线圈的电流方向，并将测量结果加上负号。对于只能在端钮上倒线的功率表，应将电流端钮反接，而不宜将电压端钮反接，否则会产生较大的静电误差以致损坏仪表。对于装有换向开关的可携式功率表，可直接利用换向开关来改变电压线圈的电流方向，而且不改变电压线圈与附加电阻 R_f 的相对位置，因此不会在电流线圈与电压线圈之间形成很大的电位差
5	测量用的转换开关、连接片或插塞，应接触良好，接触电阻稳定，以免引起测量误差

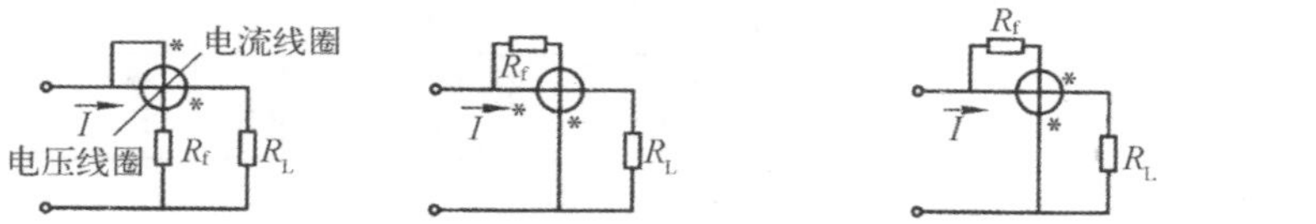

续表

序号	注意事项
6	在实际测量中，为了保护功率表，防止电流和电压超过功率表所允许的数值，一般在电路中接入电流表和电压表，以监视负载电流和负载电压
7	多量程功率表常共用一条标尺刻度，功率表的标度尺上不标注瓦数，只标注分格数。测量时，可先读出分格数，再乘以每格瓦数，就可得到被测功率值。功率表某一量程下的每格瓦数可按下式计算： $$C=\frac{UI}{a}$$ 式中，C为所接量程下的每格瓦数；U为所接电压量程（V）；I为所接电流量程（A）；a为标度尺满量程的分格数
8	当功率表与互感器配用时要特别注意，电流互感器二次回路严禁开路，电压互感器二次回路严禁短路。否则，易造成设备损坏和人身伤亡事故
9	对有可能出现两个方向功率的交流回路，应装设双向标度的功率表

（二）常用电工工具

1. 验电器

验电器是用来检验电器和电气设备是否带电的一种电工常用工具。验电器可分为低压和高压两种。

（1）低压验电器。低压验电器又称为测电笔，有钢笔式或旋具式两种，如图1-2-26所示。

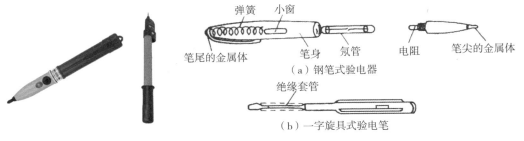

图 1-2-26　低压验电器

钢笔式验电器由氖管、电阻、弹簧、笔身和笔尖等组成。旋具式验电器结构和钢笔式验电器基本相同。使用验电器时，先把验电器握稳，以手指触及验电器尾的金属体，使氖管小窗背光朝向自己，另一手同时遮挡避光，便于劝察氖泡是否发光。(图1-2-27)。

当用验电器测试带电体时，电流经带电体、验电器、人体到大地形成通电回路，只要带电体与大地之间的电位差超过60 V时，验电器中的氖管就会发光。

低压验电器检测电压的范围为60 ～ 500 V。

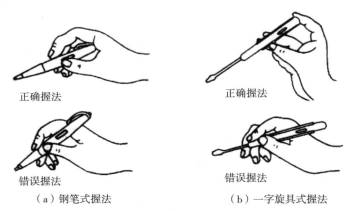

正确握法　　　　　　　正确握法

错误握法　　　　　　　错误握法

（a）钢笔式握法　　　　（b）一字旋具式握法

图 1-2-27　低压验电器握法

（2）高压验电器。高压验电器又称高压测电器，10 kV 高压验电器由金属钩、氖管、氖管窗、固紧螺钉、护环和握柄等组成（图 1-2-28）。

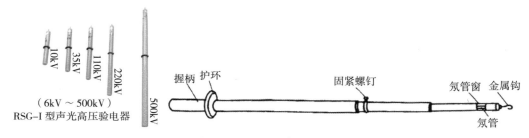

（6kV～500kV）
RSG-I 型声光高压验电器

握柄　护环　　　　　　固紧螺钉　　　氖管窗　金属钩

氖管

图 1-2-28　10kV 高压验电器

使用高压验电器时，应特别注意手握部位不得超过护环（图 1-2-29）。

使用验电器注意事项：

① 验电器在使用前应在确有电源处试测，证明验电器确实良好，方便使用。

② 使用时，应逐渐靠近被测物体，直至氖管发光，只有氖管不发光时，才可与被测物体直接接触。

③ 室外使用高压验电器，必须在气候条件良好的情况下才能使用。当雪、雨、雾及湿度较大时，不宜使用，以防发生危险。

④ 使用高压验电器测试时必须戴符合耐压要求的绝缘手套，不可一个人单独测试，身旁要有人监护。测试时要防止发生相间或相对地短路事故。人体与带电体应保持足够的安全距离，10 kV 高压为 0.7m 以上。

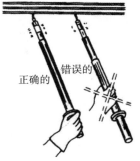

正确的　错误的

图 1-2-29　高压验电器握法

2. 螺钉旋具

螺钉旋具又称为改锥、起子或螺丝刀，如图 1-2-30 所示，分为平口（或叫平头）和十字口（或叫十字头）两种，以配合不同槽型的螺钉使用。常用的有 50mm、100mm、150mm 及 200mm 等规格。

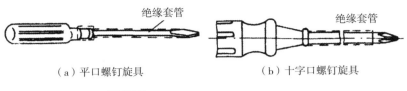

（a）平口螺钉旋具　　　　　　　（b）十字口螺钉旋具

（c）穿心金属螺杆旋具（电工禁用）

图 1-2-30　螺钉旋具

螺钉旋具的握法如图 1-2-31 所示。

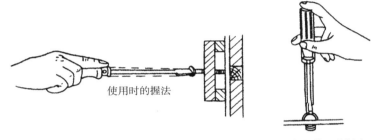

（a）大螺钉旋具的握法　　　　　（b）小螺钉旋具的握法

图 1-2-31　螺钉旋具的握法

螺钉旋具使用注意事项：

（1）电工不得使用金属杆直通柄顶的旋具，否则容易造成触电事故。

（2）为了避免旋具的金属杆触及皮肤或邻近带电体，应在金属杆上套绝缘管。

（3）旋具头部厚度应与螺钉尾部槽形相配合，斜度不宜太大，头部不应该有倒角，否则容易打滑。

（4）旋具在使用时应使头部顶牢螺钉槽口，防止打滑而损坏槽口。同时注意，不用小旋具去拧旋大螺钉。否则，一是不容易旋紧，二是螺钉尾槽容易拧豁，三是旋具头部易受损。反之，如果用大旋具拧旋小螺钉，也容易因力矩过大而导致小螺钉滑扣现象。

3. 钢丝钳

钢丝钳结构由钳头和钳柄两部分组成，如图 1-2-32 所示。钳头有钳口、齿口、刀口和铡口四部分，常用的电工钢丝钳有 150mm、170mm 和 200mm 三种规格。钢丝钳适用范围较广，电工使用时，常将钳口用来弯绞或钳夹导线线头；齿口用来紧固或起松螺母；刀口用来剪切导线或剖削软导线绝缘层；铡口用来铡切电线线芯、钢丝或铅丝等金属丝。

钢丝钳使用注意事项：

（1）使用电工钢丝钳前，必须检查绝缘柄的绝缘是否完好。在钳柄上应套有耐压为 500V 以上的绝缘管。如果绝缘损坏，不得带电操作。

（2）使用时，刀口朝向自己面部。头部不可代替锤子作为敲打工具使用。

（3）用电工钢丝钳剪切带电导线时，不得用刀口同时剪切相线和零线，或同时剪切两根相线，以免发生短路故障。

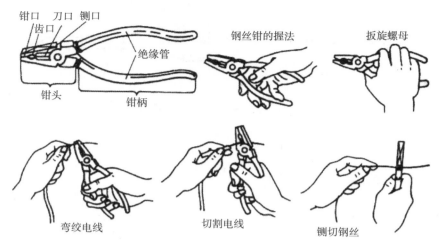

图 1-2-32 钢丝钳的使用方法

4. 尖嘴钳

尖嘴钳的头部尖细（图 1-2-33），适用于在狭小的工作空间操作。尖嘴钳绝缘柄的耐压为 500V。

图 1-2-33 尖嘴钳

尖嘴钳主要用途带有刃口的尖嘴钳能剪断细小金属丝；夹持较小螺钉、垫圈、导线等元件；在装接控制线路板时，尖嘴钳能将单股导线弯成一定圆弧的接线鼻子等。

5. 剥线钳

剥线钳是用于剥削小直径导线绝缘层的专用工具（图 1-2-34）。它的手柄是绝缘的，耐压为 500 V。

使用剥线钳时，将要剥削的绝缘长度用标尺定好以后，即可把导线放在相应的刃口上（比导线直径稍大），用手将钳柄一握，导线的绝缘层即被割破自动弹出。

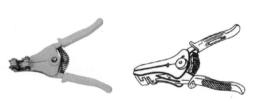

图 1-2-34 剥线钳

6. 压接钳

压接钳是连接导线的一种工具，如图 1-2-35 所示。

导线压接钳如图 1-2-35（a）所示，可压接导线截面 16 ～ 240mm² 围压、点压。

压接断线两用大剪刀如图 1-2-35（b）所示，具有一具两用、操作简单的特点。

手动导线机械压接钳如图 1-2-35（c）所示，分别适用于中、小截面的铜芯或铝芯电缆接头的冷压和中、小截面各种导线的钳压连接。

液压导线压接钳如图 1-2-35（d）所示，主要依靠液压传动机构产生压力达到压接导线的目的。适用于压接多股铝、铜芯导线，作中间连接和封端，是电气安装工程方面压接导线的专用工具，用途较广。其全套压模有 10 副，规格为 16mm²、25mm²、35mm²、50mm²、70mm²、95mm²、120mm²、185mm² 及 240mm² 导线压模。压接范围：压接铝芯导线截面为 16 ～ 240mm²，压接铜芯导线截面为 16 ～ 150mm²。压接形式：六边形围压截面。

（a）导线压接钳

（b）压接断线两用大剪刀

（c）手动电缆、导线机械压接钳

（d）液压导线压接钳

图 1-2-35 压接钳

1—钳头；2—定位螺钉；3—阴模；4—阳模；5—钳柄

特别提醒：使用压接钳时，应根据导线截面选择适当规格的压模，不能混用。

7. 电工刀

电工刀是用来剖削电线线头、切割木台缺口、削制木榫的专用工具（图 1-2-36）。

使用电工刀时，应将刀口朝外剖削。剖削导线绝缘层时，应使刀面与导线成较小的锐角，以免割伤导线。电工刀切削较大塑料线时，其刀口切入的角度应为 45° 左右。

图 1-2-36 电工刀

使用电工刀时应注意以下几点：

（1）使用电工刀时应避免伤手。

（2）电工刀用毕，随即将刀身折进刀柄。

（3）电工刀刀柄无绝缘保护的，不能在带电导线或带电器材上剖削，以免触电。

8. 活扳手

活扳手又称为活扳头，如图 1-2-37 所示，由头部和柄部组成，头部由定、动扳唇，蜗轮和轴销等构成。旋动蜗轮以调节扳口大小，常用的规格有 150mm、200mm、250mm 和 300mm 等，按螺母大小选用适当规格。

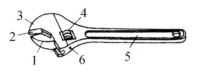

（a）活扳手构造

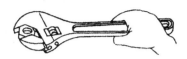

（b）扳较大螺母时握法

（c）扳较小螺母时握法

（d）错误握法

图 1-2-37　活扳手

1—动扳唇；2—扳口；3—定扳唇；4—蜗轮；5—手柄；6—轴销

扳拧较大螺母时，需用较大力矩，手应握在近柄尾处，如图 1-2-37（b）所示；扳拧较小螺母时，需用力矩不大，但螺母过小容易打滑，宜照图 1-2-37（c）所示的握法，可随时调节蜗轮，收紧扳唇防止打滑。

活扳手不可反用，如图 1-2-37（d）所示，即动扳唇不可作为重力点使用，也不可用钢管接长手柄来施加较大的扳拧力矩。

活扳手的使用注意事项：

（1）扳动大螺母时，需用较大力矩，手应握在近柄尾处〔图 1-2-37（b）〕。

（2）扳动较小螺母时，需用力矩不大，但因螺母较小易打滑，故手应握在近头部的地方〔图 1-2-37（c）〕，可随时调节蜗轮，收紧动扳唇防止打滑。

（3）活扳手不可反用，以免损坏动扳唇，也不可用钢管接长手柄来施加较大的扳拧力矩。

（4）活扳手不得当撬棒或锤子使用。

9. 冲击钻和电锤

冲击钻和电锤是一种携带式冲击的电动钻孔工具，如图 1-2-38 所示。主要用于对混凝土、砖墙进行钻孔，安装膨胀螺栓或膨胀螺钉，以固定设备或支架。

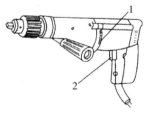

（a）冲击钻

（b）电锤

图 1-2-38　冲击钻与电锤

1—钻调节开关；2—电源开关

冲击钻与电锤使用注意事项：

（1）根据孔径大小，选择合适的钻头，在更换钻头前，一定要将电源开关断开，或将冲击钻的电源插头从插座上拔出，以免在更换钻头过程中因不慎误压开关使电钻旋转，从而发生操作人员损伤事故。

（2）通电前应检查电源引线和插头、插座是否完好无损，通电后，用验电笔检查是否漏电。

（3）单相电钻的电源引线应选用三芯坚韧橡胶护套线；三相电钻的电源引线应选用四芯坚韧皮护线，并与相应的插头和插座配合使用，特别注意护套线中接地芯线不得接错。

（4）有些电钻有"钻孔"和"冲击"两种工作方式，当钻孔时，应选用相应尺寸的普通钻头，并将工作方式置"钻孔"位置；需"冲击"钻孔（在水泥墙上钻孔）时，应选用相应尺寸的冲击钻头，并将工作方式置"冲击"位置。

10. 其他专用工具（表 1-2-5）

表 1-2-5　其他专业工具

工具	内容	
射钉枪	利用弹筒内火药爆发时的推力，将特制的螺钉射入混凝土或砖砌体内以固定管线支架等用。操作时要注意安全，周围严禁有工作人员。射钉枪内孔有 6mm、8mm 和 10mm 三种。射钉直径为 3.7mm、4.5mm，射钉长度一般为 13 ～ 62mm，型号有 SDTA301 等	
拆卸器	拆卸器又称为拉具或拉子，主要用于拆卸带轮、联轴器和轴承。使用时拆卸器要放正，其爪钩的位置应基本平衡，丝杆应对准电机轴心，用力要均匀。若直接拉脱有困难，可在丝杆已接紧时用木锤敲击带轮的外圆，或在带轮与轴的接缝处渗些煤油，必要时采用热脱方法（用喷灯或气焊枪将带轮外表面加热，使之膨胀，将带轮迅速拉下）	
刮板	刮板又称为划线板，用竹片或层压板制成，是小型电机嵌线时的使用工具。在嵌线时用刮板分开槽口的绝缘纸，将已经下槽的导线理齐，并推向槽内两侧，使后嵌的导线容易入槽。在制作刮板时，刮线的部分（前端及前端两侧）要用锉刀倒圆，并用砂纸打光，以免刮线时刮破导线的绝缘层和槽底的绝缘纸，其宽度为 2 ～ 3cm	
断线钳	断线钳专用于剪断直径较粗的金属丝、线材及电线电缆等。有铁柄、管柄和绝缘柄三种形式，其中绝缘柄的断线钳可用于带电场合，其工作电压为 1000V 以下	

三、常用电工材料

（一）通用型电线电缆

1. 聚氯乙烯绝缘电线

（1）BV、BLV、BVR 型电线（表 1-2-6）

表1-2-6　BV、BLV、BVR型电线

型号	额定电压（U_0/U）/（V/V）	标称截面（mm²）	线芯结构模数（直径/mm）	电线参考数据		适用环境温度（℃）	用　途
				最大外径（mm）	20℃时导体电阻（Ω·km⁻¹≤）		
BV	300/500	0.5	1/0.0	2.4	36.0		
		0.75（A）	1/0.97	2.6	24.5		
		0.75（B）	7/0.37	2.8	24.5		
		1.0（A）	1/1.13	2.8	18.1		
		1.0（B）	7/0.43	3.0	18.		
	450/750	1.5（A）	1/1.38	3.3	12.1	≤70	适用于交流及直流日用电器、电信设备、动力和照明线路的固定敷设
		1.5（B）	7/0.52	3.5	12.1		
		2.5（A）	1/1.78	3.9	7.41		
		2.5（B）	7/0.68	4.2	7.41		
		4（A）	1/2.25	4.4	4.61		
		4（B）	7/0.85	4.8	4.61		
		6（A）	1/2.76	4.9	3.08		
		6（B）	7/1.04	5.4	3.08		
		10	7/1.35	7.0	1.83		
		16	7/1.70	8.0	1.15		
		25	7/2.14	10.0	0.727		
		35	7/2.52	11.5	0.524		
		50	19/1.78	13.0	0.387		
		70	19/2.14	15.0	0.268		
		95	19/2.52	17.5	0.193		
		120	37/2.03	19.0	0.153		
		150	37/2.25	21.0	0.124		
		185	37/2.52	23.5	0.0991		
		240	61/2.25	26.5	0.0754		
		300	61/2.52	29.5	0.0601		
		400	61/2.85	33.0	0.0470		
BLV	450/750	2.5	1/1.78	3.9	11.80	≤70	适用于交流及直流日用电器、电信设备、动力和照明线路的固定敷设
		4	1/2.25	4.4	7.39		
		6	1/2.76	4.9	4.91		
		10	7/1.35	7.0	3.08		
		16	7/1.70	8.0	1.91		
		25	7/2.14	10.0	1.20		
		35	7/2.52	11.5	0.868		
		50	19/1.78	13.0	0.641		
		70	19/2.14	15.0	0.443		
		95	19/2.52	17.5	0.320		
		120	37/2.03	19.0	0.253		
		150	37/2.25	21.0	0.206		
		185	37/2.52	23.5	0.164		
		240	61/2.25	26.5	0.125		
		300	61/2.52	29.5	0.100		
		400	61/2.85	33.0	0.0778		

续表

型号	额定电压（U_0/U）/（V/V）	标称截面（mm^2）	线芯结构模数（直径/mm）	电线参考数据		适用环境温度（℃）	用 途
				最大外径（mm）	20℃时导体电阻（$\Omega \cdot km^{-1} \leq$）		
BVR	450/750	2.5 4 6 10 16 25 35 50 70	19/0.41 19/0.52 19/0.64 49/0.52 49/0.64 98/0.58 133/0.58 133/0.58 189/0.68	4.2 4.8 5.6 7.6 8.8 11.0 12.5 14.5 16.5	7.41 4.61 3.08 1.83 1.15 0.727 0.524 0.387 0.268	≤ 70	适用于交流及直流日用电器、电信设备、动力和照明线路的固定敷设

注：① BV、BLV 分别为铜芯、铝芯聚氯乙烯绝缘电线，BVR 为铜芯聚氯乙烯软电线。

（2）BVV 型电线（表 1-2-7）

表 1-2-7 BVV 型电线

型号	额定电压（U_0/U）/（V/V）	芯数标称截面（mm^2）	线芯结构模数（直径/mm）	电线参考数据			适用环境温度（℃）	用 途
				外径（mm）		20℃时导体电阻（$\Omega \cdot km^{-1} \leq$）		
				下限	上限			
BVV	300/500	1 × 0.75	1 × 1/0.97	3.6	4.3	24.5	≤ 70	适用于交流及直流日用电器、电信设备、动力和照明线路的固定敷设
		1 × 1.0	1 × 1/1.13	3.8	4.5	18.1		
		1 × 1.5（A）	1 × 1/1.38	4.2	4.9	12.1		
		1 × 1.5（B）	1 × 7/0.52	4.3	5.2	12.1		
		1 × 2.5（A）	1 × 1/1.78	4.8	5.8	7.41		
		1 × 2.5（B）	1 × 7/0.68	4.9	6.0	7.41		
		1 × 4（A）	1 × 1/2.25	5.4	6.4	4.61		
		1 × 4（B）	1 × 7/0.85	5.4	6.8	4.61		
		1 × 6（A）	1 × 1/2.76	5.8	7.0	3.08		
		1 × 6（B）	1 × 7/1.04	6.0	7.4	3.08		
		1 × 10	1 × 7/1.35	7.2	8.8	1.83		
		2 × 1.5（A）	2 × 1/1.38	8.4	9.8	12.1		
		2 × 1.5（B）	2 × 7/0.52	8.6	10.5	12.1		
		2 × 2.5（A）	2 × 1/1.78	9.6	11.5	7.41		
		2 × 2.5（B）	2 × 7/0.68	9.8	12.0	7.41		
		2 × 4（A）	2 × 1/2.25	10.5	12.5	4.61		
		2 × 4（B）	2 × 7/0.85	10.5	13.0	4.61		
		2 × 6（A）	2 × 1/2.76	11.5	13.5	3.08		
		2 × 6（B）	2 × 7/1.04	11.5	14.5	2.08		
		2 × 10	2 × 7/1.35	15.0	18.0	1.83		
		3 × 1.5（A）	3 × 1/1.38	8.8	10.5	12.1		
		3 × 1.5（B）	3 × 7/0.52	9.0	11.0	12.1		
		3 × 2.5（A）	3 × 1/1.78	10.0	12.0	7.41		
		3 × 2.5（B）	3 × 7/0.68	10.0	12.5	7.41		

型号	额定电压 (U_0/U)/ (V/V)	芯数 标称截面 (mm²)	线芯结构 模数（直径 /mm）	电线参考数据			适用环境温度（℃）	用途
				外径（mm）		20℃时导体电阻 ($\Omega \cdot km^{-1} \leqslant$)		
				下限	上限			
BVV	300/500	3×4（A）	3×1/2.25	11.0	13.0	4.61	≤70	适用于交流及直流日用电器、电信设备、动力和照明线路的固定敷设
		3×4（B）	3×7/0.85	11.0	14.0	4.61		
		3×6（A）	3×1/2.76	12.5	14.5	3.08		
		3×6（B）	3×7/1.04	12.5	15.5	3.08		
		3×10	3×7/1.35	15.5	19.0	1.83		
		4×1.5（A）	4×1/1.38	9.6	11.5	12.1		
		4×1.5（B）	4×7/0.52	9.6	12.0	12.1		
		4×2.5（A）	4×1/1.78	11.0	13.0	7.41		
		4×2.5（B）	4×7/0.68	11.0	13.5	7.41		
		4×4（A）	4×1/2.25	12.5	14.5	4.61		
		4×4（B）	4×7/0.85	12.5	15.5	4.61		
		4×6（A）	4×1/2.76	14.0	16.0	3.03		
		4×6（B）	4×7/1.04	14.0	17.5	3.08		
		5×1.5（A）	5×1/1.38	10.0	12.0	12.1		
		5×1.5（B）	5×7/0.52	10.5	12.5	12.1		
		5×2.5（A）	5×1/1.78	11.5	14.0	7.41		
		5×2.5（B）	5×7/0.68	12.8	14.5	7.41		
		5×4（A）	5×1/2.25	13.5	16.0	4.61		
		5×4（B）	5×7/0.85	14.0	17.0	4.61		
		5×6（A）	5×1/2.76	15.0	17.5	3.08		
		5×6（B）	5×7/1.04	15.5	18.5	3.08		

注：① BVV 为铜芯聚氯乙烯绝缘聚氯乙烯护套圆形电线。

（3）BLVV 型电线（表 1-2-8）

表 1-2-8　BLVV 型电线

型号	额定电压 (U_0/U)/ (V/V)	标称截面 (mm²)	线芯结构 模数（直径 /mm）	电线参考数据			适用环境温度（℃）	用途
				外径（mm）		20℃时导体电阻 ($\Omega \cdot km^{-1} \leqslant$)		
				下限	上限			
BLVV	300/500	2.5	1/1.78	4.8	5.8	11.8	≤70	适用于交流及直流日用电器、电信设备、动力和照明线路的固定敷设
		4	1/2.25	5.4	6.4	7.39		
		6	1/2.76	5.8	7.0	4.91		
		10	7/1.35	7.2	8.8	3.08		

注：① BLVV 为铝芯聚氯乙烯绝缘聚氯乙烯护套圆形电线。

（4）BVVB、BLVVB 型电线（表 1-2-9）

表 1-2-9　BVVB、BLVVB 型电线

型号	额定电压（U_0/U）/（V/V）	芯数×标称截面（mm^2）	线芯结构芯数×模数×（直径/mm）	电线参考数据			适用环境温度（℃）	用　途
				外径（mm）		20℃时导体电阻（$\Omega \cdot km^{-1} \leq$）		
				下限	上限			
BVVB	300/500	2×0.7	2×1/0.97	3.8×5.8	4.6×7.0	24.8	≤70	
		2×1.0	2×1/1.13	4.0×6.2	4.8×7.2	18.1		
		2×1.5	2×1/1.38	4.4×7.0	5.4×8.4	12.1		
		2×2.5	2×1/1.78	5.2×8.4	6.2×9.8	7.41		
		2×4	2×7/0.85	5.6×9.6	7.2×11.5	4.61		
BVVB	300/500	2×6	2×7/1.04	6.4×10.5	8.0×13.0	3.08	≤70	适用于交流、直流日用电器、电信设备、动力和照明线路的固定敷设
		2×10	2×7/1.35	7.8×13.0	9.6×16.0	1.83		
		3×0.75	3×1/0.97	3.8×8.0	4.6×9.4	24.50		
		3×1.0	3×1/1.13	4.0×8.4	4.8×9.8	18.10		
		3×1.5	3×1/1.38	4.4×9.8	5.4×11.5	12.10		
		3×2.5	3×1/1.78	5.2×11.5	6.2×13.5	7.41		
		3×4	3×7/0.85	5.8×13.5	7.4×16.5	4.61		
		3×6	3×7/1.04	6.4×15.0	8.0×18.0	3.08		
		3×10	3×7/1.35	7.8×19.0	9.6×22.5	1.83		
BLVVB	300/500	2×2.5	2×1/1.78	5.2×8.4	6.2×9.8	11.8		
		2×4	2×7/2.25	5.6×9.4	6.8×11.0	7.39		
		2×6	2×1/2.76	6.2×10.5	7.4×12.0	4.91		
		2×10	2×7/1.35	7.8×13.0	9.6×16.0	3.08		
		3×2.5	3×1/1.78	5.2×11.5	6.2×13.5	11.8		
		3×4	3×1/2.25	5.8×13.5	7.0×15.0	7.39		
		3×6	3×1/2.76	6.2×14.5	7.4×17.0	4.91		
		3×10	3×7/1.35	7.8×19.0	9.6×22.5	3.08		

注：① BVVB、BLVVB 分别为铜芯、铝芯聚氯乙烯绝缘、聚氯乙烯护套平形电线。

（5）BV-105 型电线（表 1-2-10）

表 1-2-10　BV-105 型电线

型号	额定电压（U_0/U）/（V/V）	标称截面（mm^2）	线芯结构模数/（直径/mm）	电线参考数据		适用环境温度（℃）	用　途
				最大外径（mm）	20℃时导体电阻（$\Omega \cdot km^{-1} \leq$）		
BV-105	450/750	0.5	1/0.80	2.7	36	≤105	适用于交流、直流日用电器、电信设备、动力和照明线路的固定敷设
		0.75	1/0.97	2.8	24.5		
		1.0	1/1.13	3.0	18.1		
		1.5	1/1.38	3.3	12.1		
		2.5	1/1.78	3.9	7.41		
		4	1/2.25	4.4	4.60		
		6	1/2.76	4.9	3.08		

注：① BV-105 为铜芯耐热 105℃聚氯乙烯绝缘电线。

2. 橡皮绝缘固定敷设电线（表 1-2-11）

表 1-2-11　橡皮绝缘固定敷设电线

型号	额定电压（U_0/U）/（V/V）	导体标称截面（mm²）	导电线芯模数/单线标称直径（mm）	绝缘与护套厚度之和标称值（mm）	绝缘最薄点厚度（mm ≥）	护套最薄点厚度（mm ≥）	平均外径上限（mm）	20℃时导体电阻（Ω·km⁻¹ ≤）铜芯			适用环境温度（℃）	用途
BXW BLXW BXY BLXY	300/500	0.75	1/0.97	1.0	0.4	0.2	3.9	24.5	24.7		≤65	BXW、BLXW 型适用于户内和户外明敷，特别是寒冷地区 BXY、BLXY 型适用于户内和户外穿管，特别是寒冷地区
		1.0	1/1.13	1.0	0.4	0.2	4.1	18.1	18.2			
		1.5	1/1.38	1.0	0.4	0.2	4.4	12.1	12.2			
		2.5	1/1.78	1.0	0.6	0.2	5.0	7.41	7.56	11.8		
		4	1/2.25	1.0	0.6	0.2	5.6	4.61	4.70	7.39		
		6	1/2.76	1.2	0.6	0.25	6.8	3.08	3.11	4.91		
		10	7/1.35	1.2	0.75	0.25	8.3	1.83	1.84	3.08		
		16	7/1.70	1.4	0.75	0.25	10.1	1.15	1.16	1.91		
		25	7/2.14	1.4	0.9	0.30	11.8	0.727	0.734	1.20		
		35	7/2.52	1.6	0.9	0.30	13.8	0.524	0.529	0.868		
		50	19/1.78	1.6	1.0	0.30	15.4	0.387	0.391	0.641		
		70	19/2.14	1.8	1.0	0.35	18.2	0.263	0.270	0.443		
		95	19/2.52	1.8	1.1	0.35	20.6	0.193	0.195	0.320		
		120	37/2.03	2.0	1.2	0.40	23.0	0.153	0.154	0.253		
		150	37/2.25	2.0	1.3	0.40	25.0	0.124	0.126	0.206		
		185	37/2.52	2.2	1.3	0.40	27.9	0.0991	0.100	0.164		
		240	61/2.25	2.4	1.4	0.40	31.4	0.0754	0.0762	0.125		

注：① BXW、BLXW 分别表示铜芯、铝芯橡皮绝缘氯丁护套电线；BXY、BLXY 分别表示铜芯、铝芯橡皮绝缘黑色聚乙护套电线。

3. 通用橡套软电缆（表 1-2-12）

表 1-2-12　通用橡套软电缆

型号	额定电压（U_0/U）/（V/V）	标称截面（mm²）	线芯结构模数（直径/mm）	20℃时导体电阻（Ω·km⁻¹ ≤）	电缆外径（mm）						用途
					单芯	2芯	3芯	（3+1）芯	4芯	5芯	
YQ YQW	300/300	0.3	16/0.15	66.3		6.6	7				适用于交流额定电压至450V，直流额定电压至700V，作为家用电器、电动工具及各种移动式电气设备的电力传输线
		0.5	28/0.15	37.8		7.2	7.6				
		0.75	42/0.15	25		7.8	8.7				

续表

型号	额定电压 (U_0/U)/(V/V)	标称截面 (mm²)	线芯结构模数 (直径/mm)	20℃时导体电阻 (Ω·km⁻¹≤)	电缆外径 (mm) 单芯	2芯	3芯	(3+1)芯	4芯	5芯	用途
YZ YZW	450/750	0.5	28/0.15	37.5		8.3	8.7				
		0.75	42/0.15	24.8		8.8	9.3		9.3	10.7	
		1	32/0.2	18.3		9.1	9.6		9.7	1	
		1.5	48/0.2	12.2		9.7	10.7	12	12	13	
		2	64/0.2	9.14		10.9	11.5				
		2.5	77/0.2	7.59		13.2	14	14	13.5	15	
		4	77/0.26	4.49		15.2	16	16	16	17.5	
		6	77/0.32	2.97		16.7	18.1	9.5	19.5	22	
YC YCW	450/750	1.5			7.2	11.5	12.5		13.5	15	
		2.5	49/0.26	6.92	8	13.5	14.5	15.5	15.5	17	
		4	49/0.32	4.57	9	15	16	17.5	18	19.5	
		6	49/0.39	3.07	11	18.5	20	21	22	24.5	
		10	84/0.39	1.8	13	24	25.5	26.5	28	31	
		16	84/0.49	1.14	14.5	27.5	29.5	30.5	32	35.5	
		25	113/0.49	0.718	16.5	31.5	34	35.5	37.5	41.5	
		35	113/0.58	0.512	18.5	35.5	38	38.5	42		
		50	113/0.68	0.373	21	41	43.5	46	48.5		
		70	189/0.68	0.262	24	46	49.5	51	55		
		95	250/0.68	0.191	26	50.5	54	55	60.5		
YC YCW	450/750	120	259/0.76	0.153	28.5		59	59	65.5		适用于交流额定电压至450V，直流额定电压至700V，作为家用电器、电动工具及各种移动式电气设备的电力传输线
		150	756/0.5	0.129	322		66.5	66	74		
		185	925/0.5	0.106	34.5						
		240	1221/0.5	0.0801	38						
		300	1525/0.5	0.0641	41.5						
		400	2013/0.5	0.0486	46.5						

注：YQ、YQW 表示轻型橡套软电缆；YZ、YZW 表示中型橡套软电缆；YC、YCW 表示重型橡套软电缆。

4. 通信电线电缆

（1）HQ03 型铅套聚乙烯套市内电话电缆（表 1-2-13）

表 1-2-13　HQ03 型铅套聚乙烯套市内电话电缆

标称对数	电缆外径（mm）					用途
	0.4	0.5	0.6	0.7	0.9	
5	12.7					适用于市内电话通信网
10	13.5	12.6				
15	14.4	13.5	13.2			
20	15.5	14.7	15.0	14.1		
25	16.2	15.7	16.7	16.5	15.3	
30	16.7	16.9	17.4	17.9	19.1	
50	19.7	17.4	19.9	19.7	21.4	
80	22.5	21.1	20.4	21.6	22.7	
100	23.5	24.3	23.9	22.1	25.7	
150	27.7	25.9	27.9	26.1	26.2	
200	30.2	29.5	30.2	30.6	32.0	
300	33.8	33.9	35.9	33.6	38.8	
400	38.8	39.1	39.1	40.6	42.9	
500	42.3	45.1	47.5	45.0	51.5	
600	46.5	48.8	53.1	53.2	56.6	
700	50.0	52.2	58.7	60.8	68.3	
800	52.2	56.0	64.0	67.7	76.1	
900	55.1	58.7	68.2	72.9		
1000	57.4	62.7	72.4			
1200	62.7	65.3				
1800	75.6	70.6				

（2）HQ 型裸铅套市内电话电缆（表 1-2-14）

表 1-2-14　HQ 型裸铅套市内电话电缆

标称对数	电缆外径（mm）					用途
	0.4	0.5	0.6	0.7	0.9	
5	7.3	7.2	7	8.9	10.1	适用于市内电话通信网
10	8.1					适用于市内电话通信网
15	9.2	8.1				
20	10.3	9.5	9.8			
25	11.1	10.5	11.6	11.4		
30	11.6	11.88	12.3	12.8	13.0	
50	13.6	12.3	13.8	13.6	14.3	
80	16.6	15.0	14.3	15.5	16.8	
100	17.6	18.4	18.0	16.2	19.7	
150	21.7	19.9	21.9	20.1	20.2	
200	24.4	23.7	24.4	24.6	26.2	
300	28.0	27.1	29.1	27.8	32.1	
400	32.1	32.4	32.4	33.9	36.2	
500	35.6	37.4	39.8	38.3	43.8	
600	38.8	41.1	45.4	45.5	48.9	
700	41.9	44.9	51.0	53.0	59.7	
800	44.5	48.3	55.2	59.1	67.5	
900	47.4	51.2	59.6	64.3		
1000	49.7	53.9	63.9			
1200	53.9	56.7				
1800	67.0	62.0				

（二）绝缘材料

绝缘材料是一种几乎不导电的物质（导电电流极其微小），它的主要作用是在电气设备中把电位不同的带电部分分隔开来，把带电部分与不带电部分隔离开来，如交流电的相间绝缘，相对地（外壳）绝缘等。

绝缘材料又称为电介质，它应具有绝缘电阻大、耐压强度高、耐热性能和导热性能好，并有较高的机械强度、便于加工等特点。

按化学性质不同，绝缘材料分为无机绝缘材料（如云母、石棉、大理石瓷器、玻璃等）、有机绝缘材料（如树脂、橡胶、棉纱、纸、麻、丝漆、塑料等）和混合绝缘材料（由以上两种绝缘材料经加工处理制成的成型绝缘材料）。

绝缘材料按其在正常条件下允许的最高工作温度分级，称为耐热等级。现在国内通行的标准见表 1-2-15，绝缘材料的主要性能见表 1-2-16。

表 1-2-15 绝缘材料的耐热等级

级别	绝缘料	极限工作温度（℃）
Y	木材、棉花、纸、纤维等天然的纺织品，以醋酸纤维和聚酰胺为基础的纺织品，以及易于热分解和熔化点较低的塑料（脲醛树脂）	90
A	工作于矿物油中的用油或油树脂复合胶浸过的 Y 级材料，漆包线、漆布、漆丝的绝缘及油性漆、沥青漆等	105
E	聚酯薄膜和 A 级材料复合、玻璃布、油性树脂漆、聚乙烯醇缩醛高强度漆包线、乙酸乙烯耐热漆包线	120
B	聚酯薄膜、经合适树脂黏合式浸渍涂覆的云母、玻璃纤维、石棉等，聚酸漆，聚酯漆包线	130
F	以有机纤维材料补强和石棉带补强的云母片制品，玻璃丝和石棉，玻璃漆布，以玻璃丝布和石棉纤维为基础的层压制品，以无机材料作补强和石棉带补强的去母粉制品，化学热稳定性较好的聚酯和醇酸类材料，复合硅有机聚酯漆	155
H	无补强或以无机材料为补强的云母制品、加厚的 F 级材料、复合云母、有机硅云母制品、硅有机漆、硅有机橡胶聚酰亚胺复合玻璃布、复合薄膜、聚酰亚胺漆等	180
C	不采用任何有机胶黏剂及浸渍剂的无机物如石英、石棉、云母、玻璃和电瓷材料等	180 以上

1. 电工漆和电工胶

（1）电工漆

电工漆分为浸渍漆和覆盖漆。浸渍漆主要用来浸渍电气设备的线圈和绝缘零部件，填充间隙和气孔，以提高绝缘性能和机械强度。覆盖漆主要用来涂刷经浸渍处理过的线圈和绝缘零部件，形成绝缘保护层，以防机械损伤和气体、油类、化学药品等的侵蚀。

（2）电工胶

常用的电工胶有电缆胶和环氧树脂胶。电缆胶由石油沥青、变压器油、松香脂等原料按一定比例配制而成，用来灌注电缆接头等。环氧树脂胶一般在现场配制，按不同的配方可制得不同分子量的胶，用来浇制绝缘用或配制高机械强度的胶黏剂。

表 1-2-16　常用绝缘材料的主要性能

材料名称	绝缘强度（kV/mm）	抗张强度（MPa）	密度（kg/cm³）	膨胀系数（10⁻⁶/℃）
瓷	8～25	18～24	2.3～2.5	3.4～6.5
玻璃	5～10	14	3.2～3.6	7
云母	15～78	—	2.7～3.0	3
石棉	5～53	52（经）	2.5～3.2	—
棉纱	3～5		—	—
纸板	8～13	35～70（经） 27～55（纬）	0.4～1.4	—
电木	10～30	35～77	1.26～1.27	20～100
纸	5～7	52（经），245（纬）	0.7～1.1	—
软橡胶	10～24	7～14	0.95	—
硬橡胶	20～38	25～68	1.15～1.5	—
绝缘布	10～54	13.5～29		—
纤维板	5～10	56～105	1.1～1.48	25～52
干木材	0.8	48.5～75	0.36～0.80	—
矿物油	25～57	—	0.83～0.95	700～800

2. 塑料

塑料是由天然树脂或合成树脂、填充剂、增塑剂、着色剂、固化剂和少量添加剂配制而成的绝缘材料。其特点是密度小、机械强度高、绝缘性能好、耐热、耐腐蚀、易加工。

塑料可分为热固性塑料和热塑性塑料两类。热固性塑料用来制作低压电器外壳、接线盒、仪表外壳等。热塑性塑料如聚乙烯和聚氯乙烯等，主要用来作电缆、电线绝缘、制作绝缘板、电线管等。

3. 橡胶橡皮

（1）橡胶

橡胶分天然橡胶和人工合成橡胶。天然橡胶的可塑性、工艺加工性好，机械强度高，但耐热性、耐油性差，经硫化处理后可作电线、电缆的绝缘层及电器的零部件等。合成橡胶是碳氢化合物的合成物，如氯丁、有机硅橡胶等，用来制作橡皮、电缆的防护层及导线的绝缘层等。

（2）橡皮

橡皮是橡胶经硫化处理而制成的绝缘材料。硬质橡皮可制作绝缘零部件及密封衬垫等；软质橡皮用来制作电缆和导线绝缘层、安全保护用具等。

4. 绝缘布（带）和层压制品

（1）绝缘布（带）

绝缘布（带）的主要用途是电气安装、施工过程中作绝缘包扎和恢复绝缘用。

（2）层压制品

层压制品是由天然或合成纤维、纸或布浸胶后，经热压而成的绝缘制品，常制成板、管、棒等形状，供制作绝缘零部件和用作带电体之间或带电体与非带电体之间的绝缘层。其绝缘性能好，机械强度高。

5. 电瓷

电瓷是由各种硅酸盐或氧化物混合物制成，具有绝缘性能好、机械强度高、耐热性能好等特点，广泛应用于制作各种绝缘子、绝缘套管、电器零部件。图 1-2-39 是各种绝缘子的外形结构图。

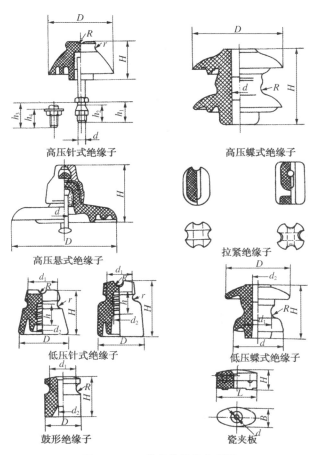

图 1-2-39　常用绝缘子外形图

6. 绝缘油

绝缘油的用途是：①在电气设备中排除气体、增强设备的绝缘能力。如高压充油电缆。②作为冷却剂，依靠油的对流作用，改善设备的冷却散热条件。如油浸式变压器。③作为灭弧介质，如高压油断路器。④作为绝缘介质，如油浸纸介电容器等。

绝缘油有不同的规格，不同电气设备有不同的要求，应正确选用。尤其是补充油，更换油时更要注意油号和油的规格不能搞错。

（三）安装材料

安装材料是电气工程施工安装中不可缺少的重要材料。安装材料必须保证质量，选用正确。常用的金属安装材料有各种类型的钢材及铝材，如低压流体输送钢管、薄壁钢管、角钢、扁钢、钢板、铝板等。常用的非金属安装材料有塑料管、瓷管等。

下面对电气工程安装施工中用得较多的几种安装材料规格作介绍。

1. 低压流体输送钢管

低压流体输送钢管又称为焊接管，是钢质电线管，管壁较厚（3mm 左右），有镀锌和不镀锌两种。在电气安装工程中常用镀锌钢管，以耐腐蚀。

表1-2-17列出了水煤气管的技术规格，供选用时参考。

表1-2-17　水煤气管的技术规格

公称口径		外径（mm）	普通管				加厚管			
mm	in		壁厚（mm）	内径（mm）	内孔总截面（mm²）	理论重量（kg/m）	壁厚（mm）	内径（mm）	内孔总截面（mm²）	理论重量（kg/m）
15	1/2	21.25	2.75	15.25	195	1.25	3.25	15.75	195	1.44
20	3/4	26.75	2.75	21.25	355	1.63	3.5	19.75	306	2.01
25	1	33.5	3.25	27	573	2.42	4	25.5	511	2.91
32	1¼	42.25	3.25	35.76	1003	3.13	4	34.25	921	3.77
40	1½	48	3.50	41	1320	3.84	4.25	39.5	1225	4.58
50	2	60	3.50	53	2206	4.88	4.5	51	2043	6.16
70	2½	75.5	3.75	68	3631	6.64	4.5	66.5	3473	7.88
80	3	88.5	4.0	80.5	5089	8.34	4.75	79	4902	9.81
100	4	114	4.0	106	8824	10.85	5	104	8495	13.44

2. 薄壁钢管

薄壁钢管的管壁比低压流体输送钢管薄（一般为1.5mm左右），主要用途是室内配线时穿电线用。薄壁钢管又称为电线管。

表1-2-18列出了薄壁钢管的技术规格，供选用时参考。

表1-2-18　薄壁钢管的技术规格

公称口径		外径（mm）	壁厚（mm）	内径（mm）	内孔总截面（mm²）	理论重量（kg/m）
mm	in					
15	1/2	15.87	1.5	12.87	130	0.536
20	3/4	19.05	1.5	16.05	202	0.647
25	1	25.40	1.5	22.40	394	0.869
32	1¼	31.75	1.5	28.75	649	1.13
40	1½	38.10	1.5	35.10	967	1.35
50	2	50.80	1.5	47.80	1794	1.83

3. 塑料管

在电气安装工程中用得较多的塑料管有聚氯乙烯管、聚乙烯管、聚丙烯管等，其中聚氯乙烯管应用最多，它是由聚乙烯单体聚合后加入各种添加剂制成的，分硬型、软型两种。其特点是耐碱、耐酸、耐油性能好，但易老化，机械强度不如钢管。硬型管适用于在腐蚀性较强的场所作明敷或暗敷设；软型管适用于作电气软管。其规格见表1-2-19和表1-2-20，供选用时参考。

表 1-2-19　硬聚氯乙烯管规格

公称口径（mm）	外径（mm）	壁厚（mm）	内径（mm）	内孔总载面（mm²）	备注
15	22	2	18	254	
20	25	2	21	346	
25	32	3	26	531	
32	40	3.5	33	855	压力
40	51	4	43	1452	25N/mm² 以内
50	63	4.5	54	2290	
70	76	5.3	65.4	3359	
80	89	6.5	76	4536	

表 1-2-20　软聚氯乙烯管规格

塑制电线管类别	公称口径（mm）	外径（mm）	壁厚（mm）	内径（mm）	内孔总载面（mm²）	备注
半硬型	15	16	2	12	113	难燃型氧气指数：27% 以上
	20	20	2	16	201	
	25	25	2.5	20	314	
	32	32	3	26	530	
	40	40	3	34	907	
	50	50	3	44	1520	
可挠型	15		峰谷间 2.2	14	161	难燃型氧气指数：27% 以上
	20		峰谷间 2.35	16.5	214	
	25		峰谷间 2.6	23.3	426	
	32		峰谷间 2.75	29	660	
	40		峰谷间 3	36.5	1046	
	50		峰谷间 3.75	47	1734	

注：软聚氯乙烯电器套管的使用压力，内径 3 ~ 5mm 时为 0.25MPa，内径 12 ~ 50mm 时为 0.2MPa。

4. 角钢

电气安装工程中常用的角钢规格见表 1-2-21，供选用时参考。

表 1-2-21　常用等边角钢规格

钢号		2		2.5		3		3.3			4			4.5		
尺寸（mm）	a	20		25		30		36			40			45		
	b	3	4	3	4	3	4	3	4	5	3	4	5	3	4	5	6
重量（kg/m）		0.889	1.145	1.124	1.459	1.373	1.786	1.656	2.163	2.654	1.852	2.422	2.976	2.088	2.736	3.369	3.985
钢号			5				5.6					6.3					
尺寸（mm）	a		50				56					63					
	b	3	4	5	6	3	4	5	8	4	5	6	8	10			
重量（kg/m）		2.332	3.059	3.770		4.465	2.624	3.446	4.251	6.568	3.907	4.822	5.721	7.469	9.151		

5. 扁钢

电气安装工程中常用的扁钢规格见表1-2-22，供选用时参考。

表1-2-22　常用扁钢规格

宽度 a（mm）		12	16	20	25	30	32	40	50	63	70	75	80	100
		理论重量（kg/m）												
厚度 d（mm）	4	0.38	0.50	0.63	0.79	0.94	1.01	1.26	1.57	1.98	2.20	2.36	2.51	3.14
	5	0.47	0.63	0.79	0.98	1.18	1.25	1.57	1.96	2.47	2.75	2.94	3.14	3.93
	6	0.57	0.75	0.94	1.18	1.41	1.50	1.88	2.36	2.97	3.30	3.53	3.77	4.71
	7	0.66	0.88	1.10	1.37	1.65	1.76	2.20	2.75	3.46	3.35	4.12	4.40	5.50
	8	0.75	1.00	1.26	1.57	1.88	2.01	2.51	3.14	3.95	4.40	4.71	5.02	6.28
	9	—	1.15	1.41	1.77	2.12	2.26	2.83	3.53	4.45	4.95	5.30	5.65	7.07
	10	—	1.26	1.57	1.96	2.36	2.54	3.14	3.93	4.94	5.50	5.89	6.28	7.85
	11	—	—	1.73	2.16	2.59	2.76	3.45	4.32	5.44	6.04	6.48	6.91	8.64
	12	—	—	1.88	2.36	2.83	3.0	3.77	4.71	5.93	6.59	7.07	7.54	9.42
	14	—	—	—	2.75	3.36	3.51	4.40	5.50	6.90	7.69	8.24	8.79	10.99
	16	—	—	—	3.14	3.77	4.02	5.02	6.28	7.91	8.79	9.42	10.05	12.50

6. 槽钢

电气安装工程中常用的槽钢规格见表1-2-23，供选用时参考。

表1-2-23　常用槽钢规格

型号	尺寸（mm）			重量（kg/m）	型号	尺寸（mm）			重量（kg/m）
	h	b	d			h	b	d	
5	50	37	4.5	5.44	20	200	75	9.0	25.77
6.3	63	40	4.8	6.63	22a	220	77	7.0	24.99
8	80	43	5.0	8.04	22	220	79	9.0	28.45
10	100	48	5.3	10.00	25a	250	78	7.0	27.47
12.6	126	53	5.5	12.37	25b	250	80	9.0	31.39
14a	140	58	6.0	14.53	25c	250	82	11.0	35.32
14b	140	60	8.0	16.73	28a	280	82	7.5	31.42
16a	160	63	6.5	17.23	28b	280	84	9.5	35.81
16	160	65	8.6	19.74	28c	280	86	11.5	40.21
18a	180	68	7.0	20.17	32a	320	88	8.0	38.22
18	180	70	9.0	22.99	32b	320	90	10.0	43.25
20a	200	73	7.0	22.63	32c	3320	92	12.0	48.28

电气安装工程中常用钢材的断面形状，如图1-2-40所示。

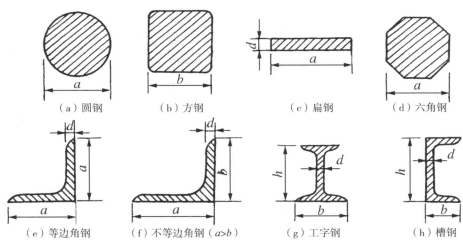

（a）圆钢　　　（b）方钢　　　　（c）扁钢　　　　（d）六角钢

（e）等边角钢　　（f）不等边角钢（a>b）　　（g）工字钢　　　（h）槽钢

图 1-2-40　电气工程中常用钢材的断面形状

（四）常用的管材料

电工的线路敷设时，为了保护导线绝缘层不受损坏常常需要各种管材料。在使用时，应根据场合和使用要求，选用不同的管材料。常用的管材料有钢管、金属软管、塑料管和瓷管等，见表 1-2-24 所示。

表 1-2-24　常用的管材料

管材料名称	示意图	说明
钢管		电工用钢管，主要用于内线线路敷设，绝缘导线穿在管内可免受腐蚀、外部机构损伤及鼠类等的毁坏。电工用钢管分厚钢管和薄钢管两种，有外壁镀锌和不镀锌之分，敷设的方法有明敷设和暗敷设两种，以适应于不同的敷设场所
金属软管		电工用金属软管一般管内壁带有绝缘层，有相当的机械强度、绝缘防护性能，又有良好的活动性、曲折性，适用于需要导线弯曲移动的场合
塑料管	1.1~1.8 倍管径　1.5~3 倍管径 （a）插接　（b）套接	目前常用聚氯乙烯塑料管，这种塑料管有较好的耐油、耐酸、耐碱、耐盐和绝缘防护性能，也有一定的机械强度，适用于绝缘包层导线的明敷和暗敷，对导线起保护作用。它可以埋入墙体内，也可以固定在墙外，供绝缘导线穿入。安装常用的塑料绝缘管外径有 10mm、12mm、16mm、20mm、25mm、32mm、40mm 和 50mm 规格
瓷管	（a）直管　（b）弯管	瓷管是用瓷制成的，具有较好的绝缘性能，供导线穿接用，对导线起绝缘保护作用。常用的瓷管有直管和弯管两种。当绝缘导线穿过墙到另一个房间时，穿过墙的一段导线要套一个直瓷管；当绝缘导线从室外穿墙到室内时要套一个弯瓷管，弯瓷管的弯头在室外并使弯头朝下

第二章　水工岗位操作规范

第一节　管道的制备与连接

一、钢管的制备

（一）钢管的校直与弯曲

1. 钢管的校直

由于搬运装卸过程中的挤压、碰撞，管子往往产生弯曲变形，这就给装配管道带来困难，因此在使用前必须进行校直。

一般 $DN15 \sim 25$（mm）的钢管可在工作台或铁砧上校直。一人站在管子一端，转动管子，观察管子弯曲的地方，并指挥另一人用木锤打弯曲处。在校直时先校直大弯，再校直小弯。

当管径为 $DN25 \sim 100$（mm）时，用木锤敲打已很困难，为了保证不敲扁管子或减轻手工校直的劳累，可在螺旋压力机上对弯曲处加压进行校直。校直后用拉线或直尺检查偏差。$DN100$ 以下的管子弯曲度每米长允许偏差 0.5mm。

当管径为 $DN100 \sim 200$ 时，要经加热后方可校直。做法是将弯曲处加热至 $600 \sim 800℃$（呈樱红色），抬到校直架上加压，校直过程中不断滚动管子并浇水。管子校直后允许 1m 长偏差 1mm。

2. 钢管的弯曲

施工中常需要将钢管弯曲成某一角度、不同形状的弯管。弯管有冷弯和热弯两种方法。

（1）冷弯

在常温下弯管叫作冷弯。冷弯时管中不需要灌砂，钢材质量也不受加温影响，但冷弯费力，弯 $DN25$ 以上的管子要用弯管机。弯管机形式较多，一般为液压式，由顶杆、胎模、挡轮、手柄等组成，胎模是根据管径和弯曲半径制成的。使用时将管子放入两个挡轮与胎模之间，用手摇动油尖注油加压，顶杆逐渐伸出，通过胎模将管子顶弯。该弯管机可应用于 $DN50$ 以下管子。在安装现场还常采用手工弯管台，如图 2-1-1 所示。其主要部件是两个轮子，轮子由铸铁毛坯经车削而成，边缘处都有向里凹进的半圆槽，半圆槽直径等于被弯管子的外径。大轮固定在管台上，其半径为弯头的弯曲半径。弯制时，将管子用压力钳固定，推动推架，小轮在推架中转动，于是管子就逐渐弯向大轮。靠铁是防止该处管子变形而设置的。

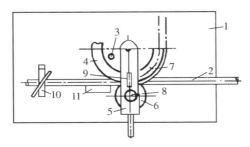

图 2-1-1 手工弯管台

1—管台；2—要弯的管子；3—销子；4—大轮；5—推架；6—小轮；7—刻度（指示弯曲角度）；
8—小轮销子；9—观察孔；10—压力钳；11—靠铁

（2）热弯

步骤一：充砂。管子一端用木塞塞紧，把粒径 2～5mm 的洁净河砂加热、炒干、灌入管中。弯管量大时应搭设灌砂台，将管竖直排在台前，以便从上向内灌砂。每充一段砂，要用手锤在管壁上敲击振实，填满后以敲击管壁砂面不再下降为合格，然后用木塞塞紧。

步骤二：画线。根据弯曲半径 R 算出应加热的弧长 L：

$$L=\frac{2\pi R}{360}\times\alpha$$

式中：α 为弯曲角度。在确定弯曲点后，以该点为中心两边各取 $L/2$ 长，用粉笔画线，这部分就是加热段。常用的弯曲长度见表 2-1-1。

表 2-1-1 弯曲长度   单位：mm

管子直径	R=3.5D				R=4D			
	弯曲长度				弯曲长度			
DN	30	45	60	90	30	45	60	90
15	24	35	47	70	27	40	53	80
20	35	53	70	106	40	61	81	121
25	47	70	93	140	53	80	106	158
32	59	88	117	176	67	100	133	200
40	70	105	140	210	80	122	160	240
50	94	140	186	280	103	162	212	314
65	117	154	233	350	133	203	265	400
80	140	210	280	420	160	243	315	480
100	187	280	372	560	213	320	425	638
125	230	344	458	687	262	393	524	785
150	275	412	550	825	314	471	628	943
200	367	550	733	1100	419	628	838	1257
250	458	687	916	1374	524	785	1047	1571

续表

管子直径	R=3.5D				R=4D			
	弯曲长度				弯曲长度			
300	550	825	1100	1649	628	943	1257	1885
350	641	962	1283	1924	733	1100	1466	2199
400	733	1100	1466	2199	838	1257	1676	2513

注：R 为弯曲半径。

步骤三：加热。加热在地炉上进行，用焦炭或木炭作燃料。不能用煤，因为煤中含有硫，对管材起腐蚀作用，而且用煤加热会引起局部过热。为了节约焦炭，可用废铁皮盖在火炉上以减少热损失。加热时要不时转动管子使加热段温度一致。加热到 950 ～ 1000℃时，管面氧化层开始脱落，表明管中砂子已热透，即可弯管。弯管的加热长度一般为弯曲长度的 1.1 ～ 1.2 倍，弯曲操作的温度区间为 750 ～ 1050℃，低于 750℃时不得再进行弯曲。

管壁温度可由管壁颜色确定：微红色约为 550℃，深红色约为 650℃，樱红色约为 700℃，浅红色约为 800℃，深橙色约为 900℃，橙黄色约为 1000℃，浅黄色约为 1100℃。

步骤四：弯曲成型。弯曲工作在弯管台上进行。弯管台是用一块厚钢板做成的，钢板上钻有不同距离的管孔，板上焊有一根钢管作为定销，管孔内插入另一个销子，由于管孔距离不同，所以可弯制各种弯曲半径的弯头。把烧热的管子放在两个销钉之间，扳动管子自由端，一边弯曲一边用样板对照，达到弯曲要求后，用冷水浇冷，继续弯其余部分，直到与样板完全相符为止。由于管子冷却后会回弹，故样板要较预定弯曲度多弯 3°左右。弯头弯成后，趁热涂上机油，机油在高温弯头表面上沸腾而生成一层防锈层，可防止弯头锈蚀。在弯制过程中如出现过大椭圆度、鼓包、皱褶时，应立即停止成型操作，趁热用手锤修复。

成型冷却后，要清除内部砂粒，尤其要注意要把黏结在管壁上的砂粒除净，确保管道内部清洁。

目前在工厂内制作各种弯头，采用机械热煨弯技术，加热采用氧—乙炔火焰或中频感应电热，制作规范。

热弯成型不能用于镀锌钢管，镀锌钢管的镀锌层遇热即变成白色氧化锌并脱落。

3. 常用弯管的制作

（1）乙字弯管的制作。乙字弯又叫作回管、灯叉管，如图 2-1-2 所示。它由两个小于 90°的弯管和中间一段直管 l 组成，两平行直管的中心距为 H，弯管弯曲半径为 R，弯曲角度为 α，一般为 30°、45°、60°。可按自身条件求出：

$$l=\frac{H}{\sin\alpha}=2R\tan\frac{\alpha}{2}$$

图 2-1-2　乙字弯

当 $\alpha=45°$、$R=4D$ 时，可化简求出 $l=1.414H-3.312D$，
每个弯管画线长度为 $0.785R=3.14D\approx 3D$，
两个弯管加 l 长即为乙字弯的画线长 L。

$$L=2\times 3D+1.414H-3.312D=2.7D+1.414H$$

乙字弯在用作室内采暖系统散热器进出口与立管的连接管时，管径为 $DN15$ ～ $DN20$mm，在工地可用手工冷弯制作。制作时先弯曲一个角度，再由 H 定位第二个角度弯曲点，因为保证两平行管间距离 H 的准确是保证系统安装平、直的关键尺寸。这样做可以避免角度弯曲不准、定位不准造成 H 不准。弯制后，乙字弯管整体要与平面贴合，没有挠起现象。

（2）半圆弯管的制作。半圆弯管一般由三个弯曲半径相同的两个 60°（或45°）弯管及一个 120° 弯管组成，如图 2-1-3 所示。其展开长度 L 为

$$L=\frac{3}{4}\pi R \text{（mm）}$$

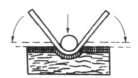

图 2-1-3 半圆弯管的组成与制作

制作时先弯曲两侧的弯管，再用胎管压制中间的 120° 弯。半圆弯管用于两管交叉又在同一平面上、一个管采用半圆弯管绕过另一管。

（3）圆形弯管的制作。用作安装压力表的圆形弯管如图 2-1-4 所示。其画线长度为

$$L=2\pi R+\frac{2}{3}\pi R+\frac{1}{3}\pi r+2l$$

式中：第一项为一个整圆弧长；第二项为一个 120° 弧长；第三项为两边立管弯曲时 60° 总弧长；l 为立管弯曲段以外直管，一般取 100mm。按图 2-1-4 所示，R 取 60mm，r 取 33mm，则画线长度为 737.2mm。

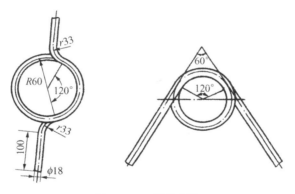

图 2-1-4 圆形弯管

煨制此管用无缝钢管，选择稍小于圆环内圆的钢管做胎具（如选择 $\phi 100$ 管），用氧—乙炔火焰烘烤，先煨环弯至两侧管子夹角为 60° 状态时浇水冷却后，再煨两侧立管弧管，逐个完成，使两立管在同一中心线上。

4. 弯管制作的质量标准及产生缺陷原因

（1）弯管制作的质量标准

① 无裂纹、分层、过烧等缺陷。外圆弧应均匀，不扭曲。

② 壁厚减薄率：中、低压管 $\leq 15\%$，高压管 $\leq 10\%$，且不小于设计壁厚。

③ 椭圆度：中、低压管 $\leq 8\%$，高压管 $\leq 5\%$。

④ 中、低压管弯管的弯曲角度偏差：按弯管段直管长管端偏差 Δ 计，如图 2-1-5 所示。

机械弯管：$\Delta \leq \pm 3$mm/m；当直管长度 $L > 3$m 时，$\Delta \leq \pm 10$mm。

地炉弯管：$\Delta \leq \pm 5$mm/m；当直管长度 $L > 3$m 时，$\Delta \leq \pm 15$mm。

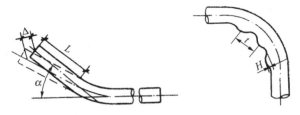

图 2-1-5　弯曲角度管端轴线偏差及弯曲波浪度

⑤ 中、低压管弯管内侧褶皱波浪时波距 $t \leqslant 4H$，波浪高度 H 允许值依管径而定。当外径 $\leqslant \phi 108$，$H \leqslant 4$；外径为 $\phi 133 \sim \phi 219$，$H \leqslant 5$；外径为 $\phi 273 \sim \phi 325$，$H \leqslant 7$；外径 $\geqslant \phi 377$，$H \leqslant 8$。

（2）弯管产生缺陷的原因（见表 2-1-2。）

表 2-1-2　弯管产生缺陷的原因

缺　陷	产生缺陷的原因
褶　皱	1. 加热不均匀，浇水不当，使弯曲管段内侧温度过高 2. 弯曲时施力角度与钢管不垂直 3. 施力不均匀，有冲击现象 4. 管壁过薄 5. 充砂不实，有空隙
椭圆度过大	1. 弯曲半径小 2. 充砂不实
管壁减薄太多	1. 弯曲半径小 2. 加热不均匀，浇水不当，使内侧温度太低
裂　纹	1. 钢管材质不合格 2. 加热燃料中含硫过多 3. 浇水冷却太快，气温过低
离　层	钢管材质不合适
弯曲角度偏差	1. 样板划线有误，热弯时样板弯曲度应多弯 3° 左右 2. 弯曲作业时定位销活动

（二）钢管的切断与连接

1. 钢管的切断

钢管切断可用锯割、刀割、气割等方法。

（1）锯割。锯割是常用的一种切断钢管的方法，可采用手工切断和机械切断。

手工切断即用手锯切断钢管。在切断管子时，应预先划好线。画线的方法是用整齐的厚纸板或油毡缠绕管子一周，然后用石笔沿样板纸边画一圈即可。切割时，锯条应保持与管子轴线垂直，用力要均匀，锯条向前推动时加适当压力，往回拉时不宜加力。锯条往复运动应尽量拉开距离，不要只用中间一段锯齿。锯口要锯到管子底部，不可把剩余的部分折断，以防止管壁变形。

为满足切割不同厚度金属材料的需要，手锯的锯条有不同的锯齿。在使用细齿锯条时，因齿嘴小，会有几个锯齿同时与管壁的断面接触，锯齿吃力小，而不至于卡掉锯齿且较为省力，但这种齿距切断速度慢，一般只适用于切断直径40mm以下的管材。使用粗齿锯条切断管子时，锯齿与管壁断面接触的齿数少，锯齿吃力大，容易卡掉锯齿且较费力，但这种齿距切断速度快，适用于切断直径50～150mm的钢管。机械切断管子时，将管子固定在锯床上，用锯条对准切断线锯割。

（2）切割。切割是指用管子割刀切断管子。一般用于切割直径50mm以下的管子，具有操作简便、速度快、切口断面平整的优点，所以在施工中普遍使用。管子割刀见图2-1-6。

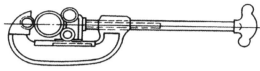

图2-1-6 割刀

使用管子割刀切割管子时，应将割刀的刀片对准切割线平稳切割，不得偏斜，每次进刀量不可过大，以免管口受挤压使得管径变小，并应对切口处加油。管子切断后，应用铰刀铰去管口缩小部分。

（3）磨割。磨割是指用砂轮切割机（无齿锯）上的砂轮片切割管子。这种砂轮切割机效率高，并且切断的管子端面光滑，只有少许飞边，用砂轮轻磨或锉刀锉一下即可除去。这种切割机可以切直口，也可以切斜口，还可以用来切断各种型钢。在切割时，要注意用力均匀和控制好方向，不可用力过猛，以防止将砂轮折断飞出伤人，更不可用飞转的砂轮磨制钻头、刀片、钢筋头等。

（4）气割。气割是利用氧气和乙炔燃烧时所产生的热能，使被切割的金属在高温下融化，产生氧化铁熔渣，然后用高压气流，将熔渣吹离金属，此时，管子即被切断。

在管道安装过程中，常用气割方法切断管径较大的管子。用气割切断钢管效率高，切口也比较整齐，但切口表面将附着一层氧化薄膜，需在焊接前除去。

2. 钢管的套丝

钢管套丝是指对钢管末端进行外螺纹加工，加工方法有手工套丝和机械套丝两种。

（1）手工套丝。手工套丝是把加工的管子固定在管台虎钳上，需套丝的一端管段应伸出钳口外150mm左右。把铰板装置放到底，并把活动盘标盘对准固定标盘与管子相应的刻度上。上紧标盘固定把，随后将后套推入管子至与管牙齐平，关紧后套（不要太紧，能使铰板转动为宜）。人站在管端前方，一手扶住机身向前推进，另一手顺时针方向转动铰板把手。当板牙进入管子两扣时，在切削端加上机油润滑并冷却板牙，然后人可站在右侧继续用力旋转板把，使板牙徐徐而进。

为使螺纹连接紧密，螺纹加工成锥形。螺纹的锥度是利用套丝过程中逐渐松开板牙的松紧螺钉来达到的。当螺纹加工达到规定长度时，一边旋转套丝，一边松开松紧螺钉。DN50～100的管子可由2～4人操作。

为了操作省力及防止板牙过度磨损，不同管径应有不同的套丝次数：DN32以下者，最好两次套成；DN32～50者，可分两次到三次套成；DN50以上者必须在三次以上，严禁一次完成套丝。套丝时，第一次或第二次铰板的活动标盘对准固定标盘刻度时，要略大于相应的刻度。螺纹加工长度可按表2-1-3确定。

在实际安装中，当支管要求坡度时，遇到管螺纹不端正，则要求有相应的偏扣，俗称"歪牙"。歪牙的最大偏离度不能超过15°。歪牙的操作方法是将铰板套进管子一、二扣后，把后卡爪板把根据所需略为松开，使螺纹向一侧倾斜，这样套成的螺纹即成"歪牙"。

表 2-1-3　螺纹加工长度

管径		短螺纹		长螺纹		连接阀门螺纹
mm	in	长度（mm）	螺纹数（牙）	长度（mm）	螺纹数（牙）	长度（mm）
15	0.5	14	8	50	28	12
20	0.75	16	9	55	30	13.5
25	1	18	8	60	26	15
32	1.25	20	9	65	28	17
40	1.5	22	10	70	30	19
50	2	24	11	75	33	21
70	2.5	27	12	85	37	23.5
80	3	30	13	100	44	26

（2）机械套丝。机械套丝是使用套丝机给管子进行套丝。套丝前，应首先进行空负荷试车，确认运行正常可靠后方可进行套丝工作。

套丝时，先支上腿或放在工作台上，取下底盘里的铁屑筛的盖子，灌入润滑油；再把电插头插入电源，注意电压必须相符。推上开关，可以看到油在流淌。

套管端小螺纹时，先在套丝板上装好板牙，再把套丝架拉开，插进管子，使管子前后抱紧。在管子挑出一头，用台虎钳予以支撑。放下板牙架子，把出油管放下，润滑油就从油管内喷出来，把油管调在适当的位置，合上开关，扳动进给手把，使板牙对准管子头；稍加一点压力，于是套丝操作开始了。板牙对上管子后很快就套出一个标准丝扣。

套丝机一般以低速工作，如有变速箱，要根据套出螺纹的质量情况选择一定速度，不得逐级加速，以防"爆牙"或管端变形。套丝时，严禁用锤击的方法旋紧或放松背面挡脚、进刀手把和活动标盘。长管套线时，管后端一定要垫平；螺纹套成后，要将进刀把和管子夹头松开，再将管子缓缓地退出，防止碰伤螺纹。套丝的次数：DN25 以上要分两次进行，切不可一次套成，以免损坏板牙或关系到"硌牙"。在套丝过程中要经常加机油润滑和冷却。

管子螺纹应规整，如有断丝或缺丝，不得大于螺纹全扣数的 10%。

二、非金属管道的制备

1.陶瓷管的切断与连接

切断陶瓷管的方法与用凿子切断铸铁管的方法相似，由于陶瓷管质脆易碎，需防止发生破裂。另外，还可以用切断器进行切割。切断器是用 $\phi20$ 的圆钢制成的，形如钳状，钳口内径等于陶瓷管外径。用时将其烧红，夹在陶瓷管切断位置上，使其局部受热后而裂开，然后浇水或用木棒轻轻敲打即可断开。

陶瓷管一般采用承插口连接。由于其内部不承受水压，因此只要求承插口严密即可，填料常用水泥灰或沥青玛蹄脂。其具体做法如下：

（1）水泥口做法。清洁承插口内壁后放入一个湿过水的草绳圈，以防水泥灰落入管内，然后分层放入水泥灰。水泥灰的拌和方法与铸铁管接口用料一样。用灰凿轻轻捣实至表面呈黑亮色为止，然后进行养护，接口即成。

（2）沥青玛蹄脂接口做法。先将接口处擦干，涂一层冷底子油，塞一圈麻辫，并将麻辫压到插口底部，然后用与灌铅口相同的方法做好灌口，灌入沥青玛蹄脂。灌时要缓缓倒入，以排除空气，一次灌好。冷底子油与沥青玛蹄脂的材料配方要根据所用材料性质和施工时的气温而定，一般配方如下。

冷底子油为沥青与汽油重量比 1 : 1 的稀释液体。制法是把 4 号沥青小块放在容器内，加热到 180℃完全熔融，然后搅冷到 70℃，慢慢加入汽油，边加边搅即成。涂抹底子油是为了使沥青玛蹄脂与管壁更紧密结合起来。沥青玛蹄脂由石棉粉、滑石粉与沥青混合而成。在夏季 3 号及 4 号沥青各占重量的 23.5%，在冬季增加到 28.5%。熬制时，先将沥青按重量比放入锅里，加热至融化为止，再将石棉粉、滑石粉的掺和料均匀撒入，边撒边搅，待混合物颜色均匀，温度在 180 ~ 220℃时，即可浇口。

2. 石棉水泥管、钢筋混凝土管的切割与连接

石棉水泥管可以任意钻孔和切割，连接采用水泥套管套在对接管端，套管与管子之间加入填料，打实即可。钢筋混凝土管一般不做切断，可用不同长度的管子进行组合达到要求的总长。钢筋混凝土管的连接可采用套管，或承插口，承插口的填料和做法与铸铁管承插口的填料和做法相同，即采用石棉水泥打口成刚性连接，或用橡胶密封圈做成柔性接口。

用于排水系统上的石棉水泥管、混凝土管，管子连接的柔性接口，常采用石棉沥青卷材接口和沥青砂接口，如图 2-1-7 所示。

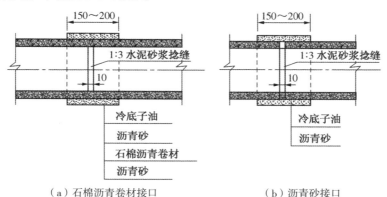

（a）石棉沥青卷材接口　　　　　（b）沥青砂接口

图 2-1-7　柔性接口

石棉沥青卷材接口的做法是，先把混凝土管外壁接口处洗刷干净，晾干后刷冷底子油一道，干燥后刷 3 ~ 5mm 厚的沥青砂，并且立即从下向上包一层石棉沥青卷材。为使沥青砂贴紧在管皮上，可用木锤敲击使之贴紧。然后再涂一层 3mm 厚的沥青砂，以增强接口防水能力。石棉沥青卷材又称"保罗杯"，一般在石棉厂制作，具有防水、防腐、耐久、质地柔软、不易折断、抗拉力好等性能。沥青砂重量配合比：30# 甲或 30# 乙油沥青：石棉粉：石粉 =1：0.67：0.69，熬制时温度为 160 ~ 180℃。

沥青砂接口亦采用上述配方的沥青砂，其中石棉粉纤维要占 1/3 左右。浇灌温度应保持在 220℃以上，否则浆太稠，易出现"蜂窝"状弊病。

3. 塑料管的制备

塑料管包括聚乙烯管、聚丙烯管、聚氯乙烯管等。这些管材质软，在 200℃左右即产生塑性变形或能熔化，因此加工十分方便。

（1）塑料管的切割与弯曲

PP-R 管和铝塑复合管的切断可用专用的切管刀，如图 2-1-8 所示。

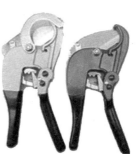

图 2-1-8　切管刀

使用细牙手锯或木工圆锯进行切割，切割口的平面度偏差为：$DN<50mm$，为 0.5mm；$DN=50 \sim 160mm$，为 1mm；$DN>160mm$，为 2mm。管端用手锉锉出倒角，距管口 50 ～ 100mm 必须不得有毛刺、污垢、凸疤，以便进行管口加工及连接作业。

公称直径 $DN \leqslant 200mm$ 的弯管，有成品弯头供应，一般为弯曲半径很小的急弯弯头。需要制作时可采用热弯，弯曲半径 $R=（3.5 \sim 4）DN$。塑料管热弯工艺与弯钢管的不同在于：

① 不论管径大小，一律填细砂。

② 加热温度为 130 ～ 150℃，在蒸汽加热箱或电加热箱内进行。

③ 用木材制作弯管模具，木块的高度稍高于管子半径。管子加热至要求温度时迅速从加热箱内取出，放入弯管模具内，因管材已成塑性，用力很小，用浇冷水方法使其冷却定型，然后取出砂子，并继续进行水冷。管子冷却后有 1° ～ 2° 的回弹，因此制作模具时把弯曲角度加大 1° ～ 2°。

（2）塑料管的连接

塑料管的连接方法可根据管材、工作条件、管道敷设条件而定。壁厚大于 4mm，$DN \geqslant 50mm$ 的塑料管均可采用对口接触焊，壁厚小于 4mm，$DN \leqslant 150mm$ 的承压管可采用承口连接或套管连接；非承压的管子可采用承口黏结、加橡胶圈的承口黏结；与阀件、金属部件或管道相连接，且压力低于 2MPa 时，可采用卷边法兰连接或平焊法兰连接。

① 塑料管的对口焊接有对口接触焊和热空气焊两种方法。对口接触焊是将塑料管放在焊接设备的夹具上夹牢，清除管端氧化层，将两根管子对正，管端间隙在 0.7mm 以下，电加热盘正套在接口处加热，使塑料深处表面 1 ～ 2mm 熔化，并用 0.1 ～ 0.25MPa 的压力加压使熔融表面连接成一体。热空气焊接是将压缩空气通过焊枪，焊枪为一电热空气管，可将空气加热至 200 ～ 250℃，可以调节焊枪内的电热丝电压以控制温度。压缩空气保持压力为 0.05 ～ 0.1MPa。焊接时将管端对正，用塑料条对准焊缝，焊枪加热将管件和焊条熔融并连接在一起。

② 承插口连接的程序是先进行试插，检查承插口长度及间隙，长度以管子公称直径的 1 ～ 1.5 倍为宜，间隙应不大于 0.3mm，然后用酒精将承口内壁、插管外壁擦洗干净，并均匀涂上一层胶黏剂，即时插入，保持挤压 2 ～ 3min，擦净接口外挤出的胶黏剂，固化后在承口外端可再行焊接，以增加连接强度。胶黏剂可采用过氯乙烯树脂与二氯乙烷（或丙酮）重量比 1 ：4 的调和物，该调和物称为过氯乙烯胶黏剂。也可采用市场上供应的多种胶黏剂。

如塑料管没有承口，还要自行加工制作。方法是在扩张管端采用蒸汽加热或用甘油加热锅加热，加热长度为管子直径的 1 ～ 1.5 倍，加热温度为 130 ～ 150℃。此时可将插口的管子插入已加热的管端，使其扩大为承口。也可用金属扩口模具扩张。为了使插入管能顺利地插入承口，可在扩张管端及插入管端先做成 30° 的斜口，如图 2-1-9 所示。

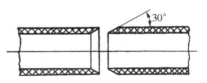

图 2-1-9　管口扩张前的坡口形式

③ 套管连接是先将管子对焊起来，并把焊缝铲平，再在接头上加套管。套管可用塑料板加热卷制而成，套管与连接管之间涂上胶黏剂，套管的接口、套管两端与连接管还可焊接起来，增加强度，套管尺寸见表 2-1-4。

表 2-1-4　套管尺寸　　　　　　　　　　　　　　　　　　单位：mm

公称直径 DN	25	32	40	50	65	80	100	125	150	200
套管长度	56	72	94	124	146	172	220	272	330	436
套管厚度	3			4		5		6		7

④ 法兰连接。采用钢制法兰时，先将法兰套入管内，然后加热管进行翻边。采用塑料板材制成的法兰可与塑料管进行焊接。此时塑料法兰应在内径两面车出 45° 坡口，两面都应与管子焊接。紧固法兰时应把密封垫垫好，并在螺栓两端加垫圈。

塑料管管端翻边的工艺是将要翻边的管端加热至 140 ～ 150℃，套上钢法兰，推入翻边模具。翻边模具为钢质，如图 2-1-10 所示，尺寸如表 2-1-5 所示。翻边模具推入前先加热至 80 ～ 100℃，不使管端冷却，推入后均匀地使管口翻成垂直于管子轴线的翻边。翻边后不得有裂纹和褶皱等缺陷。

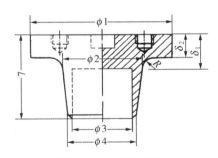

图 2-1-10　翻边模具

表 2-1-5　翻边模具尺寸　　　　　　　　　　　单位: mm

管子规格	$\Phi1$	$\Phi2$	$\Phi3$	$\Phi4$	L	δ_1	δ_2	R
65 × 4.5	105	56	40	46	65	30	20.5	9.5
76 × 5	116	66	50	56	75	30	20	10
90 × 6	128	76	60	66	85	30	19	11
114 × 7	160	96	80	86	100	30	18	12
166 × 8	206	150	134	140	100	30	17	13

三、给排水管道的连接

管道连接是指按照设计图的要求，将已经加工预制好的管段连接成一个完整的系统，以保证其使用功能正常。

施工中，根据所用管子的材质选择不同的连接方法。铸铁管一般采用承插连接；焊接钢管主要采用螺纹连接、焊接和法兰连接；无缝钢管、有色金属以及不锈钢管只能采用焊接和法兰连接；而塑料管可采用粘接、热熔接等。

（一）螺纹连接

螺纹连接也称为线扣连接。连接时，先在管子外螺纹上缠抹适当的填料，内给水管一般采用油麻丝和铅油或聚四氟乙烯带（简称为生料带或生胶带）。操作时，一般从管螺纹第二扣开始沿螺纹方向进行缠绕，缠好后表面沿螺纹方向均匀涂抹一层铅油（生胶带可不涂抹铅油），然后用手拧上管件，再用管钳或链条钳将其拧紧。

缠绕填料时要适当，不得把铅油、油麻丝或生胶带从管端下垂挤入管腔，以免堵塞管路。

（二）焊接

焊接使用范围极广，通常有电弧焊、气焊和氩弧焊等。焊接比螺纹连接可靠牢固、强度高，而且连接工艺简单方便。但是焊接连接拆卸困难，如需检修、清理管道则需将管路切断。另外，还有可能由于焊接加热而造成材料变质，降低构件的机械强度或造成设备构件的变形。

1. 坡口与清理

管壁较厚的（≥ 5mm）管道焊接时，如果只能进行单面施焊，那么就需将管子的施焊端面做成坡口，以避免焊缝不实，出现焊不透的现象。焊接常用的坡口形式和尺寸见表 2-1-6。

管道焊接前，应将管端50mm范围内的泥土、油渍、污锈等杂物清理干净。用气割坡口的管子，要把残留的氧化铁渣子和毛刺等彻底清理干净。如发现坡口表面有裂纹或夹层，不得直接施焊，应重新进行修整。

表2-1-6　焊接常用坡口形式和尺寸

序号	坡口名称	坡口形式	手工焊坡口尺寸（mm）			
1	I 形坡口		单面焊	S C	$1.5 \sim 2$ $0^{+0.5}$	$2 \sim 3$ $0^{+1.0}$
			双面焊	S C	$3 \sim 3.5$ $0^{+1.0}$	$3.6 \sim 6$ $0+0.5 -1.0$
2	V 形坡口		S α C p		$3 \sim 9$ $70° \pm 5°$ 1 ± 1 1 ± 1	$9 \sim 26$ $60° \pm 5°$ $2+1 -2$ $2+1 -2$
3	带垫板 V 形坡口		S C		$6 \sim 9$ 4 ± 1	$9 \sim 26$ 5 ± 1
			$p=1 \pm 1$　　$\alpha=50° \pm 5°$ $\delta=4 \sim 6$　　$d=20 \sim 40$			
4	X 形坡口		$S=12 \sim 60$ $C=2+1 -2$ $p=2+1 -2$ $\alpha=60° \pm 5°$			
5	双 V 形 坡口		$S=30 \sim 60$ $C=2+1 -2$ $p=2 \pm 1$ $\alpha=70° \pm 5°$ $h=10 \pm 2$ $\beta=10° \pm 2°$			
6	U 形坡口		$S=20 \sim 60$ $C=2+1 -2$ $p=2 \pm 1$ $R=5 \sim 6$ $\alpha=10° \pm 2°$ $\alpha=1.0$			
7	T 形接头 不开坡口		$S_1（S_2）=2 \sim 20$ $C=0+2$			
8	T 形接头单 边 V 形坡 口		$S_1（S_2）$ C p	$6 \sim 10$ 1 ± 1 1 ± 1	$10 \sim 17$ $2+1 -2$ $2+1 -2$	$17 \sim 30$ $3+1 -2$ $3+1 -2$
			$\alpha=50° \pm 5°$			

2.焊接质量检查

（1）外观检查。对焊接进行外观检查，可以用肉眼直接观察，也可以用低倍放大镜进行检查。通常在焊缝的外观上存在以下缺陷，如图2-1-11所示。

① 表面裂纹。产生的原因主要是焊条化学成分与母材金属成分不符或由于热应力集中，冷却过快，焊缝有硫、磷杂质。

② 表面气孔。产生的原因是焊接速度太快，焊接表面有污物，焊条药皮脱落或受潮，焊接电流太大等。

③ 表面夹渣。主要原因是焊层间清理不干净，焊接电流过小，焊条药皮太重且施焊时摆动方法不当。

④ 表面残缺。主要由于熔池温度过高，使液态金属凝固缓慢，并且在自重作用下飞溅产生焊瘤。宽度、高度把握不准也是形成残缺不齐的原因之一。

⑤ 咬边。在母材上被电弧烧熔的凹槽。主要原因是焊接电流太大，焊条摆动不当及电弧过长等。

⑥ 表面凹陷。主要原因是电流过小，焊条摆动过快，焊条填入量过少等。

⑦ 未焊透。主要原因是坡口形式不正确，对口间隙过小，焊接电流过小，焊缝表面有污迹等。

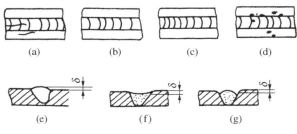

图 2-1-11　焊缝缺陷

（2）强度和严密性实验。强度实验是以该管道的工作压力增加一个数值，来检查管道焊接口的力学性能。严密性实验是将实验压力保持在工作压力或小于工作压力的范围内，较长时间地观察和检查焊接口是否有渗漏现象，同时也观察压力表指示值的下降情况。

（3）无损探伤检验。无损探伤检验可采用射线探伤和超声波探伤两种方法。

（三）法兰连接

法兰连接就是将固定在两个管口（或附件）上的一对法兰盘，中间加入垫圈，然后用螺栓拉紧密封，使管子（或附件）连接起来。

常用的法兰盘有铸铁和钢制两类。法兰盘与管子连接有螺纹、焊接和翻边松套三种。在管道安装中，一般以平焊钢法兰为多用，铸铁螺纹法兰和对焊法兰则较少用，而翻边松套法兰常用于输送腐蚀性介质的管道，工作压力在0.6MPa范围内。下面仅介绍室内给排水中常用的铸铁螺纹法兰连接与平焊钢法兰连接的操作方法。

1.铸铁螺纹法兰连接

铸铁螺纹法兰连接多用于低压管道，它是用带有内螺纹的法兰盘与套有同样公称直径螺纹的钢板连接。连接时，在套丝的管端缠上油麻丝，涂抹上铅油填料。把两个螺栓穿在法兰的螺孔内，作为拧紧法兰的力点，然后将法兰盘拧紧在管端上。连接时要注意法兰一定要拧紧，成对法兰盘的螺栓孔要对应。

2. 平焊钢法兰连接

平焊钢法兰用的法兰盘通常是用 A3、A5 和 20 钢加工的，与管子的连接是用手工电焊进行焊接。焊接时先将管子垫起来，用水平尺找平，将法兰盘按规定套在管子上，用角尺或线锤找平，对正后进行点焊。然后，检查法兰平面与管子轴线是否垂直，再进行焊接。焊接时，为防止法兰变形，应按对称方向分段焊接，如图 2-1-12 所示。平焊法兰的内外两面必须与管子焊接。

法兰连接时，无论使用哪种方法，都必须在法兰盘之间垫适应输送介质的垫圈，以达到密封的目的。法兰垫圈应符合要求，不允许使用斜垫圈或双层垫圈。垫圈要加工成带把的形状，以便于安装和拆卸。

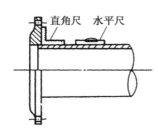
图 2-1-12　法兰盘安装及检验

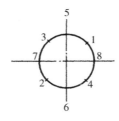

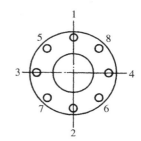
图 2-1-13　紧固法兰螺栓次序

法兰连接时，要注意两片法兰的螺栓孔对准，连接法兰的螺栓应用同一种规格，全部螺母应位于法兰的一侧。紧固螺栓时应按照图 2-1-13 所示的次序对称进行，大口径法兰最好两人在对称位置同时进行。

（四）承插口连接

承插口连接（通常称为捻口）就是把承插式铸铁管的插口插入承口内，然后在四周的间隙内加满填料打实打紧，如图 2-1-14 所示。

承插接口的填料分为两层：内层用油麻丝或胶圈，其作用是使承插口的间隙均匀，并使下一步的外层填料不致落入管腔，有一定密封作用；外层填料主要起密封

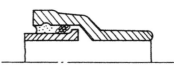
图 2-1-14　承插口连接

和增强作用，可根据不同要求选择接口材料。安装前，应对管材的外观进行检查，查看有无裂纹、毛刺等。插口插入承口前，应将承口内部和插口外部清理干净，用气焊烤掉承口内部及外部的沥青。如采用橡胶圈接口时，应先将橡胶圈套在管子的插口上，调整好管子的中心位置。打麻时，应先打油麻后打干麻。把每圈麻拧成麻辫，麻辫直径等于承插口环形间隙的 1.5 倍，长度为周长的 1.3 倍左右。打锤要用力，凿凿相压，一直到铁锤打击时发出金属声为止。

采用橡胶圈接口时，填打胶圈应逐渐滚入承口内，防止出现"闷鼻"现象。

1. 铅接口

铅接口是以熔化的铅灌入承插口的间隙内，凝固后用捻凿将铅打紧而成。打完麻丝后，将浸过泥浆的麻绳将口密封，麻绳在靠承口的上方留出灌铅口，将熔化呈紫红色的铅（约600℃），用经过加热的铅勺除去熔化铅面上的杂质（熔铅时，严禁铅块带水或潮湿，避免发生爆炸事故）。然后，将铅液舀到小铅桶内，每次取一个接口的用量灌入承插口内，熔铅要一次罐成。待铅灌入后，取下密封的麻绳，用扁凿将浇口的多余铅去掉，用捻凿由下至上

锤打，直至表面平滑，且凹进承口 2 ～ 3mm 为止。最后在铅口外涂沥青防腐层。灌铅时，操作人员一定要戴好帆布手套，脸部不能面对灌铅口，以防热铅灌入时因空气溢出或遇到水分而产生蒸汽将铅进出来（俗称放炮）伤人。必要时在接口内灌入少量机油，可防止放炮现象。

2. 石棉水泥接口

石棉水泥接口是以石棉绒和水泥的混合物做填料进行连接，其配合比（质量比）为 3：7，石棉绒与水泥拌和，用水量根据施工时的气候干湿情况而定。根据经验，一般拌和后的石棉泥，如用手可捏成团，成团后又可用手指轻轻拨散，则其干湿程度恰到好处。捻口时，先将油麻打入承口内。然后将石棉水泥填入，分 4 ～ 6 层填完。打好后，灰面不得低于承口 2 ～ 5mm。每个接口要求一次打完不得间断。紧密程度以锤击时发出金属的清脆声音，同时感到有一定的弹性，石棉水泥呈现水湿现象为最好。接口完毕后，用湿草绳或涂泥养生 48h，并每天浇 2 ～ 4 次适量的水。如在冬天施工，还应在涂泥后进行保温处理。

3. 膨胀水泥接口

接口材料主要为膨胀水泥及中砂，膨胀水泥宜用石膏矾土水泥或硅酸盐膨胀水泥，砂应用洁净的中砂。用于接口的砂浆配合比（质量比）为 1：0.3，当气温较高或风较大时，其用水量可稍增加，但不宜超过 0.35。拌和时应十分均匀，外观颜色一致，一次拌和量应在半小时内用完。

4. 三合一水泥接口

这种水泥接口是以 425 号硅酸盐水泥、石膏粉和氯化钙为原材料，按质量比 100：10：5 用水拌和而成。三种材料中，水泥具有一定强度作用，石膏起膨胀作用，氯化钙粉碎溶于水中，然后与干料拌和，并搓成条状填入已打好油麻丝或胶圈的插接口中，并用灰凿轻轻捣实、抹平。由于石膏的终凝不早于 6min，并不迟于 30min，因此拌和好的填料要在 6 ～ 10min 内用完，抹平操作要迅速。接口完后要抹黄泥或覆盖湿草袋进行养护，8h 后即可通水或进行压力实验。

（五）塑料管材连接

1. UPVC 管道连接

UPVC 管连接通常采用溶剂粘接，即把胶黏剂均匀涂在管子承口的内壁和插口的外壁，等溶剂作用后承插并固定一段时间形成连接。连接前，应先检验管材与管件不应受外部损伤，切割面平直且与轴线垂直，清理毛刺、切削坡口合格，黏合面如有油污、尘砂、水渍或潮湿，都会影响黏结强度和密封性能，因此必须用软纸、细棉布或棉纱擦净，必要时用蘸丙酮的清洁剂擦净。插口插入承口前，在插口上标出插入深度，管端插入承口必须有足够深度，目的是保证有足够的黏合面，端处可用板锉锉成 15° ～ 30° 坡口。坡口厚度宜为管壁厚度的 1/3 ～ 1/2。坡口完成后应将毛刺处理干净。如图 2-1-15 所示。

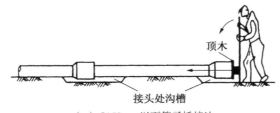

（a）Φ150mm 以下管子插接法

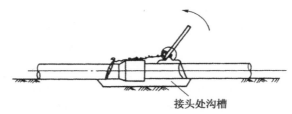

（b）Φ200mm 以上管子插接法

图 2-1-15　UPVC 管承插连接

　　管道粘接不宜在湿度很大的环境下进行，操作场所应远离火源、防止撞击和阳光直射。在 –20℃以下的环境中不得操作。涂胶宜采用鬃刷，当采用其他材料时应防止与胶黏剂发生化学作用，刷子宽度一般为管径的 1/3 ～ 1/2。涂刷胶黏剂应先涂承口内壁再刷插口外壁，应重复两次。涂刷时应动作迅速、均匀、适量、无漏涂。涂刷结束后应将管子立即插入承口，轴向需用力准确，应使管子插入深度符合所划标记，并稍加旋转。管道插入后应扶持 1 ～ 2min，再静置以待完全干燥和固化。粘接后迅速揩净溢出的多余胶黏剂，以免影响外壁美观。管端插入深度不得小于表 2-1-7 的规定。

表 2-1-7　管端插入深度

代号	管子外径（mm）	管端插入深度（mm）	代号	管子外径（mm）	管端插入深度（mm）
1	40	25	4	110	50
2	50	25	5	160	60
3	75	40			

2. 铝塑复合管连接

铝塑复合管连接有螺纹连接、压力连接两种。

螺纹连接：如图 2-1-16 所示。

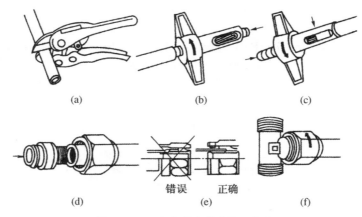

（a）　　　　　　　　（b）　　　　　　　　（c）

错误　　　正确

（d）　　　　　　　　（e）　　　　　　　　（f）

图 2-1-16　铝塑复合管连接示意图

（1）用剪管刀将管子剪成合适的长度。

（2）穿入螺丝及 C 形铜环。

（3）将整圆器插入管内到底用手旋转整圆，同时完成管内圆倒角。整圆器按顺时针方向转动，对准管子内部口径。

（4）用扳手将螺母拧紧。

压力连接：压制钳有电动压制工具与电池供电压制工具，如图 2-1-17 所示。当使用承压和螺丝管件时，将一个带有外压套筒的垫圈压制在管末端。用 O 形密封圈和内壁紧固起来。压制过程分两种，使用螺丝管件时，只需拧紧旋转螺丝；使用承压管件时，需用压制工具和钳子压接外层不锈钢套管。

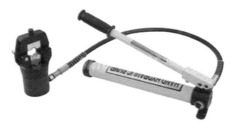

图 2-1-17 压制工具

3. PP-R 管连接

PP-R 管连接方式有热熔连接、电熔连接、丝扣连接与法兰连接。这里仅介绍热熔连接和丝扣连接。

热熔连接：热熔连接工具见图 2-1-18。

（1）用卡尺与笔在管端测量并标绘出热熔深度，如图 2-1-19（a）、图 2-1-19（b）所示。

（2）管材与管件连接端面必须无损伤、清洁、干燥、无油。

（3）热熔工具接通普通单相电源加热，升温时间约 6min，焊接温度自动控制在约 260℃，可连接施工到达工作温度指示灯亮后方能开始操作。

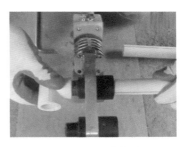

图 2-1-18 熔接器

（4）做好熔焊深度及方向标记，在焊头上把整个熔焊深度加热，包括管道和接头。如图 2-1-19（c）所示。无旋转的把管端导入加热套内，插到所标志的深度，同时无旋转地把管件推到加热头上，达到规定标志处。

（5）达到加热时间后，立即把管材与管件从加热套与加热头上同时取下，迅速无旋转地直线均匀插入到所标深度，使接头处形成均匀凸缘，如图 2-1-19（d）所示。

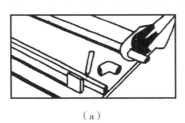

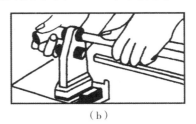

（a）　　　　　　　　　　　　　　　　（b）

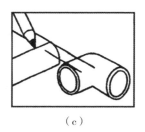
（c）

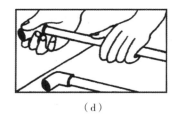
（d）

图 2-1-19　管道熔接示意图

（6）工作时应避免焊头和加热板烫伤，或烫坏其他财物，保持焊头清洁，以保证焊接质量。

（7）热熔连接技术要求见表 2-1-8。

表 2-1-8　热熔连接技术要求

公称直径（mm）	热熔深度（mm）	加热时间（s）	加工时间（s）	冷却时间（min）
20	14	5	4	3
25	16	7	4	3
32	20	8	4	4
40	21	12	6	4
50	22.5	18	6	5
63	24	24	6	6
75	26	30	10	8
90	32	40	10	8
110	38.5	50	15	10

丝扣连接：PP-R 管与金属管件连接，应采用带金属嵌件的聚丙烯管件作为过渡，如图 2-1-20 所示。该管件 PP-R 管采用热熔连接，与金属管件或卫生洁具五金配件采用丝扣连接。

阳螺纹接头

阳螺纹弯头

阳螺纹三通

阴螺纹接头

阴螺纹弯头

阴螺纹三通

图 2-1-20　聚丙烯管件

四、管道支架和吊架的安装

为了正确支承管道，满足管道补偿、热位移和防止管道振动，防止管道对设备产生推力等要求，管道敷设应正确设计施工管道的支、吊架。

（一）管道支、吊架制作与安装规范

1. 管道支、吊架的结构形式

管道的支、吊架形式和结构很多，按用途分为滑动支架、导向滑动支架、固定支架和吊架等。

（1）固定支架用于管道上不允许有任何位移的地方。固定支架要生根在牢固的房屋结构或专设的结构物上。为防止管道因受热伸长而变形和产生应力，均采取分段设置固定支架，在两个固定支架之间设置补偿器自然补偿的技术措施。固定支架与补偿器相互配套，才能使管道热伸长变形产生的位移和应力得到控制，以满足管道安全要求。固定支架除承受管道的重力（自重、管内介质重量及保温层重量）外，一般还要受到以下三个方面的轴向推力。一是管道伸长移动时活动支架上的摩擦力产生的轴向推力；二是补偿器本身结构或自然补偿管段在伸缩或变形时产生的弹性反力或摩擦力；三是管道内介质压力作用于管道，形成对固定支架的轴向推力。因此，在安装固定支架时一定要按照设计的位置和制造结构进行施工，防止由于施工问题出现固定支架被推倒或移位的事故。

（2）滑动支架和一般吊架是用在管道无垂直位移或垂直位移极小的地方，其中吊架用于不便安装支架的地方。支、吊架的间距应合理担负管道荷重，并保证管道不产生弯曲。滑动支架、吊架的最大间距如表2-1-9所列。在安装中，应按施工图等要求施工，考虑到安装具体位置的便利，支架间距应小于表2-1-9的规定值。

表 2-1-9　滑动支架、吊架间距　　　　　　　　单位：m

管道外径 × 壁厚（mm×mm）	不保温管道	保温管道		
		岩棉毡 $\rho=100kg/m^3$	岩棉管壳 $\rho=150kg/m^3$	微孔硅酸钙 $\rho=250kg/m^3$
25 × 2	3.5	3.0	3.0	2.5
32 × 2.5	4.0	3.0	3.0	2.5
38 × 2.5	5.0	3.5	3.5	3.0
45 × 2.5	5.0	4.0	4.0	3.5
57 × 3.5	7.0	4.5	4.5	4.0
73 × 3.5	8.5	5.5	5.5	4.5
89 × 3.5	9.5	7.0	7.0	5.5
108 × 4	10.0	7.0	7.0	6.5
133 × 4	11.0	8.0	8.0	7.0
159 × 4.5	12.0	9.0	9.0	8.5
219 × 6	14.0	12.0	12.0	11.0
273 × 7	14.0	13.0	13.0	12.0
325 × 8	16.0	15.5	15.5	14.0
377 × 9	18.0	17.0	17.0	16.0
426 × 9	20.0	18.5	18.5	17.5

为减少管道在支架上位移时的摩擦力，对滑动支架，可采用在管道在支架托板之间垫上摩擦系数小的垫片，或采用滚珠支架、滚柱支架。这两种支架结构较复杂，一般用在介质温度高和管径较大的管道上。

（3）导向滑动支架也称为导向支架，它是只允许管道作轴向伸缩移动的滑动支架。一般用于套筒补偿器、波纹管补偿器的两侧，确保管道沿中心线位移，以便补偿器安全运行。在方形补偿器两侧 10～15R 距离处（其中 R 为方形补偿器弯管的弯曲半径），宜装导向支架，以避免产生横向弯曲而影响管道的稳定性。在铸铁阀件的两侧，一般应装导向支架，使铸铁件少受弯矩作用。

（4）弹簧支架、弹簧吊架用于管道具有垂直位移的地方。它是用弹簧的压缩或伸长来吸收管道垂直位移的。

2. 管道支、吊架的制作要求

支、吊架安装包括支、吊架构件的预制加工、现场安装两部分工序。对支、吊架构件的制作目前已有专业化生产工厂，对于一些较简单的支、吊架仍由安装单位制作。

对支、吊架制作，其选型、材质、加工尺寸应符合设计要求，要检查其加工合格证或按施工图核对。焊接质量要牢固，无漏焊、裂纹等缺陷。支、吊架外形规整，焊缝表面光洁，整体美观大方。对于工厂加工的产品，每一品种应抽查10%，且不得小于3件。

3. 管道支、吊架的安装与固定

管道支、吊架安装与固定一般有埋栽、夹于柱上、预埋件焊接、用膨胀螺栓或射钉固定等多种方法。在各种支、吊架结构图、表中已对固定方法作了说明，现对施工要点分析如下。

（1）埋栽法。其施工步骤为放线、支架位置定位、打洞、插埋支梁。放线也称为放坡，按管道的设计安装标高及坡度要求，在墙壁上用墨线弹画出管道安装坡度线，或以两端为基准点、确定标高后，按支架距离算出每点标高，在每个点画出十字线及打洞分块线。打洞时用锤击扁凿，沿硅缝先取下整砖，切断砖时要用力适当，以免影响洞线以外的结构，洞口尺寸及深度依支架要求定。打洞完毕清除洞内垃圾，然后浇水，使洞内四周湿透。插埋支梁时，先在支梁上画出应插入的深度，以保证每个支梁插入深度相同、滑动支座的中心在一条直线上。插入前可用细石混凝土先填入一部分，最后用碎石挤牢固并抹平洞口。埋栽的支梁应平正不扭曲。

（2）夹柱法。管道沿柱安装时，可采用支梁和夹梁用螺栓夹紧在柱子上，将支梁固定。安装时，也要通过拉线或计算出每个柱上的支梁标高，支梁紧固前靠柱面部分应做防腐处理，如刷红丹漆。安装后的支梁应平正不扭曲。

（3）预埋件焊接法。预埋件是配合土建施工时埋入的，预埋钢板背面应焊上带钩的圆吹风机，以保证土建浇入混凝土后牢固，带钩的圆钢可与混凝土中的钢筋相焊接。预埋件外表面要平正，标高偏差不大，这样才能保证支梁与其焊接后符合要求。

在土建施工中也可采用埋设木砖留洞的方法，作为预埋件或埋栽支梁时第二次浇灌混凝土用。

（4）膨胀螺栓或射钉固定法。这种方法适用于没有预留孔洞的砖石结构及没有预埋钢板的混凝土、钢筋混凝土结构上安装支架。在确定支梁安装位置后，并用支梁实物在安装处确定钻孔位置，钻孔，打入膨胀螺栓，将支梁用膨胀螺栓的螺母固紧。

膨胀螺栓全称为钢膨胀螺栓，它是一种特殊螺纹连接件。Ⅰ型（普通型）由沉头螺栓、胀管、平垫圈、弹簧垫圈和六角螺母组成，如图2-1-21所示。使用时先用冲击钻在安装位置钻一个相应尺寸的孔，钻成的孔必须与构件表面垂直，并将孔内碎屑清除干净。再把螺栓、胀管装入孔中，然后依次把构件（或设备）平垫圈、弹簧垫圈套在螺栓上面，最后旋紧螺母，在旋紧螺母的同时把螺栓逐渐拔起，螺栓底部呈锥形，将胀管逐步胀开与周围砖体或混凝土固紧，使螺栓、胀管、螺母、构件（或设备）与墙体连接成一个整体。Ⅱ型的不同之处是将沉头螺栓分成螺栓和锥形螺母两个零件，可以安装大型机器、设备，使用方法与Ⅰ型相同。钢膨胀螺栓规格见表2-1-10。

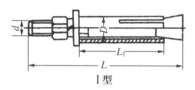
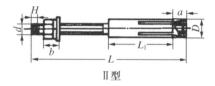

Ⅰ型   Ⅱ型

图 2-1-21   钢膨胀螺栓

用射钉安装支梁的方法与用膨胀螺栓法步骤相同，只是用射钉枪打入带螺纹的射钉，最后用螺母将支梁紧固。射钉规格为 8 ～ 12mm，操作时就将射钉枪顶住墙壁，用力压死枪头后扣动扳机使射钉射入墙内。

表 2-1-10   钢膨胀螺栓规格   单位: mm

型式	螺纹规格		公称长度 L	胀管尺寸		安装钻孔尺寸		被连接件最大厚度计算公式	允许静载荷(kN)	
	规格	长度		D	L₁	直径	深度		抗拉力	抗剪力
Ⅰ	M6	35	67、75、85	10	35	10.5	40	$L_2=L-55$	2.4	1.8
	M8	40	80、90、100	12	45	12.5	50	$L_2=L-65$	4.3	3.2
	M10	50	95、110、125	14	55	14.5	60	$L_2=L-75$	6.9	5.1
	M12	52	110、130、150	18	65	19.0	75	$L_2=L-90$	10.1	7.3
	M16	70	150、170、200、220	22	90	23.0	100	$L_2=L-100$	19.0	14.1
Ⅱ	M10	50	各种尺寸和允许静载荷与Ⅰ型同规格的相同							
	M12	52								
	M16	70								

注: （1）被连接件最大厚度 L_2 计算举例：规格为 M12×110mm 膨胀螺栓，其被连接件最大厚度 $L_2=L-90=110-90=20mm$；

（2）允许静载荷适用于标号大于 150 号的混凝土；

（3）表面处理为镀锌钝化。

4. 支、吊架弹簧检验及安装注意事项

（1）管道支、吊架弹簧应有合格证明书

弹簧表面不应有裂纹、折叠、分层、锈蚀等缺陷，尺寸偏差应符合图纸要求。允许偏差和检验方法见表 2-1-11。

表 2-1-11   支、吊架弹簧的允许偏差和检验方法

检验内容	允许偏差	检验方法
工作圈数	≤半圈	观察检查
在自由状态下，弹簧各圈节距	≤平均节距的 10%	用角尺、直尺检查
弹簧两端支承面与弹簧轴线垂直度	≤自由高度的 2%	

（2）弹簧组件安装注意事项

安装前应核对弹簧组件与安装图是否符合。弹簧组件外壳上有标示牌，红箭头表示运行荷载位置，黄箭头表示安装（冷态）荷载位置。

弹簧组件安装后，在水压试验之前不得将定位销取出。此时由于定位销锁定，使弹簧不会产生位移，吊架暂时成为刚性吊架，以保证弹簧的工作性能。水压试验后，方可按下列方

法取出定位销。

如定位销向上，表示吊架荷载超过整定荷载，此时应将花篮螺栓稍放松，使定位销水平后再拔出定位销。如定位销向下，表示吊架荷载不足，此时将花篮螺栓稍旋紧，使定位销变为水平，再拔出定位销。定位销取出后，应用铅丝捆在一起挂在弹簧组件上，以备需要锁定弹簧时再使用，弹簧高度调整应作记录。

为避免螺纹连接发生松脱，在螺纹连接处，应装扁螺母（或用两个相同的螺母）予以锁紧。花篮螺栓的左螺纹端可以不装锁紧螺母。

（3）弹簧受力位移量计算

弹簧的工作高度 H_g、安装高度 H_a、安装荷重 P_a 按下式计算：

$$H_g = H_2 - KP_g$$

$$H_a = H_g \pm \Delta h$$

$$P_a = P_g \pm \frac{1}{K} \Delta h$$

式中：H_2、H_g、H_a 分别表示弹簧的自由高度、工作高度、安装高度（mm）；P_g 为工作荷重（kg）；Δh 表示弹簧位移量（m）。在计算 H_a 时，位移向下用"+"号，位移向上用"−"号。在计算 P_g 时，位移向下用"−"号，位移向上用"+"号。K 称为弹簧系数，$K = P_{max}/\lambda_{max}$（mm/kg），$\lambda_{max}$ 为弹簧最大压缩量（mm）；P_{max} 为弹簧最大承重量（kg）（即最大负荷）。

5. 管道支架的安装规定

管道固定支架、活动支架、导向支架的安装应符合设计要求，安装时应对照图纸确定位置、支架形式。在施工中应与土建施工密切配合检查固定支架、预埋件、预留孔洞等质量。

固定支架、活动支架安装允许偏差应符合表 2-1-12 的规定。

表 2-1-12　支架安装的允许偏差　　　　　　　　　单位：mm

检查项目	支架中心点平面坐标	支架标高	两固定支架间的其他支架中心线	
			距固定支架 10m 处	中心处
允许偏差	25	−10	5	25

导向支架或滑动支架安装位置正确，埋设牢固，滑动面无歪斜和卡涩现象，并应向热膨胀的反方向偏斜 1/2 伸长量安装，如图 2-1-22 所示。

（a）吊架的倾斜安装　　　　　　　（b）滑动支架在滑托上偏移安装

图 2-1-22　吊架及滑动支架的偏移安装

滑动支架的间距，图纸未规定的应不大于表2-1-9的规定。在每一支架处的热膨胀偏移量在图纸上应有标注，无标注时应作补充，或加长支架在热位移方向上的长度。

（二）管道支架固定常用方法

支架安装在室内要依靠砖墙、混凝土柱、梁、楼板等承重结构，用预埋支架或预埋件和支架焊接等方法加以固定。现将常用方法和支架材料分述于下。

1. 砖墙埋设和焊于混凝土柱预埋钢板上的不保温单管滑动支架

此类支架安设方式如图2-1-23，结构材料和尺寸见表2-1-13。

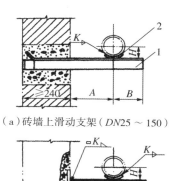

（a）砖墙上滑动支架（DN25～150）

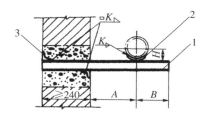

（b）砖墙上滑动支架（DN200～300）

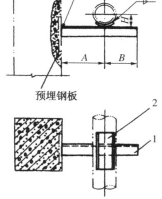

预埋钢板

（c）焊于柱上滑动支架（DN25～150）

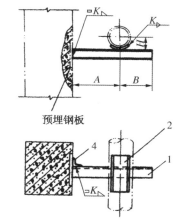

预埋钢板

（d）焊于柱上滑动支架（DN200～300）

图2-1-23　砖墙和焊于混凝土柱预埋钢板上不保温单管滑动支架

1—支架；2—弧形板；3—加强角钢；4—加强角钢

表2-1-13　单管（DN25～300）支架尺寸表　　　　单位：mm

公称直径 DN	25	32	40	50	65	80	100	125	150	200	250	300
管子外径 D	32	38	45	57	73	89	108	113	159	219	273	325
A	120	120	130	130	140	150	160	170	180	210	240	270
B	50	50	60	60	70	80	80	100	110	140	160	180
H	18	21	25	31	39	47	56	70	83	113	140	166
洞高	240	240	240	240	240	240	240	240	240	370	370	370
洞宽（加强角钢3长度）	—	—	—	—	—	—	—	—	—	240	240	370
加强角钢4长度	—	—	—	—	—	—	—	—	—	63	100	126

续表

公称直径 DN	25	32	40	50	65	80	100	125	150	200	250	300
支梁材料	∟20×3	∟20×3	∟20×3	∟25×4	∟36×4	∟36×4	∟45×4	∟50×5	∟63×5	[6.3	[10	[12.5

注：加强角钢 3 材料为∟40×4，加强角钢 4 材料为∟63×4。

2. 焊于混凝土柱预埋钢板上和夹于混凝土柱上的不保温双管滑动支架

DN25～80 的管道支梁只要焊在预埋钢板上即可，随着管道直径增加，支梁承重增加，支梁角钢加大并增加"加强角钢"以增强根部受力状况，或者支梁材料改为槽钢，并加斜撑。详见图 2-1-24、图 2-1-25、表 2-1-14、表 2-1-15。

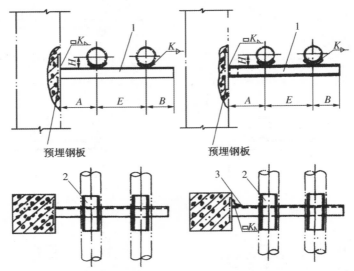

（a）焊于柱上滑动支架（DN25～80）（b）焊于柱上滑动支架（DN100～150）

图 2-1-24　焊于混凝土柱预埋钢板上不保温双管滑动支架

1—支架；2—弧形板；3—加强角钢

表 2-1-14　双管（DN25～150）支架尺寸表　　单位：mm

公称直径 DN	25	32	40	50	65	80	100	125	150
管子外径 D	32	38	45	57	73	89	108	133	159
A	120	120	130	130	140	150	160	170	180
B	50	50	60	60	70	80	80	100	110
E	150	160	170	180	190	210	230	250	280
H	18	21	25	31	39	47	56	70	83
加强角钢 3 长度	—	—	—	—	—	—	50	63	100
支梁材料	∟25×4	∟25×4	∟30×4	∟45×4	∟50×5	∟63×5	[5	[6.3	[10

注：规格 DN100、DN125 的加强角钢材料为∟50×4，规格 DN150 的加强角钢为∟63×4。

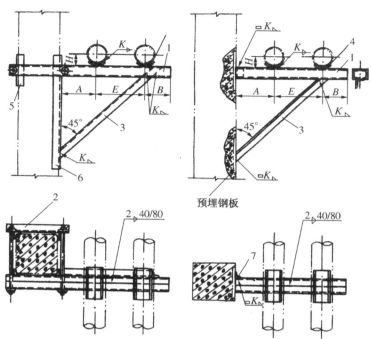

（a）夹于柱上滑动支架（DN200～300）　　（b）焊于柱上滑动支架（DN200～300）

图 2-1-25　焊于混凝土柱预埋钢板和夹于混凝土柱上不保温双管滑动支架

1—支梁；2—夹紧梁；3—斜撑；4—支座弧形板；5—加固角钢；6—加固角钢；7—加固角钢

表 2-1-15　双管（DN200～300）支架尺寸表　　　　　　　　单位：mm

公称直径 DN	200	250	300
管子外径 D	219	273	325
A	210	240	270
E	340	390	450
B	140	160	180
H	113	140	180
斜撑长度	～850	～960	～1110
加固角钢 5 长度	150	160	160
加固角钢 6 长度	800	900	1110
公称直径 DN	200	250	300
加固角钢 7 长度	50	50	63
支梁材料	2×[5	2×[5	2×[6.3

注：（1）（2×[5）表示 2 根槽钢组合；
　　（2）加固角钢 5、6，材料均用∟40×3 角钢。加固角钢 7，材料均用∟63×4 角钢；
　　（3）斜撑材料用∟30×4 角钢，夹紧梁材料用∟63×4 角钢。

3. 焊于混凝土柱预埋钢板和夹于混凝土柱上保温单管滑动支架

这类支架随着管道直径不同，支梁和夹紧梁的规格也不同。详见图 2-1-26、图 2-1-27、

表 2-1-16、表 2-1-17。

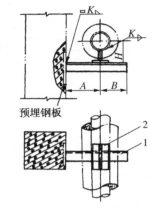 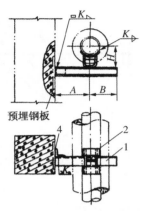

（a）焊于柱上滑动支架（DN25 ~ 100）　　　（b）焊于柱上滑动支架（DN125）

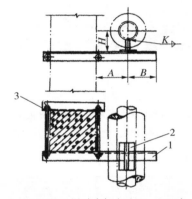 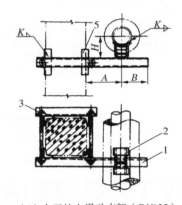

（c）夹于柱上滑动支架（DN25 ~ 100）　　　（d）夹于柱上滑动支架（DN125）

图 2-1-26　焊于混凝土柱预埋钢板和夹于混凝土柱上的保温单管滑动支架（DN25 ~ 125）

1—支梁；2—槽板、丁字板；3—夹紧梁；4—加固角钢；5—加固角钢

表 2-1-16　保温单管（DN25 ~ 125）支梁尺寸表　　　　　单位：mm

公称直径（DN）	25	32	40	50	65	80	100	125
管子外径 D	32	38	45	57	73	89	108	133
A	190	200	210	220	230	240	250	270
B	70	70	70	80	90	100	120	120
H	116	119	123	129	157	165	174	187
加固角钢 4 长度	—	—	—	—	—	—	—	80
加固角钢 5 长度	—	—	—	—	—	—	—	180
支梁材料	∟36×4	∟36×4	∟45×4	∟45×4	∟56×4	∟63×5	∟63×5	[8
夹紧梁材料	∟36×4	∟36×4	∟45×4	∟45×4	∟56×4	∟63×5	∟63×5	

注：只有 DN125 的管架上有加固角钢 4 和 5，其材料分别为 ∟63×5 和 ∟40×4。

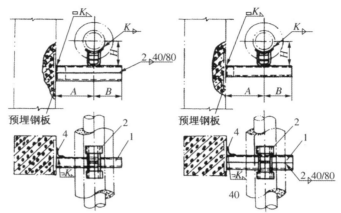

（a）焊于柱上滑动支架（DN150～200）　（b）焊于柱上滑动支架（DN250～300）

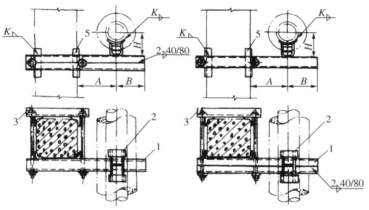

（c）夹于柱上滑动支架（DN150～200）　（d）夹于柱上滑动支架（DN250～300）

图 2-1-27　焊于混凝土柱预埋钢板和夹于混凝土柱上保温单管滑动支架（DN150～300）

1—支梁；2—夹紧梁；3—槽板、钉子板；4、5、6—加固角钢

表 2-1-17　保温单管 DN150～300 支梁尺寸表　　　　　　单位：mm

公称直径 DN	150	200	250	300
管子外径 D	159	219	273	325
A	300	330	370	400
B	150	180	210	230
H	230	260	287	313
加固角钢 4 长度	50	80	80	100
加固角钢 5 长度	150	180	180	200
支梁材料	2×[5	2×[6.3	2×[8	2×[10

注：（1）支梁采用 2 根槽钢并焊在一起；
　　（2）夹紧梁材料均为∟63×4，加固角钢 4 材料均为∟63×4，加固角钢 5 材料均为∟40×4。

4. 焊于混凝土柱预埋钢板上保温双管滑动支架

此类支架适用于 $DN25 \sim 100$ 及 $DN125 \sim 300$ 的结构，分别见图 2-1-28、图 2-1-29、表 2-1-18、表 2-1-19。

表 2-1-18　保温双管（$DN25 \sim 100$）支梁尺寸表　　　　单位：mm

公称直径（DN）	25	32	40	50	65	80	100
管子外径 D	32	38	45	57	73	89	108
A	190	200	210	220	230	240	250
E	300	320	330	350	370	390	420
H	116	119	123	129	157	165	174
加固角钢 3 长度	56	63	50	63	80	80	100
支梁材料	∟56×5	∟63×5	[5	[6.3	[8	[8	[10
加固材料	∟40×4	∟40×4	∟40×4	∟40×4	∟50×4	∟50×4	∟50×4

表 2-1-19　保温双管（$DN125 \sim 300$）支梁尺寸表　　　　单位：mm

公称直径（DN）	125	150	200	250	300
管子外径 D	133	159	219	273	325
A	270	300	330	370	400
E	450	510	580	640	720
B	120	150	180	210	230
H	187	230	260	287	313
斜撑 2 长度	—	～1200	～1340	～1500	～1650
加固角钢 4 长度	80	63	80	126	140
支梁材料	2×[8	2×[6.3	2×[8	2×[12.6	2×[14a
斜撑材料	—	∟40×4	∟40×4	∟50×5	∟56×4

注：（1）支梁采用 2 根槽钢并焊在一起；
　　（2）加固角钢材料 $DN125$ 的为 ∟50×4，$DN150 \sim 300$ 均为 ∟63×4。

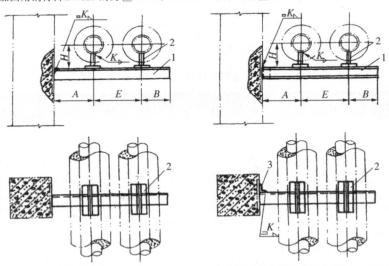

（a）焊于柱上滑动支架（$DN25 \sim 32$）　　（b）焊于柱上滑动支架（$DN40 \sim 100$）

图 2-1-28　焊于混凝土柱预埋钢板上保温双管滑动支架（$DN25 \sim 100$）

1—支梁；2—丁字板；3—加固角钢

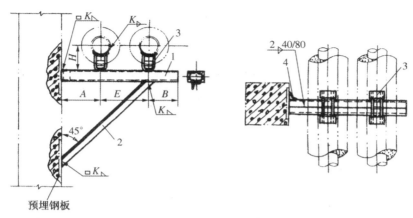

图 2-1-29 焊于混凝土柱预埋钢板上保温双管滑动支架（DN125～300）

1—支梁；2—斜撑；3—槽形板；4—加固角钢

5.砖墙、焊于混凝土柱预埋钢板和夹于混凝土柱上保温及不保温单管固定支架

这类支架对于不保温 DN250～300 管和 DN125～300 保温单管的支梁材料和尺寸见图

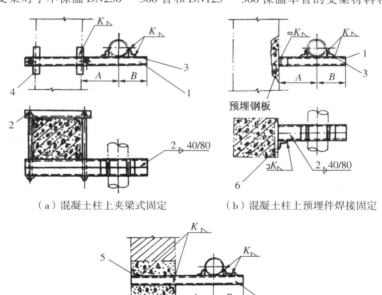

（a）混凝土柱上夹梁式固定 　　（b）混凝土柱上预埋件焊接固定

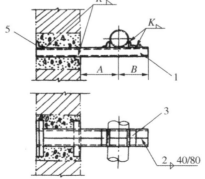

（c）砖墙上预埋固定

图 2-1-30 砖墙、焊于混凝土柱预埋钢板和夹于混凝土柱上保温及不保温单管固定支架

2-1-30，表 2-1-20。对于 DN25 ～ 100 的支梁材料和尺寸见表 2-1-21。只有砖墙预埋和焊于混凝土预埋钢板两种结构。

表 2-1-20　单管固定支架（DN150 ～ 300）支梁尺寸表　　　　　单位：mm

公称直径 DN		150	200	250	300
管子外径 D		159	219	273	325
A	保温	300	330	370	400
	不保温	180	210	240	270
B		155	200	240	270
加固角钢 4 长度	保温	80	86	96	106
	不保温	—	—	80	86
加固角钢 5 长度		240	240	300	300
加固角钢 6 长度	保温	63	80	100	126
	不保温	—	—	63	80
支梁材料（2 根槽钢复合）		2×[6.3	2×[8	2×[6.3 2×[10	2×[8 2×[12.6

注：夹紧梁材料均采用∟63×4，加固角钢 3 采用∟56×7 ～∟100×10 视管径而定，加固角钢 4 均采用∟40×4，加固角钢 5 均采用∟40×4，加固角钢 6 均采用∟63×4。

表 2-1-21　单管固定支架（DN25 ～ 125）支梁尺寸表　　　　　单位：mm

公称直径 DN			25	32	40	50	65	80	100	125
管子外径 D			32	38	45	57	73	89	108	133
A	保温		190	200	210	220	230	240	250	270
	不保温		120	120	130	130	140	150	160	170
B			50	55	60	70	85	100	110	130
加固角钢 5 长度			240	240	240	240	240	240	240	240
加固角钢 6 长度			—	—	—	—	—	—	—	100
支梁材料	不保温	1	∟20×3	∟20×3	∟20×4	∟30×4	∟40×4	∟45×4	∟50×4	∟63×4
	保温	1	∟50×4	∟50×4	∟63×4	∟63×4	∟70×5	∟70×5	∟70×8	[8

6. 焊于混凝土柱预埋钢板上不保温双管固定支架和保温双管固定支架

图 2-1-31 和表 2-1-22 给出了焊于混凝土柱预埋钢板上不保温双管固定支架，该支架 DN25 ～ 125 规格中支梁材料为角钢或单槽钢，在 DN150 ～ 300 规格中支梁材料一律采用双槽钢复合式，DN250、DN300 的两个规格支架上还要加斜撑。图 2-1-31 是按 DN150 ～ 300 规格画出的简图。

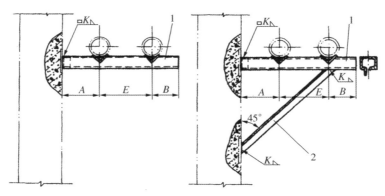

（a）双槽钢梁固定支梁（$DN150 \sim 200$），角钢或单槽钢梁固定支梁（$DN25 \sim 125$）

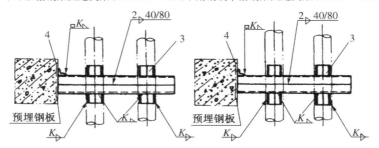

（b）双槽钢梁固定支架，加斜撑形式只用于 $DN250$、$DN300$

图 2-1-31　焊于混凝土柱预埋钢板上不保温双管固定支架

1—支梁；2—斜撑；3—固定角钢（焊在管上，卡在支梁两边，起到固定支架作用）；4—加固角钢

表 2-1-22　不保温双管固定支架（$DN25 \sim 300$）支梁尺寸表　　　　单位：mm

公称直径 DN	25	32	40	50	65	80	100	125	150	200	250	300
管子外径 D	32	38	45	57	73	89	108	133	159	219	273	325
A	120	120	130	130	140	150	160	170	180	210	240	270
E	150	160	170	180	190	210	230	250	280	340	390	450
B	50	55	60	70	85	100	110	130	155	200	240	270
支梁材料	[25 ×4	[30 ×4	[36 ×4	[45 ×3	[56 ×4	[70 ×4	[6.3	[10	2× [5	2× [8	2× [8	2× [12.6
固定角钢	∟ 20 ×3	∟ 20 ×4	∟ 20 ×4	∟ 20 ×4	∟ 25 ×4	∟ 30 ×4	∟ 36 ×4	∟ 45 ×4	∟ 75 ×6	∟ 75 ×6	∟ 90 ×8	∟ 100 ×8
加固角钢	∟ 40 ×4	∟ 40 ×4	∟ 40 ×4	∟ 40 ×4	∟ 50 ×4	∟ 50 ×4	∟ 50 ×4	∟ 50 ×4	∟ 63 ×4	∟ 63 ×4	∟ 63 ×4	∟ 63 ×4
斜撑	—	—	—	—	—	—	—	—	—	—	∟ 30 ×4	∟ 36 ×4

注：（2×[5）表示 2 根 [5 槽钢组合。

　　图 2-1-32 和表 2-1-23 给出了焊于混凝土柱预埋钢板上保温双管固定支架。该支架 $DN25$ 采用角钢支梁，$DN32$、$DN40$ 采用单槽钢支梁，$DN50 \sim 100$ 采用双槽钢支梁，$DN125$ 采用单槽钢加斜撑支梁，$DN150 \sim 300$ 采用双槽钢加斜撑支梁。图 2-1-32 是按 $DN125$、

DN150～300 规格画出的简图。

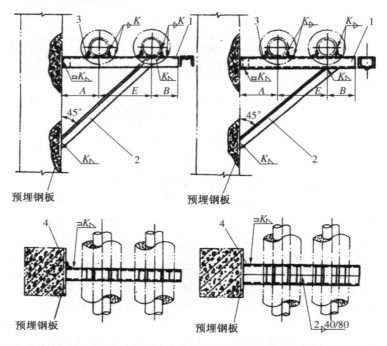

预埋钢板   预埋钢板

（a）单槽钢梁固定支架（DN35）、   （b）双槽钢梁固定支架（DN150～300）
角钢梁固定支架（DN25），本图为
有斜撑单槽钢梁固定支架（DN125）

图 2-1-32 焊于混凝土柱预埋钢板上保温双管固定支架

1—支梁；2—斜撑；3—固定角钢（用角钢焊在管壁和支梁上）；4—加固角钢

表 2-1-23 保温双管固定支架（DN25～300）支梁尺寸表   单位：mm

公称直径 DN	25	32	40	50	65	80	100	125	150	200	250	300
管子外径 D	32	38	45	57	73	89	108	133	159	219	273	325
A	190	200	210	220	230	240	250	270	300	330	370	400
E	300	320	330	350	370	390	420	450	570	580	640	720
B	50	55	60	70	85	100	110	130	155	200	240	270
斜撑长度	—	—	—	—	—	—	—	1100	1300	1350	1500	1650
固定角钢长度	70	63	48	74	74	80	126	86	106	116	126	
加固角钢长度	70	40	100	50	50	50	63	53	80	126	140	160
支梁材料	[70 ×5	[6.3	[10	2× [5	2× [5	2× [5	2× [6.3	[12.6	2× [8	2× [12.6	2× [14a	2× [16a
固定角钢	∟20 ×3	∟20 ×4	∟20 ×4	∟20 ×4	∟25 ×4	∟30 ×4	∟36 ×4	∟45 ×4	∟56 ×4	∟75 ×6	∟90 ×8	∟100 ×8
加固角钢	∟40 ×4	∟40 ×4	∟40 ×4	∟40 ×4	∟50 ×4	∟50 ×4	∟50 ×4	∟50 ×4	∟63 ×4	∟63 ×4	∟63 ×4	∟63 ×4

注：（2×[5）表示 2 根 [5 槽钢组合。

7. 立管支架

采用扁钢制作的立管支架有两种形式，适用于 $DN15 \sim DN80$ 的竖直管道安装。Ⅰ型的支承扁钢焊接在预埋件上，Ⅱ型的支承扁钢埋设在砖墙的预留洞内。这种支架可承受不大于 3m 长的管道质量。支架结构如图 2-1-33，尺寸见表 2-1-24。

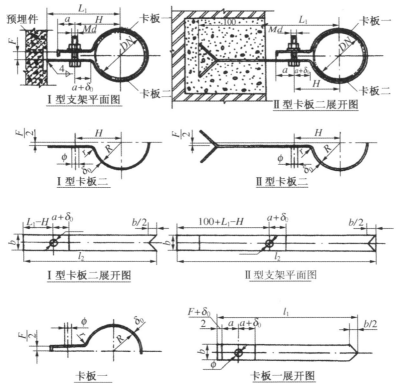

图 2-1-33　扁钢支承立管支架

表 2-1-24　扁钢支承立管支架尺寸及材料

公称直径 DN	扁钢规格（mm）$b \times \delta_0$		螺栓规格 Md（mm）	尺寸（mm）						
				2R	F	H	L_1	a	Φ	r
15	保温	30×3	M8×40	25	10	35.4	110	20	10	3
	不保温	25×3					70			
20	保温	30×3	M8×40	30	10	38.2	110	20	10	3
	不保温	25×3					80			
25	保温	35×4	M8×40	37	10	41.9	120	20	10	3
	不保温	25×3					80			

续表

公称直径 DN	扁钢规格（mm）$b \times \delta_0$		螺栓规格 Md（mm）	尺寸（mm）						
				2R	F	H	L_1	α	Φ	r
32	保温	35×4	M10×45	46	10	52.0	120	24	12	4
	不保温	25×3	M8×40			46.6	90	20	10	
40	保温	35×4	M10×45	52	10	55.1	130	24	12	4
	不保温	25×3	M8×40			49.7	100	20	10	
50	保温	35×4	M10×45	64	10	61.3	130	24	12	4
	不保温	25×3	M8×40			55.9	100	20	10	
65	保温	40×4	M10×45	80	10	69.4	140	24	12	4
	不保温	25×3	M8×40			64.0	110	20	10	
80	保温	45×4	M10×45	93	10	76.0	150	24	12	4
	不保温	25×3	M8×40			70.6	130	20	10	

注：每个螺栓配相同规格的螺母及垫圈。

采用角钢支承立管支架，如图2-1-34所示。支承角钢埋设在砖墙的预留洞内。材料及尺寸见表2-1-25。

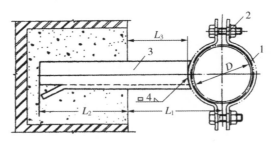

图2-1-34　角钢支承立管支架
1—扁钢管卡；2—固定螺栓；3—支承角钢

表2-1-25　角钢支承立管支架材料及尺寸　　　　　　单位：mm

公称直径 DN	支承角钢		L_1	L_2	L_3
	规格	长度			
50	∟30×3	184	100	120	64
65	∟30×3	186	110	120	66
80	∟36×4	200	130	120	88
100	∟40×4	227	140	150	77
125	∟40×4	234	160	150	84
150	∟40×4	321	170	240	81
200	∟40×4	324	200	240	84

8. 弯管固定托架

当水平管道向上垂直弯曲成为立管敷设时，除在立管上安装支承立管支架外，在弯管处还要用固定托架将立管托住，该托架要承受立管及保温层、立管上装设的阀门附件等重量。

弯管用固定托架可用管柱（即一段管子）支托，也可用钢板作成工字形支托，其结构型式如图2-1-35所示。支托焊在柱脚板上，柱脚板可与地脚螺栓固定，或与基础的预埋钢板合而为一。

DN100～300的弯管固定托架材料规格见表2-1-26。

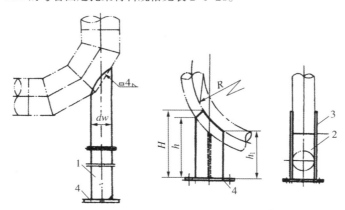

（a）用管柱作支托　　　　（b）用钢板制成支托

图 2-1-35　弯管用固定托架

1—管柱；2—腹板；3—侧板；4—柱脚板

表 2-1-26　管柱、钢板托架材料表　　　　　　　　单位：mm

公称直径			100	125	150	200	250	300
管柱托架	管柱（外径×壁厚）		57×3.5				73×4	
	柱脚板（长×宽×厚）		100×200×10				120×220×10	
钢板托架	侧板	b_1	250	250	300	300	400	400
		H	438	447	506	568	687	745
		h	400	400	450	490	590	630
		h_1	232	255	285	365	412	482
		δ_1	8	8	8	8	10	10
	腹板	R	432	532	636	876	1092	1300
		b_2	108	133	159	219	273	325
		h_2	240	250	280	330	380	420
		δ_2	8	8	8	8	10	10
	柱脚板（长×宽×厚）		350×250×8	405×290×10	405×350×10		510×405×12	510×455×12

管道安装得是否安全、牢固、平直、符合坡度等要求，其重要条件是支、吊架设计、制作、安装等各环节是否正确。

第二节 室内给水系统管道的安装

一、室内给水系统的分类和组成

1. 分类

给水系统按用途可分为生活、生产、消防三类给水系统。

（1）生活给水系统是供人们日常生活使用的给水系统，按供水水质又分为饮用水系统、直饮水系统和杂用水系统。饮用水系统包括饮用、盥洗、洗涤、沐浴、烹调等生活用水；直饮水系统是供人们直接饮用的纯净水、矿泉水、太空水等；杂用水系统包括冲洗便器、浇灌花草、冲洗汽车、浇洒路面、补充空调循环用水的非饮用水。饮用水水质必须符合国家规定的饮用水水质标准。

（2）生产给水系统种类繁多，主要指供给生产设备冷却、原材料或产品的洗涤、锅炉软化水给水及生产过程中的某些工艺用水。工艺要求不同，所需的水质、水量和水压也有所不同。

（3）消防给水系统是供层数较多的民用建筑、大型公共建筑及厂房的消防设施用水。消防用水对水质要求不高，但必须按现行《建筑设计防火规范》保证足够的水量和水压，一般建筑物应能自救 10min。消防给水系统主要包括消火栓给水系统、自动喷水灭火系统等。

上述三类给水系统可独立设置，也可根据实际条件和需要组合成共用给水系统。

2. 组成

（1）引入管指将室外给水管引入建筑物的管段。住宅内生活给水管进入住户至水表的管段称为入户管又称进户管。

（2）计量仪表主要指水表节点。水表节点是装设在引入管上的水表及前后设置的阀门、旁通管和泄水装置等的总称。见图 2-2-1 中的 7，一般设在室外水表井内。

水表用以计量建筑用水量。在建筑内部的给水系统中，广泛采用速度式水表。

水表按翼轮构造不同，可分为旋翼式和螺翼式两类。旋翼式水表为小口径水表（$DN \leq 50mm$，DN 表示管径，下同），适用于用水量逐时变化幅度小的用户；螺翼式水表为大口径水表（$DN > 50mm$），适用于用水量大的用户。

水表按计数机件是否浸入水中，又可分为干式和湿式。

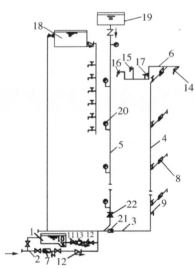

图 2-2-1 建筑内部给水系统

1—储水池；2—引入管；3—水平干管；
4—给水立管；5—消防给水竖管；6—给水横支管；
7—水表节点；8—分户水表；9—截止阀；
10—喇叭口；11—闸阀；12—止回阀；13—水泵；
14—水龙头；15—盥洗龙头；16—冷水龙头；
17—角形截止阀；18—高位生活水箱；
19—高位消防水箱；20—室内消火栓；
21—减压阀；22—倒流防止器

为利于节约用水，除总表外，住宅建筑每户的进户管上均应安装分户水表，原则上一户一表。

近年来各地均要求水表出户，设置形式如下：

① 普通水表出户。分户水表或分户水表的数字显示设在楼梯间内、室外地面或集中水表间，以便于查表。

② 远传水表。一种远程自动抄表系统。分户远传水表仍安装在户内，与普通水表相比增加了一套信号发送系统，各户使用的水量通过信号线的传送显示在户外的流量集中积算仪上。

③ 卡式预付费水表。水表仍在户内，用户先交纳一定数额水费，系统按预定的程序自动从用户卡内费用中扣除水费，并能显示剩余水量、累计用水量、自动停水。

（3）建筑给水管网包括水平干管（总管、总干管）、立管（竖管）、支管（配水管）和分支管（配水支管）。

① 干管：将引入管送来的水输送到各给水立管的水平管道。

② 立管：将干管送来的水沿垂直方向输送到各楼层的给水管道。

③ 支管：将立管送来的水送到各房间配水支管的给水管道。

④ 分支管：向各用水设备供水的管道。

（4）配件附件指各式配水龙头。具体有用于洗涤池、污水盆、盥洗槽上的普通水龙头，用于洗衣房、开水间的旋塞式热水龙头，此外还有皮带龙头、消防龙头、厨房回转龙头，以及脚踏式、感应式、肘式龙头等，工程中可按设计要求及实际情况选用。

（5）控制附件指用来控制水量、水压，开启和关闭水流的各式阀门。常用的阀门如下：

① 截止阀：适用于 $DN \leq 50mm$ 的管道上，该阀关闭严密，但水流阻力较大。安装时应注意方向，使水流低进高出，切勿装反。

② 闸阀：适用于 $DN > 50mm$ 或双向流动的管道上，该阀全开时水流呈直线通过，因而压力损失小。

③ 蝶阀：适用于需要迅速启闭的大口径管道，如消防管道上，阀板可做90°翻转。

④ 止回阀：又称逆止阀或单向阀，用于控制水流只沿一个方向流动。安装时应使水流方向与阀体上的箭头方向一致。

⑤ 浮球阀：用于水箱水池的进水管上，是一种利用液位的变化而自动启闭的阀门。浮球阀的规格为 $DN15 \sim 200$，选用时应注意与管道规格一致。

⑥ 液压水位控制阀：是浮球阀的升级换代产品，安全可靠。

⑦ 安全阀：属保安器材，为避免管网容器超压导致破坏而设，一般分弹簧式与杠杆式两种。

⑧ 减压阀：一种可以降低管道压力的阀门，一般成组安装。

⑨ 持压泄压阀：防护用阀门，一般装在消防水泵出水管上。

⑩ 自动排气阀：管网防护用阀门，一般装于管网系统的最高处。

二、室内给水管道的安装

给水管道必须采用与管材相适应的管件。生活给水系统材料必须达到饮用水卫生标准。室内给水管材及连接方式，如表2-2-1所示。

表 2-2-1　室内给水管材及连接方式

用途	管材类别	管材种类	连接方式
生活给水	塑料管	三型聚丙烯 PP-R	热（电）熔连接、螺纹连接、法兰连接
		聚乙烯 PE	卡套（环）连接、压力连接、热（电）熔连接
		ABS 管	粘接连接
		硬聚氯乙烯 UPVC	粘接、橡胶圈连接
	复合管	铝塑复合管 PAP	专用管件螺纹连接压力连接
		钢塑复合管	螺纹连接、卡箍连接、法兰连接
		钢塑不锈钢复合管	螺纹连接、卡箍连接
		铜　管	螺纹连接、压力连接、焊接
生产或消防用水	金属管	镀锌钢管	螺纹连接、法兰连接
		非镀锌钢管	螺纹连接、法兰连接、焊接
埋地管		给水铸铁管	承插口连接（水泥捻口、橡胶圈接口）

室内给水管道施工流程：

施工准备→埋地管安装→平管安装→立管安装→支管安装→管道水压试验→管道消毒冲洗→竣工验收。

1. 施工安装要求

（1）埋地管安装

① 室内地坪 ±0.000 以下的管道敷设应分两段进行。先进行地坪 ±0.000 以下至基础外墙段的铺设；待土建结束后，再进行户外连接管的铺设。铺设管道的沟底应平整，不得有突出的尖硬物体，沟底应铺 100mm 厚的砂垫层。埋地管回填时，先用砂土或颗粒不大于 12mm 的土壤回填至管顶上侧 300mm处，以夯实后方可回填原土，其埋深不宜小于 300mm，如图 2-2-2 所示。

② 引入管在穿越砖基础预留洞时，应留基础沉降量 ≥100mm，如图 2-2-3 所示。引入管穿越地下室、地下水池池壁时，应设防水套管，对于有均匀沉降及受振动的墙体，应设柔性防水套管。如图 2-2-4 所示。给水管道不宜穿越建筑物的伸缩缝、沉降缝，若管道必须穿越时，应采用软性接头法、丝扣弯头法及活动支架法，如图 2-2-5 所示。

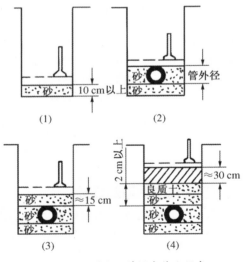

图 2-2-2　砂土回填压实作业顺序

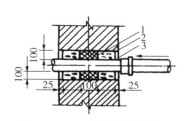

图 2-2-3 给水管穿越砖基础

1—沥青油麻；2—黏土捣实；3—M5 水泥砂浆

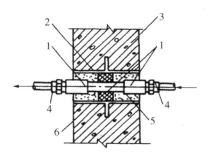

图 2-2-4 管道穿越水池池壁

1—镀锌钢管及配件（短管束接）；2—油麻；
3—混凝土池壁；4—UPC 管及配件（外螺纹束接）；
5—石棉水泥填料；6—钢制带翼环套管

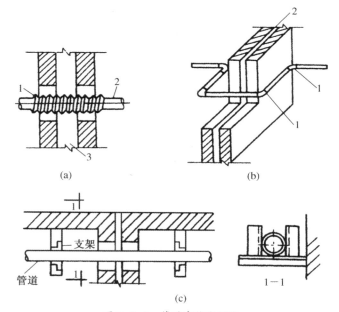

(a)　　　　　　　　　　(b)

(c)

图 2-2-5 管道穿越变形缝

（a）软性接头法　1—软管；2—管道；3—沉降缝
（b）丝扣弯头法　1—丝扣弯头；2—沉降缝
（c）活动支架法

③ 引入管底部应用三通加装泄水阀或管堵，以利于管道水压试验及冲洗时排水。管道敷设完毕，在甩出地面的接口处应设盲板或管堵，如图 2-2-6 所示。

（2）干管安装

对于上分式给水系统，干管可明装于顶层楼板下或暗装于屋顶、吊顶及技术层内；对于下分式系统，干管可敷设于底层地面上、地下室楼板下及地沟内。

干管安装一般是在支架要安装完毕后进行的。给水管道支架形式有钩钉、管卡、吊架、托架，管径小于或等于 32mm 的管子多采用管卡或钩钉，管径大于 32mm 的管子采用吊架、托架。根据干管的标训、位置、坡度、管径，确定支架的型式、安装位置及支架数量，按尺寸埋好支架。当两立管之间干管较长时，可用管接头延长直线管段。

待支架安装完毕，即可进行干管安装。

① 给水干管安装前应画出各给水立管的安装位置十字线。当两立管间干管管段较长时，可用管接头延长直线管段。

② 给水干管的安装坡度不宜小于 0.003，以利于管道冲洗及放空。给水干管的中部应设固定支架，以保证管道系统的整体稳定性。每安装一段干管应用金属卡件固定，对塑料管和铜管，其与金属卡件之间应垫塑料带和橡胶垫。

③ 管子和管件可先在地面组装，长度以便于起吊为宜。起吊至支架上，用金属卡具固定管段。地下干管在下管时，应封堵分支管口，防止泥水落入管内。

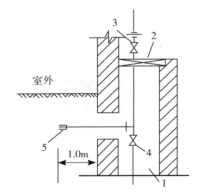

图 2-2-6　引入管的泄水阀

1—管道井；2—活动盖板；3—总阀门；
4—泄水阀；5—管接头或管堵

给水干管安装后，应进行调直拨正，用水平尺在管段上复核，防止局部管段出现"塌腰"或"拱起"的现象。

（3）立管安装

给水立管可分为明装和安装于管道竖井或墙槽内的暗装。

① 根据地下给水干管各立管甩头位置，应配合土建施工，按设计要求及时准确地逐层预留孔洞或埋设套管。施工中不得在钢筋混凝土楼板上凿洞。自顶层向底层吊线坠，并在墙面弹画出立管安装的垂直中心线。作为预制量尺及现场安装中的基准线。

② 根据立管卡的高度，在垂直中心线上画横线确定管卡的安装位置并打洞栽卡。每安装一层立管，用立管卡件予以固定，管卡距地面 1.5 ~ 1.8m，两个以上的管卡应均匀安装，成排管道或同一房间的管卡和阀门的安装高度应保持一致。

③ 给水立管与排水立管并行时，应置于排水立管外侧；与热水立管并行时，应置于热水立管右侧。

④ 立管穿过楼板时，应设金属或塑料套管。安装在楼板内的套管，其顶部应高出装饰地面 20mm；安装在厨房及卫生间的套管，应高出 50mm，套管底部应与楼板底面相平。套管与管道之间应用防水油膏或石棉绳填实，端面应光滑，套管内不得设有管道接口。多层或高层建筑，每隔一层应在立管上安装一个活接头。

（4）支管安装

① 给水支管安装一般先施工到卫生器具的进水阀处，支管与卫生器具的连接，应在卫生器具安装后进行。

② 连接数个卫生器具的给水横支管，可用比量法进行下料预制，按相应的接口工艺标准，组装成整体横支管。

③ 支管应以不小于 0.002 的坡度坡向立管，以便维修时放水。支管安装完毕，应检查支架和管道接口，清理残余填料、胶黏剂，并及时用堵头或管帽将各管口封堵。

（5）管道连接

塑料管和复合管与金属管件、阀门连接，应使用专用管件连接，不得在塑料管上套螺纹。

铜管管径小于 22mm 时宜采用承插或磁管焊接，承口应迎介质流向安装；当管径大于或等于 22mm 时宜采用对口焊接。

镀锌钢管管径小于或等于 100mm 时应采用螺纹连接。套螺纹破坏的镀锌层表面以及外露螺纹部分应作防磨处理；管径大于 100mm 时应采用法兰或卡箍连接。镀锌钢管与法兰的焊接处应二次镀锌。

2. 常见质量缺陷及预防措施

（1）塑料管粘接接口破裂导致漏水或断裂。

预防措施：管口承口原有不明显裂缝，未认真检查剔除，插入后裂纹加深加宽，所以，安装前必须逐根检查管子质量。操作时，应采用干布蘸清洁剂将承插口处的油污擦净。严禁将塑料管铺设在冻土或未经处理的松土上，回填土时严格按塑料管回填土施工工艺标准施工，防止损坏管路。

（2）塑料管熔热操作中，管内径收缩或过大，对接中形成"假接"造成管口渗漏。

预防措施：热熔操作时，可提前将承口从模芯上取下，以保证承口有足够的回缩。应严格按熔接工艺参数操作，不得随意调节熔接压力。当熔接口尚未完全冷却时，严禁移动管口或施加外力。

（3）塑料管粘接时胶黏剂外淌影响接头外观质量。

预防措施：胶黏剂应均匀涂抹，先涂承口内，后涂插口外，不得过量，操作完毕，应使用净布将溢出的胶黏剂擦拭干净。

3. 安全操作规程

（1）施工现场应保持整洁，材料设备及废料应按指定地点堆放，并按指定道路行走。不能从起吊设备下方等危险地区通行。

（2）地下给水管道为铸铁管时，切管应注意飞屑伤人，下管时使用绳索应系牢固，以防伤人。

（3）使用电动套丝机套螺纹时，机具应具有良好绝缘装置，防止发生触电事故。

（4）登高作业时，应做好监护工作，设人扶梯、凳，并戴好安全帽，不允许向上或向下抛丢工具等物品，只准用绳向上吊或向下系。

三、铝塑复合管道的安装

铝塑复合管道敷设可分为明设和暗设。室内明设管道宜在内墙面饰层完成后进行安装；暗设管道则应在墙、地面粉饰层前进行安装。

1. 施工安装要点

（1）应配合土建施工进行预埋预留，预留孔洞应比管外径大 30mm，暗敷管道的沟槽宽度和深度宜比管外径大 10～20mm，有管件的部位可适度放大。

（2）盘卷包装的铝塑复合管在敷设时应调直。

① 对于 $D_e \leq 20mm$ 的管子可直接手工调直。先在墙面上弹墨线，确定管道安装位置线，每隔 0.6～1.0m 安装一只管扣座，将调直后的管子逐段压入扣座内加以固定。

② 对于 $D_e \geq 25mm$ 的管子调直，可先用脚踩住管子，滚动管子盘卷向前延伸，逐段手工调直，对死弯处用橡胶榔头在钢平台上调直即可。

（3）管道弯曲。

① 管径不大于 $\phi 32$ 的管道，除急弯需使用直角弯头改变管道走向时，其余应采用弯管弹簧直接弯曲管子。弯曲时严禁加热，弯曲半径不得小于管子外径的 5 倍，并应一次弯成，不能多次弯曲。

② 一般弯曲方法：将弯管弹簧插入管腔，送至需弯曲部位，如弹簧长度不够，可接钢丝加长，用手适度加力缓慢弯曲，待弯于所需角度须多弯过 2°～3°，可抽出弯曲弹簧即可成形。

（4）管子切割应采用专用剪管刀、细齿锯、管子割刀等工具切断管材。截断后应及时清除断口的毛刺及碎屑，切口端面应垂直管轴线。

（5）管道连接。管道必须采用专用管件连接，若与其他材质的管子、阀门、配水附件连接时，应选用过渡管件。铝塑复合管专用管件连接分为螺纹连接、压力连接两种。

① 螺纹连接的操作要点。用剪管刀将管子剪截成所要长度，将整圆器插至管底用手旋转整圆、倒角。穿入螺母及 C 形铜环，将管件内芯接头的全长压入管腔。拉回螺母和铜环，用扳手把螺母拧紧至 C 形铜环开口闭合为宜。铝塑复合管连接如图 2-2-7 所示。

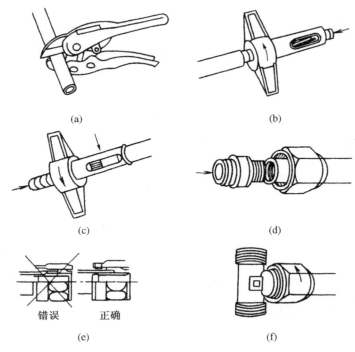

图 2-2-7　铝塑复合管连接示意图

② 压力连接的操作要点。将管子直接插在承压套管上，量好尺寸用管剪切断管子，放置铜环并使用整圆器整圆倒角。将垫圈用压制钳压制在管末端，用 O 形密封圈将垫圈和内壁紧固起来。压制过程可分两种，使用螺纹管件时，仅需旋紧螺钉即可；使用承压管件时，则需采用压制工具和钳子压接外层不锈钢套筒。

（6）明装管道固定件的最大间距应符合表 2-2-2 规定。

表 2-2-2　明装管道固定件的最大间距　　　　　　　　　　　单位：mm

管径	水平管	立管	管径	水平管	立管
1014	500	600	2532	900	1200
1216	600	800	3240	900	1200
1620	700	1000	4050	1200	1500
2025	700	1000			

（7）$D_e \geqslant 40mm$ 的管道不宜穿过建筑物伸缩缝、沉降缝。$D_e \leqslant 32mm$ 的管道穿越处应将管道敷设成波浪回头形。

（8）在用水器具较集中的房间宜采用分水器配水。

2. 常见质量缺陷及预防措施

（1）铝塑复合管易被利器损坏，弯管出现硬折和扁平状。

预防措施：

① 安装中应避免管子被钉、刀、钻、锯等利器刺破刮伤。当管道暗装时，必须协调各工序、各工种，不允许与土建交叉施工。铝塑复合管施工工序应在室内采暖管道、通风管道、消防管道安装完毕后进行。

② 运输管材时，不得沿地面拖拉，不得抛摔和剧烈撞击，不得曝晒、雨淋，不得受油污和某些化学品的污染。

③ 当管道需要进行弯曲半径小于 5 倍管外径急弯时，不得使用弯管弹簧管，应采用专用直角弯头连接，可有效避免由于弯曲半径过小而造成弯曲硬折。当使用弯管弹簧管时，必须把该软管送至弯曲部位，否则弯管椭圆度不符合要求。

（2）冷热水管材混淆，户内外管材乱用。铝塑复合管分冷、热水型，其公称压力等级是不同的。施工前应先复核管道的使用场合管道压力等级，并作明显标记，以防施工中混拉乱用。铝塑复合管具有多种颜色，不同颜色可以表示用途、材质、使用温度、耐压标准。建筑给水管为白色、蓝色，热水管为橙色。室外用管为黑色，工业用管为绿色，燃气管为黄色。施工人员应熟悉铝塑复合管的色标含义。

（3）热水管道暗敷时填槽砂浆层面产生裂纹。

预防措施：

① 填槽用水泥砂浆强度等级过高，是造成墙面裂缝的主要原因之一。因此，应严格按技术规程进行施工，填槽用水泥砂浆强度等级 M7.5，应分两次将砂浆嵌入管槽捣实抹平。

② 热水管道的转弯段弯角大而弯曲半径小，在管外侧易发生裂纹。因此，在热水管道弯管外侧，填入玻璃棉、发泡橡胶等板条予以保护。管道弯曲半径应符合规范要求。

3. 安全操作规程

（1）安装好的管道不得用作支撑或放脚手架板，不得敲击踏压。其支、托、吊架不得作为其他用途的受力点。

（2）搬运铝塑复合管、打压泵等重物时，上下楼要注意脚下打滑、踩空，抬运时前后两人应注意配合。

四、镀锌给水管道的安装

1. 埋地敷设

埋地敷设俗称"铺设"，其标高一般在 −0.300 ～ −0.400（室内地面为 ±0.000）为宜。管道变径时，$DN50$ 以内的变小两号、$DN70$ 以上的变小一号者不得使用补心变径，因为易折断；$DN50$ 以内的变小三号、$DN70$ 以上的变小两号者可以使用补心变径，因为该状况下，不可能被折断（另有规定者，以规定为准）。

不用补心变径时，应用异径管箍和镀锌管套制短管，短管长度以不用管箍便能套丝为准。

干管安装工序可以安排在回填土之前进行铺设，可根据施工条件确定。在干管铺设的同时，应将干管至首层立管阀门的一段立管（含阀门）安装到位。但阀门要调直，其方法是在阀门上口临时装一节约 1m 长的短管（丝扣要正，不得歪斜），用它调直，调阀门下边的丝扣，调直时应将手轮卸下来。

干管安装程序如下：

（1）按施工图绘制草图，计算出加工尺寸；

（2）按草图预制、调直、防腐；

（3）如在回填土之前安装，应根据设计标高于安装前砌筑 240mm×240mm 砖墩。如在回填土之后安装，应先挖沟槽，沟槽挖至管底标高，不得超挖，如有超挖时应用砖垫平，管身应铺设在基土上。详见图 2-2-8 给水干管安装流程图。

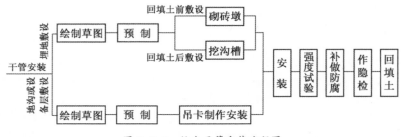

图 2-2-8　给水干管安装流程图

2. 在地沟内或设备层内敷设

在地沟和设备层内安装给水干管，除按施工图绘制出草图并计算出部分尺寸外，其余尺寸要实测实量。然后按草图所注的尺寸，用相应的方法预制加工。安装管道之前应装好吊卡、支架。

安装合格的给水干管应是：

（1）要有约 0.003 的坡度坡向泄水点；

（2）管道的弯曲度没有超过 0.5mm/m；

（3）被破坏的镀锌层表面及管螺纹露出部分，应做防腐处理；

（4）与相邻管道排列合理；

（5）管道强度试验符合要求；

（6）管道冲洗不应利用排泄强度试验的水作为对管道系统的冲洗（这不属于冲洗），应用临时水管（管子断面积不小于被冲洗管道断面积的 60%），接至水干管入口处，在室内打开约 50% 的给水配水点全开放水；

（7）没有使用伪劣产品。

3. 给水立管安装

立管安装，一般工程可根据施工图所标注的楼层高度统一下料预制，无须实测实量。但明装立管且又属优质工程时，则必须实测实量。因为一般工程的明装或暗装甩口高度的偏差大小无关紧要。但优质工程则不同，必须实测实量，方可达到优质工程条件。

为了便于管道冲洗，立管阀门宜采用闸板阀。立管的预制和安装要考虑支管安装方式和方法。明装立管距墙尺寸：如果支管安装有水表，立管距墙又与水表距墙有关联时，则立管距墙应同水表距墙尺寸。如果支管没有水表，或虽有水表，但水表（支管）与立管距墙尺寸无直接关联时，立管中心距装修后墙面为：DN40 以内的立管为 60～70mm；DN50 立管以 65～75mm 为宜，如果立管阀门为法兰式阀门时应为大于、等于 100mm。

（1）明装立管安装

安装立管之前，应从最上层用线坠直吊至首层对准已安装完毕的立管阀门中心点，如果阀门在设备层，那么吊线便是立管中心。按吊线画出立管卡子中心线（十字线），然后打孔栽卡子。待卡子凝固后，将预制的立管对号安装，安装时，只要将调直时在三通和立管丝头（螺纹）处划刮的痕迹对正即可。

（2）暗装立管安装

暗装在管井内的立管，应在最上部先栽一个型钢支架，然后以此为基准用线坠吊线至底层，按吊线栽安全部支架。待支架凝固后，将已预制立管按编号安装全部立管，根据具体情况，在强度试验前尽量将管井内支管做出墙面。

安装在墙槽内的立管，应在结构施工时预留管槽，不可人工剔凿。立管是否要做防结露保温由设计确定。明装支管做出净墙面后加装临时堵。如果暗装支管，待支管做完和立管同时进行强度试验。待强度试验完毕后将临时堵拆卸下来，装上一节临时短管（一端套丝约100mm 长）。这种短管俗称"压坠管"。

4. 热水立管安装

热水立管安装是否应考虑热膨胀，应由设计考虑确定，但必须是当立管热伸胀时，支管能自由作径向移动。热水的干管和立管一般应有回水管。干管与立管的连接方法可参考热水采暖系统干管与立管的连接方法。明装立管穿过楼板应装套管。

冷热水立管之间要有一定的距离，否则支管无法躲绕立管。其间距，一般立管管径在 $DN32$ 以内的不应小于 120mm；$DN \geq 40$ 的不应小于 150mm。安装在管井内的立管要做保温处理。安装在墙槽内的立管亦应保温，否则不但损失热量、降低水温，而且对建筑墙面还有一定的破坏作用，如图 2-2-9 所示。

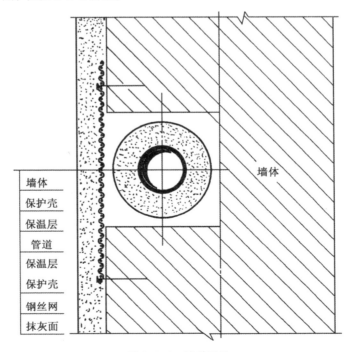

图 2-2-9　墙槽做法

五、室内消防管道的安装

1. 室内消火栓给水系统

建筑高度不超过24m的低层建筑物室内消火栓给水系统，一般可用来扑灭建筑物内的初期火灾。

根据建筑物高度、室外管网压力、流量和室内消防流量、水压等要求，室内消防给水系统可分为三类：

（1）无加压泵和水箱的室内消火栓给水系统

此种给水系统如图2-2-10所示，常在建筑物高度不大、室外给水管网压力和流量完全能满足室内最不利点消火栓的设计水压和流量时采用。消防时，旋翼式水表的允许水头损失宜小于5m，螺翼式水表宜小于3m。

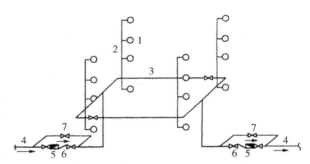

图 2-2-10　无加压泵和水箱的室内消火栓给水系统
1—室内消火栓；2—室内消防竖管；3—干管；
4—进户管；5—水表；6—止回阀；7—旁通管及阀门

（2）设有水箱的室内消火栓给水系统

此种给水系统如图2-2-11所示，常用在水压变化较大的城市或居民区。当生活、生产用水量达到最大时，室外管网不能保证室内最不利点消火栓的压力和流量；而生活、生产用水量较小时，室内管网的压力又较大。因此，常设水箱调节生活、生产用水量，同时储存10min的消防用水量。10min后，由消防车通过加压水泵接合器进行灭火。生活、生产、消防合用的水箱，应保证消防用水不作他用的措施。水箱的安装高度应满足室内管网最不利点消火栓水压和水量的要求。

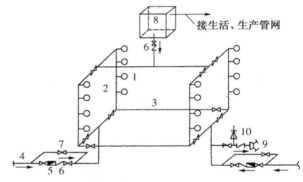

图 2-2-11　设有水箱的室内消火栓给水系统
1—室内消火栓；2—消防竖管；3—干管；4—进户管；
5—水表；6—止回阀；7—旁通管及阀门；8—水箱；
9—水泵接合器；10—安全阀

（3）设有消防泵和水箱的室内消火栓给水系统

此种系统如图2-2-12所示。室内管网压力经常不能满足室内消火栓给水系统的水量和水压要求时，宜设置水泵和水箱。消防用水与其他用水合并的室内消防栓给水系统，其消防泵应保证供应生活、生产、消防用水的最大秒流量，并应满足室内管网最不利点消火栓的水压。消防水箱应储存10min的消防用水量，其设置高度应保证室内最不利点消火栓的水压，并在消火栓处设置远距离启动消防泵的按钮。消防用水宜与其他用水合用一个水箱，以防水质变坏，但必须有消防用水不被他用的技术措施，以保证消防储水量。

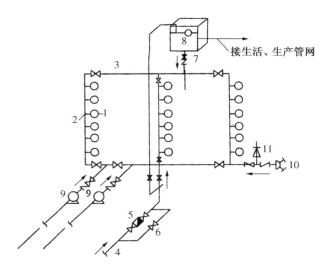

接生活、生产管网

图 2-2-12　设有消防泵和水箱的室内消火栓给水系统

1—室内消火栓；2—消防竖管；3—干管；4—进户管；5—水表；6—旁通管及阀门；
7—止回阀；8—水箱；9—水泵；10—水泵接合器；11—安全阀

2. 室内消防给水系统图式

（1）按管网的服务范围分

按消防给水系统的服务范围，室内消防给水系统有独立的室内消防给水系统和区域集中的室内消防给水系统两种。

① 独立的室内消防给水系统，即每幢高层建筑设置一个室内消防给水系统。这种系统安全性较高，但管理比较分散，投资也较大。对地震区、人防要求较高的建筑物以及重要的建筑物，宜采用独立的室内消防给水系统。

② 区域集中的室内消防给水系统。近年来高层建筑发展较快，有些城市出现高层建筑群，因而采用了区域集中的室内高压（或临时高压）消防给水系统。这种系统是数幢或数十幢高层建筑物共用一个泵房的消防给水系统，便于集中管理，在某些情况下可节省投资，但在地震区域安全性较低。在有合理规则的高层建筑区，可采用区域集中的高压或临时高压消防给水系统。

（2）按建筑高度分

按高层建筑的高度来考虑，室内消防给水系统有分区给水和不分区给水两种室内消防给水系统。

① 不分区给水的室内消防给水系统。建筑高度不超过 50m 的工业与民用建筑物，一旦着火，消防队使用消防车，从室外消火栓（或消防水池）取水，通过水泵接合器往室内管网送水，可协助室内扑灭火灾。

有大型消防车的城市，建筑高度超过 50m 而不超过 80m 的室内消防给水系统也可不分区，如图 2-2-13 所示。

② 分区给水的室内消防给水系统。建筑高度超过 50m 的室内消防给水系统难于得到一般消防车的供水支援。为加强供水安全和保证火场灭火用水，宜采用分区给水系统，如图 2-2-14 所示。

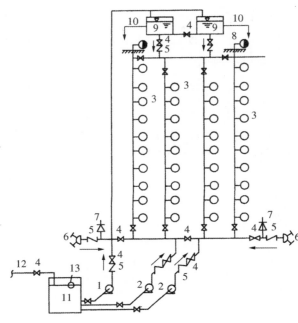

1—生活、生产水泵；2—消防竖管；
3—消火栓和水泵远距离启动按钮；4—阀门；
5—止回阀；6—水泵接合器；7—安全阀；
8—屋顶消火栓；9—高位水箱；
10—至生活、生产管网；11—储水池；
12—来自城市管网；13—浮球阀

图 2-2-13　不分区给水室内消防给水系统

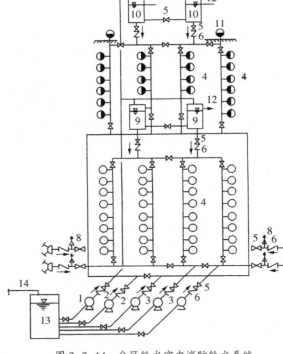

1—生活、生产水泵；2—二区消防泵；
3——区消防泵；4—消火栓反远距离启动按钮；
5—阀门；6—止回阀；7—水泵接合器；
8—安全阀；9——区水箱；10—二区水箱；
11—屋顶消火栓；12—至生活、生产管网；
13—水池；14—来自城市管网

图 2-2-14　分区给水室内消防给水系统

3. 室内消防管网布置

室内消防给水管道应成环状。高层建筑物内的消防给水管道在平面上应成环状，在竖向也必须成环状。在环状管道上需要引出枝状管道时（如设置屋顶消火栓），枝状管道上的消火栓数量不应超过一个（双口消火栓按一个消火栓计算）。

室内环状管道的进水管不应少于两条，并宜从建筑物的不同方向引入。若在不同方向引入有困难时，宜接至竖管的两侧。若在两根竖管之间引入两条进水管时，应在两条进水管之间设置分隔阀门（此阀门应为开阀门，只供发生事故或检修时使用）。当其中的进水管发生故障或报修时，其余的进水管应仍能保证全部消防用水量和规定的消防水压。

设有两台或两台以上的消防泵的泵站，应有两条或两条以上的消防泵出水管直接与室内的消防管网连接。不允许消防泵共用一条总的出水管，再在总出水管上设支管与室内管网连接，如图 2-2-15 所示。

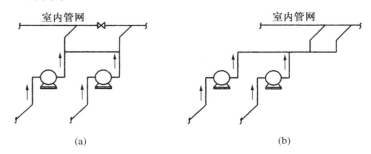

图 2-2-15 消防泵出水管与室内管网连接方法

布置消防立管应考虑以下几点：

（1）当相邻消防竖管中一条在检修时，另一条竖管仍应保证有扑灭初期火灾的用水量。因此，消防竖管的布置，应保证同层相邻竖管上的水枪的充实水柱同时到达室内任何部位。

（2）在建筑物走廊端头宜相邻竖管，走廊中间的竖管数量应按设单口消火栓在同层相邻竖管上的水枪充实水柱同时到达室内任何部位的要求，其间距由计算决定。但消防竖管的最大间距不宜大于 30m。

（3）消防竖管的直径按室内消防用水量由计算决定，计算出来的消防竖管直径小于 100mm，应考虑消防车通过水泵接合器往室内管网送水的可能性，仍应有用 100mm。

（4）一般塔式住宅设置两根消防竖管。当建筑物高度小于 50m、每层面积小于 500m²，且可燃物很少、耐火等级较高、设置两根竖管有困难时，也可设一根消防竖管，但必须采用双口消火栓。

（5）当建筑物内同时设有消火栓给水系统和自动喷水消防系统时，可共用一个消防水泵房，但应将自动喷水设备管网与消火栓给水管网分开设置。因为起火 1h 后，若自动喷水灭火设备由于某种原因未能扑灭火灾，而自动喷水设备已损坏，则继续用室内消火栓灭火。

消防水泵应采用自灌式吸水，水泵的出水管上应装设试验和检查用放水阀门。

消防水泵应设工作能力不小于主要消防泵的备用泵。

消防水泵房与消防控制之间，应设直接的通信联络。

4. 闭式自动喷水灭火系统

（1）系统组成

闭式自动喷水灭火系统一般由闭式喷头、管网、报警阀门系统、探测器、加压装置等组成，如图 2-2-16 所示。

发生火灾时，建筑物内温度上升，当室温升高到足以打开闭式喷头上的闭锁装置时，喷头即自动喷水灭火，同时报警阀门通过水力警铃发出报警信号。

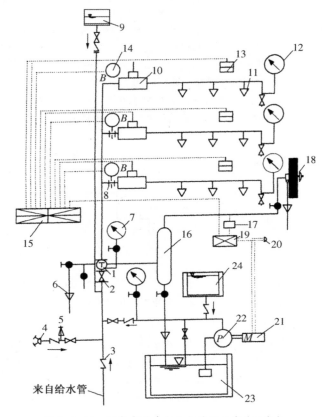

图 2-2-16　闭式自动喷水灭火系统示意（湿式）

1—湿式报警阀；2—闸阀；3—止回阀；4—水泵接合器；5—安全阀；6—排水漏斗；
7—压力表；8—节流孔板；9—高位水箱；10—水流指示器；11—闭式喷头；12—压力表；
13—感烟探测器；14—火灾报警装置；15—火灾收信机；16—延迟器；17—压力继电器；
18—水力警铃；19—电气自控箱；20—按钮；21—电动机；22—水泵；23—蓄水池；24—水泵灌水箱

（2）系统分类

1）湿式喷水灭火系统。在喷水管网中经常充满有压力的水，若失火报警，闭式喷头的闭锁装置熔化脱落，水即自动喷水灭火，同时发出火警信号。湿式系统用于常用温度不低于4℃的房间。

2）干式喷水灭火系统。平时喷水管网中经常充满有压力的气体，只是在报警阀前的管道中经常充满有压力的水。干式系统常用于采暖期超过240天的不采暖房间内和温度在70℃以上的场所，其喷头应向上安装。

3）干湿式喷水灭火系统。用于年采暖期少于240天的不采暖房间。冬季闭式喷水管网中充满有压力的气体，而在温暖季节则改为充水，其喷头应向上安装。

4）预作用喷水灭火系统。喷水管网中平时不充水而充以有压或无压的气体。发生火灾时，由感烟（或感温、感光）火灾探测器接到信号后，自动启动预作用阀门而向喷水管网中自动充水。当火灾温度继续升高时，闭式喷头的闭锁装置脱落，喷头即自动喷水灭火。

预作用系统一般适用于平时不允许有水渍损失的高级、重要建筑物内或干式喷水灭火系统适用的场所，并应符合下列要求：

① 在同一个区域内应相应设置火灾探测装置和闭式喷头。

② 在预作用阀门之后的管道内充有压力气体时，宜先注入少量清水封闭阀门口，再充入压缩空气或氮气，其压力不宜超过 30kPa。

③ 火灾时，探测器的动作先于喷头的动作。

④ 当火灾探测系统发生故障时，应不影响自动喷水灭火系统的正常工作。

⑤ 系统应设有手动操作装置。

⑥ 预作用喷水灭火系统管线的最长距离，按系统充水时间不超过 3min、流速不小于 2m/s 确定。

对于湿式系统、干式系统、干湿系统，根据需要在其保护区内设置感烟（或感温、感光）火灾探测器，用于火灾预先报警及启动消防泵等设备。

（3）喷水管网

喷水管网的管段名称如图 2-2-17 所示。其中，配水立管最好设在配水干管的中央，配水支管宜在配水管两侧均匀分布，配水管宜在配水干管的两侧均匀分布。布置时应考虑管件施工与维护方便。

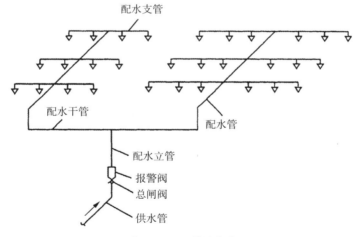

图 2-2-17　管段名称

（4）管道负荷

每根配水支管或配水管的直径均不应小于 25mm。每根配水支管设置的喷头数应符合下列要求：

① 轻危险级建筑物不应超过 8 个。

② 普通危险级建筑物不应超过 8 个。

③ 严重危险级建筑物不应超过 6 个。

④ 同一配水支管向吊顶上布置喷头时，其上下侧的喷头数各不超过 8 个。

（5）管道排水

喷水系统的管道应设有坡度坡向配水立管，以便泄空。充水系统管道坡度应不小于 0.002。

充气系统管道的坡度：配水支管应不小于 0.004；配水管和配水干管应不小于 0.002。

在寒冷地区，引至外墙的排水管其排水阀以后的管段至少应有 1.2m 的长度留在室内，以防阀门受冻。

如充水系统的管道有局部下弯，则当下弯管段内喷头数少于 5 个时，可在管道上设置带丝堵的排出口；当喷头数在 5～20 个时，宜设置排水阀排水口；当喷头数多于 20 个时，宜设置带有排水阀的排水管，并接至排水管道。排水阀和排水管管径见表 2-2-3。

表 2-2-3　排水阀和排水管管径　　　　　　　　　　　　　　　单位：mm

给水立管管径	排水管管径	辅助排水管管径
≥ 100	50	25
70～80	32	25
50	32	20

注：局部下弯的管道，应设置辅助排水管。

第三节　室内排水系统管道的安装

一、排水系统的分类和组成

1. 分类

按系统接纳的污废水类型不同，建筑内部排水系统可分以下三类。

（1）生活排水系统

用于排除居住建筑、公共建筑和工厂生活区的洗涤废水和粪便污水等。洗涤废水经处理后，可作为杂用水用来冲洗厕所、浇洒绿地和道路以及冲洗汽车。

（2）工业废水排水系统

用于排除生产过程中所产生的污（废）水。由于生产工艺种类繁多，所以污（废）水成分十分复杂，需经过适当处理后才能排放。

（3）屋面雨水排水系统

用于排除建筑屋面的雨水和融化的雪水。

建筑内部排水体制主要分为分流制和合流制。上述三类污（废）水，如分别设置管道排出建筑物，则称为分流制排水系统；若将其中两类或三类污（废）水合在一起排出，则称为合流制排水系统。

2. 组成

一个完整的建筑排水系统应由卫生器具（或用水设备）、存水弯、排水管道、通气系统、清通设备、污水抽升设备及污水局部处理设施等部分组成，如图 2-3-1 所示。

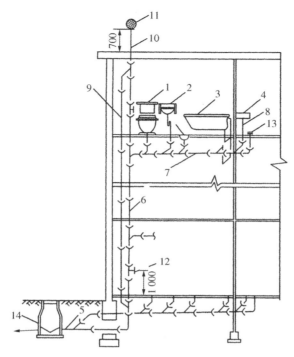

图 2-3-1　排水系统的组成

1—大便器；2—洗脸盆；3—浴盆；4—洗涤盆；5—排出管；6—立管；7—横支管；8—支管；
9—通气立管；10—伸顶通气管；11—网罩；12—检查口；13—清扫口；14—检查井

（1）卫生器具（用水设备）

卫生器具是给水系统的终点，排水系统的起点，污水从卫生器具排出经存水弯流入排水管道。

（2）存水弯

存水弯又称水封，是利用一定高度的静水压力来抵抗排水管内气压变化，防止管内气体进入室内的装置，设在卫生器具排水口下。常用的存水弯有 P 形和 S 形两种，此外还有瓶弯、存水盒等。两个或多个洁具、数量 ≤ 6 个的成组洗脸盆可共用存水弯，但医院的门诊、病房的洁具不得共用存水弯。

水封高度 h 与管内气压变化、水蒸发率、水量损失、水中杂质的含量及比重有关。水封高度不能太大也不能太小。若水封高度太大，污水中固体杂质容易沉积在存水弯底部，堵塞管道；水封高度太小，管内气体容易克服水封的静水压力进入室内，污染环境。所以国内外一般将水封高度定为 50 ～ 100mm，最小不得少于 50mm。

（3）排水管道

排水管道包括器具排水管、排水横支管、立管、埋地干管和排出管。

横支管的作用是把各卫生器具排水管流来的污水收集后排于立管。管道应有一定的坡度、坡向。其最小管径应不小于 50mm，粪便排水管管径不小于 100mm。坡度可查阅相关规定，一般采用标准（通用）坡度，条件不允许时可采用最小坡度。

立管承接各楼层横支管排入的污水，然后再排至排出管。为了保证排水通畅，立管管径不得小于 50mm，也不应小于任何一根接入的横支管管径。

排出管是室内排水立管与室外排水检查井之间的连接管段。排出管的管径不能小于任何一根与其相连的立管管径。排出管埋设在地下，坡向室外检查井。

（4）通气系统

通气系统的作用是：散发系统臭气及有害气体；向立管补充空气，以避免管中压力波动而使水封遭到破坏；补充新鲜空气，减少污水及废气对管道腐蚀。

图 2-3-2 为几种典型的通气方式。其中通气管的种类有以下几种。

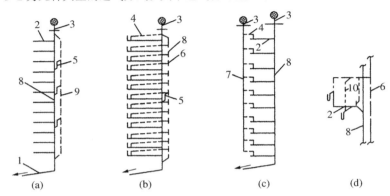

图 2-3-2　几种典型的通气方式

1—排出管；2—污水横支管；3—伸顶通气管；4—环形通气管；5—结合通气管；
6—主通气立管；7—副通气立管；8—污水立管；9—专用通气管；10—器具通气管

① 伸顶通气管。旧称透气管，排水立管在最上层排水横支管与之连接处向上延伸出层面、顶棚或接出墙外。一般多层建筑常用此方式。

② 专用通气立管。与排水立管平行设置并与之相连的通气立管。

③ 环形通气管。自排水横支管接出并呈一定坡度上升并连向通气立管的通气横管。

④ 主通气立管。靠近排水立管设置并与各层环形通气管连接的通气立管。

⑤ 副通气立管。设置在排水横支管始端一侧并与各层环形通气管连接的通气立管。

⑥ 结合通气管。旧称共轭管，是连接排水立管和通气立管的管道。其下端与排水立管在低于排水横管接入点处相连，其上端与通气立管在高出卫生器具上边缘处相连。

⑦ 器具通气管。又称小透气管，从卫生器具存水弯出口管顶部接出，主要用于环境卫生或安静要求较高的情况。

⑧ 联合通气管。有些建筑不允许多根伸顶通气管分别伸出屋顶，此时可用一根横向管道将各伸顶通气管汇合在一起，集中在一处伸出屋顶。

（5）清通设备

清通设备一般由检查口、清扫口、检查井及带有清通门（盖板）的 90° 弯头或三通接头等设备组成，作为清通排水管道之用。

（6）污水抽升设备

建筑物内的污（废）水不能自流排至室外时，必须设置污水抽升设备，将其抽至室外排水管道。常用的污水抽升设备有潜污泵、手摇泵和喷射器等。

（7）污水局部处理设施

当室内污水未经处理不允许直接排入城市下水管时，必须进行局部处理。常用的污水局部处理设施有化粪池、隔油池、降温池、一体化污水处理装置等。医院污水必须经过处理达标后方可排放。

二、室内排水管道的安装

室内排水管道常用管材及连接方式，如表 2-3-1 所示。

表 2-3-1 室内排水管道管材及连接方式

系统类别	管 材	连接方式
生活污水	硬聚氯乙烯排水塑料管 UPVC	粘接、橡胶圈连接
	UPVC 芯层发泡复合管	粘 接
	UPVC 螺旋消声管	橡胶圈连接
	柔性抗震排水铸铁管（WD 管）铸铁排水管	承插式法兰连接胶圈不锈钢带连接
雨 水	UPVC 雨水管 给水铸铁管、稀土排水铸铁管 钢 管	粘 接 承插连接 焊接、法兰
生产污水	由工艺确定	

室内排水管道施工流程：

施工准备→埋地管安装→干管安装→立管安装→横支管安装→器具支管安装→灌水试验→通水通球试验。

1. 施工安装要求

（1）硬聚乙烯排水塑料管安装

1）埋地管道

① 铺设埋地管宜分两段进行，第一段先做 ±0.00 以下的室内部分至伸出外墙为止，伸出外墙的管道不得小于 250mm，待土建施工结束后，再从外墙边铺设第二段管道接入室的检查井。

② 埋地管的管沟底面应平整，无突出的尖硬物。一般可做 100 ～ 150mm 砂垫层，垫层宽度不小于管径的 2.5 倍，坡度与管道坡度相同。管道灌水试验合格后，方可在管道周围填砂，填砂至管顶以上至少 100mm 处。

③ 埋地管穿越基础预留孔洞时，管顶上部净空不得小于 150mm，埋地管穿地下室外墙时应设刚（柔）性防水套管。

2）立管

① 塑料管道支承分为固定支承和滑动支承两种。立管的固定支承每层设一个。立管穿楼板处应加装止水翼环，用 C20 细石混凝土分层浇筑填补，第一次为楼板厚度的 2/3，待强度达到 1.2MPa 后，再进行第二次浇筑至与地面取平，形成固定支承。若在穿楼板处未能形成支承时，应层间设置一个固定支承。

滑动支承设置与层高有关。当层高 ≤ 4m 时，层间设滑动支承一个；若层高 >4m 时，层间设滑动支承两个。

② 管道支承件的内壁应光洁，滑动支承件与管身之间应留微隙，若管壁略为粗糙，应垫软 PVC 板。固定支承和管外壁之间应垫一层橡胶软垫，并用 U 形卡、螺栓拧紧固定。

③ 立管底部宜采取固定措施，如设支墩。

④ 立管和非埋地横管都必须设置伸缩节，以防止管道变形破裂。立管宜采用普通型伸缩节，横管宜采用锁紧式橡胶圈专用伸缩节。伸缩节应尽量设在靠近水流汇合管件处。两个伸缩节之间必须设置一个固定支承。伸缩节设置规定见图 2-3-3 和表 2-3-2。

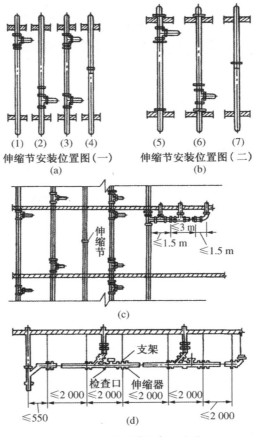

图 2-3-3　伸缩节设备位置图

表 2-3-2　立管伸缩节的设置规定

序号	条件	伸缩节设置位置
1	立管穿楼板处为固定支承，且排水支管在楼板之下接入时	水流汇合配件之下
2	立管穿楼板处为固定支承，且排水支管在楼板之上接入时	水流汇合配件之上
3	立管上无排水支管接入时	按间距要求设于任何部位
4	立管穿楼板处为不固定支承时	水流汇合配件之上

⑤ 当立管明设且 $D_e > 110$mm 时，在楼板贯穿部位应设置阻火圈或防火套管。施工做法是：

先将阻火圈套在 NPVC 管上，再用螺栓固定在楼板下或墙面两侧，或者将阻火圈埋入楼板（墙体）内，再穿入排水管进行安装。立管穿越楼层阻火圈、防火套管安装，如图 2-3-4 所示。横支管接入管道井中立管阻火圈、防火套管安装，如图 2-3-5 所示，管道穿越防火分区隔墙阻火圈、防火套管安装，如图 2-3-6 所示。

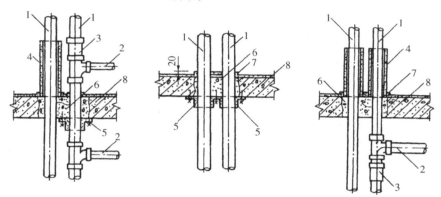

图 2-3-4　立管穿越楼层阻火圈、防火套管安装
1—PVC-U 立管；2—PVC-U 横支管；3—立管伸缩节；4—防火套管；
5—阻火圈；6—细石混凝土二次嵌缝；7—阻水圈；8—混凝土楼板

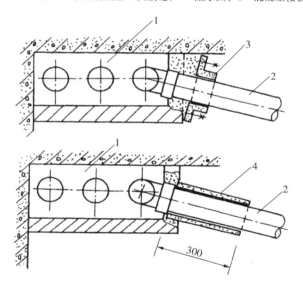

图 2-3-5　横支管接入管道井中立管阻火圈、防火套管安装
1—管道井；2—PVC-U 横支管；3—阻火圈；4—防火套管

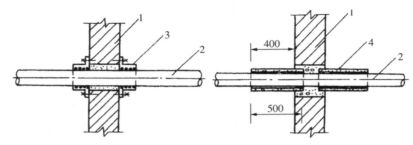

图 2-3-6　管道穿越防火分区隔墙阻火圈、防火套管安装

1—墙体；2—PVC-U 横管；3—阻火圈；4—防火套管

3）横、支管

① 排水立管仅置伸顶通气管时，最低横支管与立管连接处至排出管管底的垂直距离不得小于表 2-3-3 规定，如图 2-3-7 所示。

表 2-3-3　最低横支管与立管连接处至排出管管底的垂直距离

建筑层数	垂直距离 h_1/m	建筑层数	垂直距离 h_1/m
≤ 4	0.45	13 ~ 19	3.00
5 ~ 6	0.75	≥ 20	6.00
7 ~ 12	1.20		

注：（1）当立管底部、排出管管径放大一号时，可将表中垂直距离缩小一档；

　　（2）当立管底部不能满足本条及其上①的要求时，最低排水横支管应单独排出

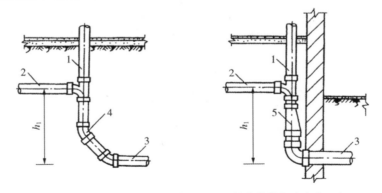

图 2-3-7　最低横支管与立管连接处至排出管管底的垂直距离

1—立管；2—横支管；3—排出管；4—45° 弯头；5—偏心异径管

② 当排水支管连接在排水管或排水干管上时，连接点距立管底部水平距离不宜小于 1.5m，如图 2-3-8 所示。

③ 若埋地横管为排水铸铁管，地面以上为塑料管时，应先用砂纸将塑料管插口外侧打毛，插入排水铸铁管承口内，再做水泥捻口。

（2）柔性抗震承插式铸铁排水管安装（WD 管）

柔性抗震承插式铸铁排水管与普通排水铸铁管相比较具有接口可曲挠、抗震及快速施工

等特点。主要适用于高层建筑和高耸构筑物的排水立管，8°以上抗震设防的排水管道和要求快速施工的施工场所。

1）WD管可明装或暗装，接口不得设在楼板层、墙体内。安装直管时，应在每个管接口处用管卡或吊卡将其固定在墙、梁、柱及楼板上。排水立管底部应设混凝土支墩，管道布置时尽量减少横管长度。

2）管道安装前应检查的项目。

① 检查管子和管件外观有无重皮、砂眼、裂缝等缺陷，管接头的配合公差是否符合要求。接口用的橡胶圈内径应与管外径相等。接头配套用法兰压盖是否有裂缝、冷隔等。

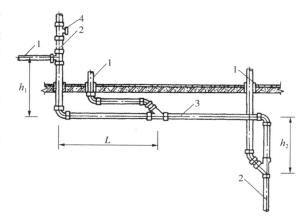

图 2-3-8 排水支管与排水立管、横管连接
1—排水支管；2—排水立管；3—排水横管；4—检查口

② 检查管子承口的倒角面是否有明显凸凹和沟槽，应保证倒角面平滑。

3）管子安装前应预埋支、吊架卡具，管道支架间距规定：立管管卡应有2m设一个；横管吊卡宜每1m设一个，每楼层不得少于2个。支、吊架应设置于承口以下或附近。竖向弯头与前后管段必须采用支架整体固定。扁钢吊卡和圆钢吊卡应间隔设置，与排水立管中心间距0.4～0.5m为宜。

4）管卡和吊卡为金属材质，并由管材、管件生产厂家配套供应。为了方便安装，法兰压盖宜优先采用三耳式，管接口样图如图2-3-9所示。

5）管道在楼、屋面板预留孔洞处，应设置钢套管，其直径应比立管大50mm，套管宜高出地面20mm，套和上下口内侧应倒成圆角，间隙采用油麻和石棉水泥填充。

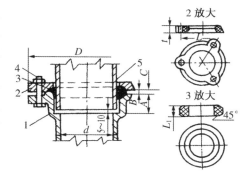

图 2-3-9 管接口样图
1—承口端；2—法兰压盖；3—密封橡胶圈；4—紧固螺栓；5—插口端

三、污水排水管道的安装

1. 污水排水管安装一般要求

（1）排水管一般应地下埋设和地上明设，如建筑或工艺有特殊要求，可在管槽、管井、管沟或吊顶内暗设，但必须考虑安装和检修方便。

（2）排水管不得布置在遇水引起燃烧、爆炸或损坏原料、产品和设备的地方。架空管道不得敷设在有特殊卫生要求的生产厂房内，以及食品及贵重商品仓库、通风小室和变配电间内。

（3）排水埋地管应避免布置在可能受重物压坏处，管道不得穿越设备基础，在特殊情况下，应与有关专业部门协商处理。

（4）排水管不得穿过沉降缝、烟道和风道，并应避免穿过伸缩缝。

（5）生活排水立管宜避免靠近与卧室相邻的内墙。

（6）10层及10层以上的建筑物内，底层生活污水管道应单独排出。

（7）排水管的横管与横管、横管与立管的连接，应采用90°的斜三通或90°的斜四通管件，立管与排出管的连接宜采用两个45°弯头或曲率半径大于或等于4倍管径的90°弯头管件。

（8）生产、生活排水管埋设时应防止管道受机械损坏，其最小埋设深度按表2-3-4确定。

（9）排水管外表面如可能结露，应根据建筑物性质和使用要求采取防结露保温措施。

表2-3-4 排水管最小埋设深度

管材	地面至管顶距离（m）	
	素土夯实、碎石、砾石、大卵石、缸砖、木砖地面	水泥、混凝土、沥青混凝土、菱苦土地面
铸铁管	0.7	0.40
混凝土管	0.7	0.50
硬聚氯乙烯管	1.00	0.60

（10）饮食业工艺设备引出的排水管及饮用水水箱的溢流管，不得与污水管道直接连接，并应留出不小于100mm的隔断空隙。

（11）安装污水中含油较多的排水管道时，如设计无要求，应在排水管上设置简易隔油井（见图2-3-10）进行除油。

（12）安装未经消毒处理的医院含菌污水管时，不得与其他排水管直接连接。

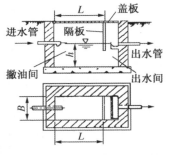

图2-3-10 简易隔油井

2. 排出管安装

（1）排出管与室外排水管一般采用管顶平接法，水流转角不得小于90°，如跌落差大于0.3m，可不受角度限制。

（2）排出管穿过承重墙或基础处，应预留洞口，且管顶上部净空不得小于建筑物沉降量，一般不小于0.15m。

（3）排出管穿过地下室外墙和地下构筑物的墙壁处，应设置防水套管，防止地下水渗入室内。

（4）排出管与室外排水管道连接处，应设检查井。检查井中心至建筑物外墙面的距离，不宜小于3.0m。排水管管径在300mm以下，埋深在1.5m以内时，检查井内径一般为0.7m。

（5）排出管从污水立管或清扫口至室外检查井中心的最大长度，应按如下确定：管径为50mm、70mm、100mm、100mm以上，排水管的最大长度分别为10m、12m、15m、20m。

3. 检查口或清扫口设置

（1）在立管上应每隔两层设置检查口，但在最低层和有卫生器具的最高层必须设置。如2层建筑物，可仅在底层设置立管检查口；如有乙字管，则在该乙字管的上部设检查口。检查口的设置高度，从地面至检查口中心一般为1.0m（允许误差±20mm），并应高于该层卫生器具上边缘0.15m。检查口的朝向应便于检修。暗装立管，在检查口处应装检修门。

（2）连接2个及2个以上大便器或3个及3个以上卫生器具的污水横管上，应设置清扫口。

（3）在转弯角度小于135°的污水横管上，应设检查口或清扫口。

（4）污水横管的直线管段应按表2-3-5的规定距离设置检查口清扫口。

（5）如在污水横管上设清扫口，应将清扫口设置在楼板上或地坪上（与地面相平）。污水管起点的清扫口与管道相垂直的墙面的距离不得大于0.2m。污水管起点设置堵头代替清扫口时，与墙面应有不小于0.4m的距离。

（6）埋设在地下或地板下的排水管道检查口，应设在检查井内。井底表面标高应与检查口的法兰相平，井底表面应有坡向检查口法兰的0.05坡度。

表2-3-5 污水横管的直线管段上检查口或清扫口间的最大距离

管径（mm）	生产废水	含大量悬浮物和沉淀物的生产污水	生活污水	清扫装置种类
	距离（m）			
50～75	15	10	12	检查口
50～75	10	6	8	清扫口
100～150	20	12	15	检查口
100～150	15	8	10	清扫口
200	25	15	20	检查口

4. 通气管

（1）器具通气应设在存水弯出口端。环形通气管应自最始端两个卫生器具间的横支管上接出，并应在排水支管中心线以上与排水支管呈垂直或45°接出。器具通气管、环形通气管应在卫生器具上边缘以上不少于0.15m处，按不小于0.01的上升坡度与通气立管相连。

（2）通气立管的上端可在最高层卫生器具上边缘或检查口以上与污水立管通气部分以斜三通连接，下端应在最低污水横支管以下与污水立管以斜三通连接。

（3）专用通气立管应每隔两层、主通气立管应每隔8～10层与污水立管的结合通气管连接。

（4）通气立管高出屋面不得小于0.3m，但必须大于最大积雪厚度。在通气管出口4m以内有门窗时，通气管应高出门窗顶0.6m，或把通气管引向无门、窗一侧。在经常有人停留的平屋顶上，通气管应高出屋面2.0m（屋顶有隔热层的应从隔热层板面算起），并应根据防雷要求考虑装防雷装置。通气管出口不宜设在建筑物挑出部分（如屋檐檐口、阳台和雨篷等）的下面。

5. 排水管材料、接口及验收

（1）生活污水管应采用排水铸铁管及排水塑料管，管径小于50mm时可采用钢管。

（2）承插管道的接口应采用油麻丝填充，用水泥或石棉水泥捻口。高层建筑物应考虑建筑物位移的影响，全部用承插口石棉水泥接口，可能对气密性不利，可增加部分铅接口以增加弹性。

（3）铸铁排水管上的固定支架应固定在承重结构上。固定支架间距，横管不得大于2m，立管不得大于3m；层高小于或等于4m，立管可安装1个固定支架，立管底部的转弯处应设支墩或采取固定措施。

（4）排水塑料管必须按塑料管安装和验收规定施工，按设计要求的位置和数量装设伸缩器。塑料管的固定件间距应比钢管的短，对于横管，管径为50mm、75mm、110mm管子的固定支架间距分别为 0.5m、0.75m、1.1m。

（5）暗装或埋地的排水管道，在隐蔽前必须做灌水试验，灌水高度应不低于底层卫生器具的上边缘或底层地面高度。灌水 15min 后，再灌满延续 5min，以液面不下降为合格。

四、雨水管道的安装

（1）雨水管材料。雨水悬吊管和立管一般采用塑料管或铸铁管，如管道可能受振或工艺有特殊要求，应采用钢管。埋地雨水管可采用非金属管，但立管至检查井的管段宜采用铸铁管。

（2）雨水管安装。悬吊式雨水管道的敷设坡度不得小于 0.005，埋地管道的最小坡度应不小于生产废水的最小坡度。悬吊式雨水管道的长度超过 15m，应安装检查口或带法兰堵口的三通，其间距不得大于如下规定：悬吊管直径 ≥ 150mm、200mm 的检查口间距分别为 ≤ 15m、≤ 20m。

（3）雨水漏斗的连接管应固定在屋面承重结构上，雨水漏斗边缘与屋面相接处应严密不漏。连接管管径设计无要求时，不得小于 100mm。

（4）雨水管安装后，应做灌水试验，灌水高度必须到每根立管最上部的雨水漏斗。灌水试验持续 1h，以不渗不漏为合格。

第四节　室外管道的安装

一、室外给水管道的安装

1. 布置室外给水管道

（1）总体要求

室外给水管道布置的要旨，是满足用户对水量和水压的要求，尽可能缩短管线长度，减少土方量，方便维修。

（2）管网形式

管网布置的形式有枝状和环状两种。枝状布置较经济，投资少，但是如管道有损坏，将影响损坏点以后用户的供水。因此，它只在可以间断供水的生活小区采用。

（3）其他要求

① 小区内的给水管道通常要求与建筑物平行，进入用户前应设阀门井。

② 室外给水管道与建筑物及其他管道间的距离应符合表 2-4-1 的要求。

③ 配水干管每隔 400 ～ 600m 应设置一个阀门。

④ 干管的位置应尽可能布置在两侧都有大用户的道路上，以减少配水支管的数量。

⑤ 在管道的隆起点及倒虹管的上下游处，要设进气阀和排气阀，管道的最低点要设泄水管和泄水阀。

表 2-4-1 室外给水管道与其他设施之间的最小水平净距

建筑物及管线名称		水平净距（m）
铁路		5～10
建筑物		5
煤气管道	低压（≤ 5kPa）	1.0
	中压（≤ 5～150kPa）	1.0
	次高压（≤ 150～300kPa）	1.5
	高压（≤ 300～800kPa）	2.0
热力管道		2.0
污水管道		1.5
街道绿化树		1.5
通信、照明杆柱		1.0
高压电杆支座		3.0
电力电缆		1.0

2. 室外给水管道敷设的要求

（1）加装套管保护

管道穿过公路及铁路时，应加装套管保护。

（2）埋地敷设

室外给水管道采用埋地敷设。管道埋地的深度，应根据外部载荷、管材强度、管道布置情况，以及土质地基等因素确定。金属管道覆土深度通常 ≥ 0.7m，非金属管道的覆土深度通常为 1.0～1.2m，冰冻地区管道埋设的深度应在冰冻线以下。

3. 室外直埋给水铸铁管

民用建筑的室外给水管道都采用埋地敷设。其直埋给水铸铁管施工流程是：测量放线→沟槽放线与开挖→基底处理→下管→清理管腔管口→承口下挖工作坑管放平→插口对准承口撞入→找正中心和标高→检查调整对口间隙→接口→检查→养护→试压验收。

（1）测量放线

按施工图要求，用经纬仪等测定管道中心线、高程以及附属构筑物的位置，再用白灰撒出挖槽的边线。

放线前，选定沟槽的开挖断面，确定开挖宽度；根据管材的直径、材质、土壤的性质以及埋设的深度，选定开挖断面。

（2）开挖沟槽

开挖沟槽，可用机械和人工两种方法。人工开挖的出土方法，应根据沟的深度而定。沟深在 2.5m 以内的，可一次扬甩出土；沟深大于 2.5m 的，可二次扬甩出土。开挖时，土方一般向沟两侧堆放。如人工下管，一侧的土方有影响时，应向一侧堆土。堆土与沟槽边的距离要 >0.8m，高度不得超过 1.5m，否则会造成塌方。机械开挖多用单斗挖土机。为确保槽底土壤不被破坏，开挖时应在基底标高以上留出 30cm 左右的一层不挖，留待人工清挖。

（3）基底处理

沟底应是自然土层，若是松土或砾石，应处理基底，防止管道发生不均匀下沉。处理基底应以施工图的规定为准。

（4）下管

①下管前，复测三通、阀门、消火栓的位置，以及排尺定位的工作坑位，尺寸如不合适应调整，并清除槽底杂物。

②下管时，应从两个检查井的一端开始，若是承插管，应使承口在前，不要碰伤管道的防腐层。

③下管方法有人工和机械两种，根据管材、管径、沟槽及施工现场等条件来选择。

④人工下管有压绳法和三脚架法，如图 2-4-1 所示。它所用的大绳应坚固无断股，吊装时要统一指挥，动作要协调一致。管子吊起后，沟内人员要避开，而且必须戴安全帽。下第一根管时，管中心应对准定位中心线，找准管底标高，管的末端应钉点桩挡住顶牢，严防打口时顶走管道。

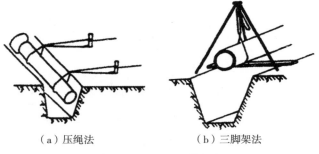

（a）压绳法　　　　　　　（b）三脚架法

图 2-4-1　人工下管方法

⑤机械下管是用起重机将管道放入沟槽内。下管时起重机应沿沟槽开行，与沟边的距离不能 <1m。

（5）稳管接口

按设计高程和位置，将管子安放在地基或基础上，叫作稳管。

①稳管前，应将管口内外洗刷干净。稳管时，将承插管的插口撞入承口内，对口四周的间隙要均匀一致，间隙的大小应符合规定。

②用套环接口时，稳好一根管子再安装一个套环。用承插接口时，稳好第一节管子后，要在承口下垫满灰浆，再将第二节管子插入，将挤入管内的灰浆从里引抹平。

③室外给水管道的管材，通常用铸铁管、钢管石棉水泥管、预应力钢筋混凝土及自应力钢筋混凝土管等。管道接口的具体方法见相关内容。

④给水管道安装完毕，按规定试压。

⑤铸铁管道的铺设质量及检验应符合表 2-4-2 的规定。

（6）回填土

管道验收合格，要及时回填土，切忌晾沟。回填土时，应确保管道和构筑物的安全，管道不移位，接口及防腐层不被破坏，土中不得有砖头、石块及冻土硬块。要从沟槽两侧同时填土，不能将土直接砸在接口抹带及防腐层上。管顶以上 5cm 内要用人工夯填，覆土在 1.5m 以上时才能用机械碾轧。

给水管道使用前，应按规定冲洗消毒，一般用漂白粉溶液消毒。

表2-4-2　室外给水管道铺设质量要求及检验方法

项目			允许偏差（mm）	检验方法
坐标	铸铁管	埋地	50	用水准仪（水平尺）、直尺、拉线和尺量检查
		敷设在沟槽内	20	
	碳素钢管	埋地	40	
		敷设在沟槽内及架空	15	
	预应力、自应力钢筋混凝土管，石棉水泥管	埋地	50	
		敷设在沟槽内	20	
标高	铸铁管	埋地	±30	
		敷设在沟槽内	±20	
	碳素钢管	埋地	±15	
		敷设在沟槽内	±10	
	预应力、自应力钢筋混凝土管，石棉水泥管	埋地	±30	
		敷设在沟槽内	±20	
水平管道纵、横方向弯曲	铸铁管	每1m	1.5	用水准仪（水平尺）、直尺、拉线和尺量检查
		全长（25m以上）	≤40	
	碳素钢管	每1m 管径≤100mm	0.5	
		每1m 管径＞100mm	1	
		全长（25m以上） 管径≤100mm	≤13	
		全长（25m以上） 管径＞100mm	≤25	
	预应力、自应力钢筋混凝土管，石棉水泥管	每1m	2	
		全长（25m以上）	≤50	

4. 室外给水管道选材与接口

室外给水管道选材与接口形式，如表2-4-3所示。

表2-4-3　室外给水管道选材与接口形式

管道名称	管径（mm）	适用工作压力（MPa）	接口形式
预应力钢筋混凝土管	400～1400	0.4～1.2	承插
自应力钢筋混凝土管	100～600	0.4～1.0	
给水铸铁管	75～1500	0.45～1.0	承插、法兰
焊接钢管	8～150	≤1.0	螺纹、焊接

管道名称		管径（mm）	适用工作压力（MPa）	接口形式
无缝钢管		32～00	由设计确定	焊接、法兰
卷板钢管		150～2000		焊接、法兰、特制承插口
石棉水泥管		75～500	0.45～1.0	平口套管
硬聚氯乙烯管		100～400	轻型：0.6 重型：1.0	焊接、螺纹、法兰、黏结
聚乙烯管		16～160	低压：0.4 高压：0.6	
聚丙烯管	轻型	15～200	0.15～1.0	
	重型	8～6.5	0.25～1.6	

5. 安装室外消火栓

（1）室外消火栓的布置与安装要求

① 室外消火栓布置在马路两旁，便于消防车通行和操作的地方，最宜设在十字路口附近。

② 消防栓间距通常是 120m，距灭火点应≤150m，距车道应≤2m，距建筑物应 >5m。消火栓接管口径≥100mm，其进水管下面应夯实，铺素混凝土或三合土。消火栓的主体应与地面垂直。其他安装要求，如图 2-4-2 和图 2-4-3 所示。

③ 气温较高的地区应用地上式消火栓，北方寒冷地区用地下式消火栓。地上消火栓应砌筑消火栓闸门井，地下式则应砌筑消火栓井。井盖在路面上，表面要与路面相平；在其他位置时井盖应高出室外设计标高 50mm，井口周围向外应做坡度为 0.02 的护坡。

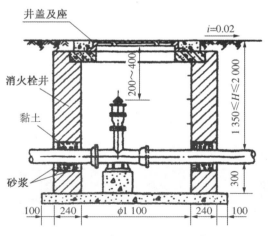

图 2-4-2　室外地下式消火栓安装要求

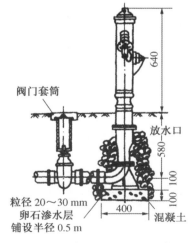

图 2-4-3　室外地上式消火栓安装要求

（2）常用消火栓的型号与连接形式

常用消火栓的型号及连接形式，如表 2-4-4 所示。

表2-4-4 常用消火栓的型号及连接形式

名称	型号	工作压力（MPa）	进水管		出水管		
			连接形式	直径（mm）	连接形式	直径（mm）	个数
地上式消火栓	SS100	≤ 1.6	承插式（承口）	100	内扣式 螺纹式	65 100	2 1
	SS100–10 SS100–16	1.0 1.6	承插式（承口） 法兰式	100	螺纹式	100 65	1 1
	SS150–10 SS150–16	1.0 1.6	承插式（承口） 法兰式	150	螺纹式 内扣式	65 150	2 1
地下式消火栓	SX100	≤ 1.6	承插式（承口）	100	内扣式 螺纹式	65 100	1 1
	SX100–10 SX100–16	1.0 1.6	承插式（承口） 法兰式	100	螺纹式	100	1
	SX65–10 SX65–16	1.0 1.6	承插式（承口） 法兰式		螺纹式	65	2

二、室外排水管道的安装

1. 室外排水管道安装要求

室外排水管道起到排放污废水与雨水的作用，污废水在管道中依靠重力作用由高处流向低处。因此，排水道应有一定的下坡度。

为了检查及清通排水管道，在管径改变处或管道坡度、支管接入处及管道转弯处，都要设废水检查井，直线段每隔一定距离也要设污水检查井，检查井通常用砖砌筑。室外排水管道通常应与建筑物平行敷设，距建筑外墙不应 <2.5m。

2. 室外排水管道施工流程

室外排水管道一般直接埋在地下，其施工流程是：施工准备→测量放线→开挖沟槽→基底处理→下管→稳管接口→检查与砌筑→闭水试验→回填土。其中下管及其前面的项目，施工要求与室外给水管基本相同。

3. 室外排水管道的管口与抹带

室外排水管道的管材，主要有缸瓦管、混凝土管和钢筋混凝土管。

混凝土管和钢筋混凝土管的管口形状，主要有承插口、平口和企口三种，如图2-4-4所示。其接口用水泥砂浆抹带接口，常见的抹带形式有圆弧形和梯形两种，如图2-4-5所示。

室外排水管施工完毕，要按规定做闭水试验。试验时按规定施加一定的压力，观察接口处及整个管道渗水情况，如有异常按规定处理。

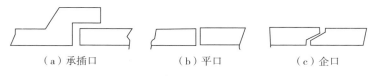

（a）承插口   （b）平口   （c）企口

图 2-4-4 混凝土管和钢筋混凝土管的管口形状

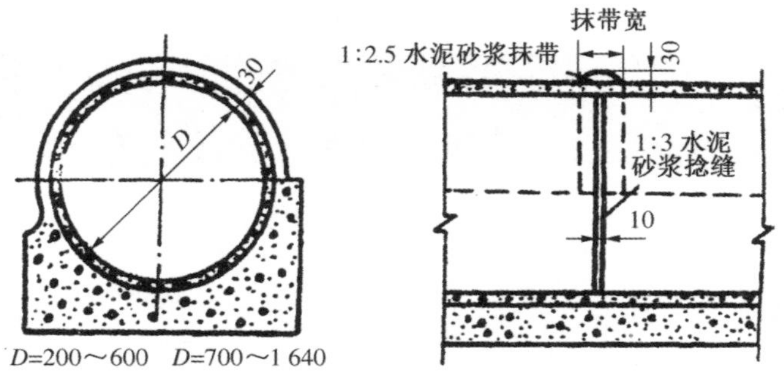

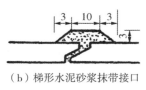

（a）圆弧形水泥砂浆抹带接口

（b）梯形水泥砂浆抹带接口

图 2-4-5　抹带形式

第五节　采暖管道的安装

一、热水供应系统的安装

1. 热水供应系统形式和安装

热水供应系统按热水供应范围分为局部热水供应系统（如家庭自用、饭店餐厅专用、浴室或小型旅馆等）、集中热水供应系统（如公寓或高级住宅、饭店宾馆）、需要集中热源供应多处用热水的系统、区域热水供应系统（如几万平方米住宅小区或大型企业）、需要一两千米的供应范围的大型供热水系统。按热水供应系统技术特点，常把系统分成开式或闭式。开式系统是把补水箱设在系统的最高位置，水箱与大气连通，通过此开式水箱补充系统用掉或漏失的水量，并吸收系统内水温升高后的膨胀水量，如图 2-5-1（a）所示。闭式系统的补水靠给水管的压力或专设补水泵将冷水打入热水系统，热水供应系统是闭式的，与大气没有直通口。为了吸收管网中水被加热后的膨胀水量放置闭式膨胀水箱，以保证系统的安全和防止热水因升温膨胀的流失。该系统如图 2-5-1（b）所示。

从热水供应系统管道布置上看，有上行下给式及下行上给式，图 2-5-1 所示系统均为上行下给式，即把热水送到系统上部的总水平干管，再分送至各立管用水处，下行上给式送水由下至上，图 2-5-1 所示系统为水泵强制全循环式。它的优点是，用水时打开热水阀门，热水即可流出。有的系统热水没有进行全循环，如热水还要经过较长支管才能送到用水处，用水时打开阀门送出的先是冷水，把冷水放出后热水才能送到，这就是半循环式。还有的系统只有送热水一根管，这时只有用水处先把存在管中的冷水放尽才能用到热水，这种系统是不循环系统。系统的选择是根据建筑特点、用户要求等确定的，安装单位按图施工即可。

热水供应系统的安装技术要求与热水采暖系统安装技术要求相同。用水点（又称为配水点）多为卫生设备，安装要求见给水、排水、卫生设备安装相关部分。

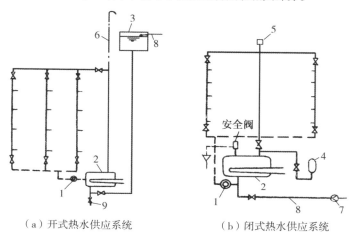

（a）开式热水供应系统　　　　（b）闭式热水供应系统

图 2-5-1　热水供应系统

1—循环水泵（供水泵）；2—水的热源（加热器）；3—开式水箱；4—闭式水箱（如囊式低位膨胀水箱）；5—自动排气阀；6—排气管；7—补水泵；8—补水管；9—排水管

2. 热水供应系统的设备

热水供应系统所需设备如图 2-5-1 所示，主要有循环水泵、补水泵、冷水箱、闭式水箱、自动排气阀、安全阀、水的加热装置等。

冷水箱可以采用热水采暖中的膨胀水箱，并且还可酌情省略一些管道，设计和施工中可采用国际中有关水箱标准图。闭式水箱完全可以采用热水采暖系统中低位膨胀水箱，该装置接入系统后如图 2-5-1（b）所示，启动补水泵，水被送入管网时，也同时送入罐体胶囊内，在运行压力较低时（即系统用水较多、水位下降），补水泵把水不断送入系统并送入胶囊内，胶囊不断向外扩大而挤压气室，气室的缩小使压力升高，当压力达到设计最高压力时，胶囊内的容水量达到设计值，此时胶囊内外压力相等，胶囊不胀不缩，处于暂时平衡状态。补水泵通过压力控制器而停运。水泵停运后，气室中气体压力挤压胶囊，使胶囊内的水流入系统，气室压力也随之减小，当气压降到设计最低压力时，通过压力控制器启动水泵，又使水送进系统和胶囊，这就既保证了用户供热水（或供冷水）的需要，又使水泵有条件地间断工作，节约了电能，目前已成为热水供应系统或无塔供水的常用设备，其规格见表 2-5-1。

水的加热设备是热水供应的热源部分，又称为加热器。根据系统范围大小可采用水—水热交换器、汽—水热交换器、电热水器、燃气热水器、太阳能热水器等多种。如要求这些热水器不仅起加热作用，还要有储存和调节水量的功能，就必须有一定的盛水体积，这种加热器称为容积式加热器。对于只起加热作用的设备称为快速式加热器。

表 2-5-1 胶囊式低位膨胀水箱

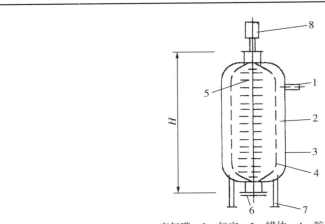

1—充气嘴；2—气室；3—罐体；4—胶囊；
5—水室；6—接管口；7—支架；8—排气

型号	PN600	PN800	PN1000	PN1200	PN1400	PN1600	PN2000
ϕ（mm）	600	800	1000	1200	1400	1600	2000
H（mm）	1600	2000	2300	2700	2800	3200	3500
接口管径 DN（mm）	32	40	40	50	50	50	50
容积（m³）	0.3	0.85	1.17	2.63	3.87	4.9	6.5

注：（1）同一型号有 0.6MPa、1.0MPa、1.6MPa 三种压力等级；
　　（2）为了减少补水泵起动频率，可以采用数罐并联；
　　（3）本表采用开封柳园水暖器材厂产品数据。

容积式加热器的结构如图 2-5-2 所示，由罐体、盘管等组成。盘管内送入高温热水或蒸汽，将热量通过盘管表面传给冷水。罐体由支座直接用地脚螺栓固定在地基上，高温热水或蒸汽通过管道与加热器相连接。采用蒸汽加热时其蒸汽凝结水出口还要连接疏水阀等附件。

板式换热器是应用最多的非容积式加热器，广泛用于采暖和热水供应的换热上。板式换热器的结构为框架式，如图 2-5-3 所示。框架由固定压紧板、上导

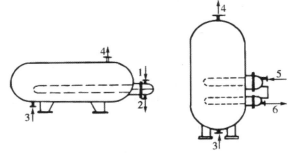

（a）卧式水—水加热器　（b）立式双稳固管汽—水加热器

图 2-5-2　容积式加热器结构示意图

1—蒸汽入口管口；2—凝结水出水管口；3—冷水进水管口；
4—热水出水管口；5—热媒入口管口；6—热媒出口管口

梁、下导梁和支柱组成。活动压
紧板通过滚轮悬挂在上导梁上，
传热板片置于固定压紧板与活动
压紧板之间，大型板式换热器的
传热片是用挂钩挂在上导梁上，
上部卡在下导梁上。传热板是用
0.8mm 厚的不锈钢板压制成双人
字形波纹板片，四角冲制为孔洞。
板片四周及圆孔处均镶嵌有密封
橡胶垫起密封作用。组装时传热
板片相互倒置排列，使传热板片
上波纹的波峰与波峰间互相接触
形成网状流道，既强化了传热又
增加了传热板的刚度，同时提高
了板式换热器的承压能力。传热
板通过夹紧螺栓，并按照组装尺

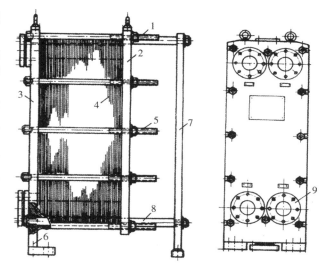

图 2-5-3　板式换热器结构图

1—上导梁；2—活动压紧板；3—固定压紧板；4—传热板片；
5—夹紧螺栓；6—支架脚；7—支柱；8—下导梁；9—接管法兰

寸要求（或传热面积—片数），
夹紧在固定压紧板和活动压紧板

之间。固定压紧板和活动压紧板的四角根据工艺的需要均设孔洞，并装有与外部管道连接用
的带法兰的短管，与传热片组装在一起，构成了供冷热介质流动的通道。图 2-5-4 给出了传
热板片并联流程组合图，每两张传热板片间就构成一个流道，冷热介质交替地流过传热板片，
同时热量通过传热板片由热介质传给了冷介质。由于双人字形传热板片的结构特性，介质在
传热板片流动时，在低流速下即可激发湍流，使冷热介质进行强烈的热交换，因此板式换热
器与其他换热器相比，具有较高的传热系数。根据冷介质的出口温度要求，流程可以组成串联、
并联、混合等多种形式，在设计时提出要求，生产企业按要求进行组装供货。

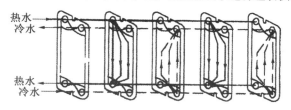

图 2-5-4　并联流程板片组合图

　　板式换热器竖直地用地脚螺栓固定在混凝土地坪上，四周留有一定距离，以便于管道、
附件的安装及设备的检修。换热器使用前应对热侧、冷侧分别进行水压试验，其试验压力为
设计压力的 1.25 倍，并保压 20min，确认各密封部位无渗漏后方可投入使用。在作采暖时，
循环水进出口均装压力表，在使用中若压降增大说明内部产生结垢淤塞，此时应松开夹紧螺
栓，移动活动压紧板，然后进行清洗。清洗板片时要用棕刷，切勿用钢丝刷，以免划伤板片
和橡胶垫。损坏的板片要更换，若没有备用板片，可拆下两个相邻的板片，然后夹紧使用。
老化的密封橡胶垫要及时更新，要把板片的密封槽清洗干净后涂胶黏剂，再把密封胶垫镶嵌
在密封槽内。

　　在实际工程中，使用蒸汽直接与冷水混合产生热水的方法也比较普遍，这种方法简单、

投资小、维修方便，但噪声大，冷凝水不能回收利用。常用的方法有多孔管放在水箱内，送入蒸汽，蒸汽从小孔中喷出与水混合，也可采用专用的汽水混合加热器，其构造如图 2-5-5 所示。在外壳内装有锥形管，管壁上布满小孔，冷水在流动中与蒸汽在锥形管内混合，适用于具有蒸汽热源的热水采暖系统与热水供应系统，同时随热负荷的改变，调整蒸汽阀门的开启度即可实现温度调节。按供、回水温差大小分为 25℃、40℃、60℃ 三种型号，按喷管喉口直径大小分为 6mm、8mm、10mm、12、14mm、16mm、18mm、

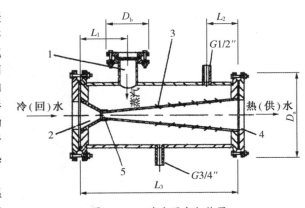

图 2-5-5　汽水混合加热器

1—蒸汽入口管；2—冷水入口；3—锥形多孔管；
4—热水出口；5—喷管喉口

20mm、25mm、30mm、35mm、40mm、50mm、60mm、70mm 共 15 个型号。供热水和采暖系统管道连接方式如图 2-5-6、图 2-5-7 所示。为防止供水温度过热，在蒸汽管道入口设置温度自动控制系统，如安装自力式温度调节阀。为防止供热系统的水倒灌入蒸汽系统中，在蒸汽管路上安装逆止阀。汽水混合加热器外形尺寸见表 2-5-2。

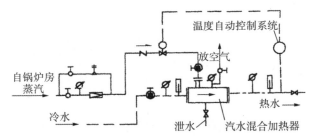

图 2-5-6　热水供应管道系统图

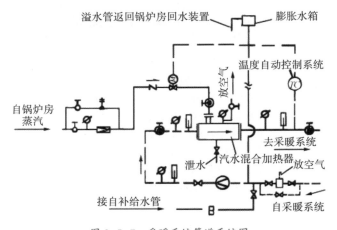

图 2-5-7　采暖系统管道系统图

表 2-5-2　汽水混合加热器外形尺寸　　　　　　　　　　单位：mm

型号	L_1	L_2	L_3	$D_管$	D_a	D_b	H	质量（kg）
6	100	70	260	45	215	145	184.0	33.4
8	117	82	320	57	245	160	196.5	46.3
10	149	104	420	76	280	180	209.5	64.7
12	184	124	525	89	335	195	239.5	100.1
14	184	124	525	89	335	195	239.5	100.1
16	221	136	630	108	405	215	266.5	158.8
18	221	136	630	108	405	215	266.5	158.9
20	273	168	785	133	460	245	292.5	223.5
25	273	168	785	133	460	245	292.5	223.8
30	308	198	895	159	520	280	318.5	296.9
35	308	198	895	159	520	280	318.5	297.2
40	425	240	1245	219	580	335	343.0	433.7
50	425	240	1245	219	580	335	343.0	434.6
60	507	282	1485	273	705	405	395.0	667.9
70	507	282	1485	273	705	405	395.0	668.9

注：国标图尺寸，开封柳园水暖器材厂制造。

二、散热器组对与安装

1. 散热器组对方法

散热器应选购合格产品，上下对口表面应在一个平面上，不得歪斜。对口中心距离准确，对丝与散热器内螺纹的松紧应适度，间隙不可过大。垫片不得使用橡胶垫或橡胶掺石棉的合成垫，必须使用橡胶石棉垫（又称为石棉橡胶垫，它是用橡胶石棉板冲制加工的垫片），其厚度为 1.0～1.5mm，不能用双垫。橡胶石棉板的牌号和规格见表 2-5-3。表中分高压、中压、低压三种牌号，常用中压板和低压板冲制的垫片。中压垫片在使用前应在机油里浸泡几分钟；低压板垫片应在机油里蘸一下捞出来控干。使用时将垫片放入已调和（用清油调和）稀稠适度的铅油桶里搅动，捞出来不流淌，或轻度流淌即可使用。

表 2-5-3　橡胶石棉板的牌号和规格

牌号	规格　（mm）			适用范围	
	厚度	宽度	长度	温度（℃）	压力（MPa）
XB450（紫色）	0.5、1、1.5、2、2.5、3	500 620 1260 260 1500	500 620 1200 1000 1260 1350 1500 4000	≤ 450	≤ 6
XB350（红色）	0.8、1、1.5、2、2.5、3 3.5、4、4.5、5、5.5、6			≤ 350	≤ 4
XB200（灰色）				≤ 200	≤ 1.5

组对时，应将散热器对口表面的锈污清除干净，将正扣朝向上方，对丝的正扣朝向下方码放好备用。把组对散热器的架子与地面固定牢固。把正扣朝向上方的散热器边片固定在架子上，再把正扣朝向下方的对丝拧入散热器内 1～2 扣，然后把涂有铅油的垫片套在对丝上。

把第二片（中片）的正扣朝向上方摆在对丝上用散热器钥匙把已拧入第一片的对丝逆时针旋转一扣再顺时针拧入第二片（两个对丝）同时轻轻旋转，待两个对丝均入扣时，再快速拧紧即可。

柱形散热器 14 片以内用 2 片带足（边）片，15 ～ 24 片用 3 片带足片。20 片（含）以上应加装 4 根附加拉条，拉条直径为 $\Phi 10mm$ 或 $\Phi 8mm$，散热器与螺母之间应加装铸铁骑码（由散热器厂家提供）。

需要安装冷风门时，应把与支管连接的异侧边片在组对前钻孔。当系统为热水时，应在边片最上方某一角处有专为冷风门钻孔用的加厚部位（其中心有凹进表面的小陷窝），以便钻孔。

如该系统为低压蒸汽采暖时，则在边片下部下偏 1/3 处亦应有凹进表面的小陷窝可供钻孔和攻丝。

钻孔所用钻头直径为 $\Phi 8.6mm$ 或 $\Phi 8.7mm$。

2. 散热器安装

散热器安装系指铸铁柱型带足散热器安装，其他散热器安装仅供参考。安装前要将已准备的灯叉弯（来回弯）装到散热器上，如图 2-5-8 所示。

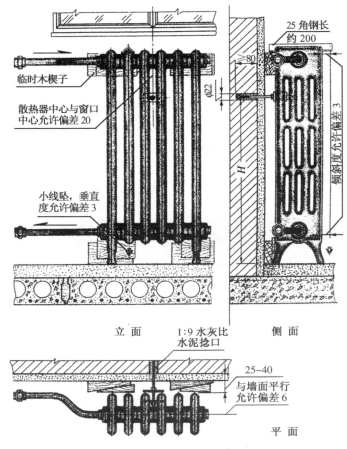

图 2-5-8　柱型散热器安装方法

注：813 散热器 $H=630mm$；760 散热器 $H=600mm$；660 散热器 $H=480mm$。

图 2-5-9 是铝合金 QYL 型、BTYL 型、EALJ 型、EALZ 型等铝合金散热器与墙挂装的正规做法。图 2-5-9（a）是混凝土墙不抹灰的做法，可以使用膨胀螺栓把散热器固定在墙上；图 2-5-9（b）是混凝土墙有抹灰装饰面的做法，因为膨胀螺栓不可能胀在墙体上（不应胀在抹灰面上），因此可用市售螺栓栽入混凝土墙体内大于 80mm；图 2-5-9（c）是普通砖墙，无论是否有装饰面均不可使用膨胀螺栓。膨胀螺栓栽入墙体内应大于 100～120mm。图 2-5-9（b）、图 2-5-9（c）的做法亦适用于柱型散热器上方的固定卡"螺杆"的栽入以及高频焊接钢制散热器。

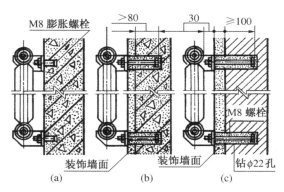

图 2-5-9　铝合金散热器安装

图 2-5-10 是铸铁柱型散热器安装，也适用于钢柱型散热器安装。

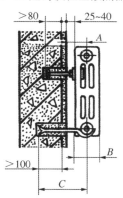

图 2-5-10　铸铁柱型散热器安装

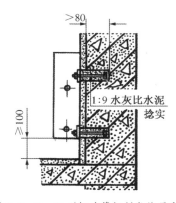

图 2-5-11　U 型翅片管钢制散热器安装

图 2-5-11 是 U 形翅片管钢制散热器安装，也适用于各种钢串片散热器、钢管铝翅片散热器。

图 2-5-11、图 2-5-12、图 2-5-13 用于板翼式铸铁散热器的固定。

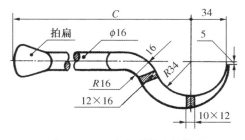

图 2-5-12　散热器钩子制作图

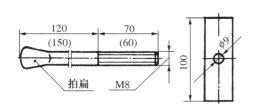

图 2-5-13　散热器卡子制作图

注：安装尺寸见表2-5-4

表2-5-4　铸铁柱型散热器安装尺寸　　　　　　　　单位：mm

散热器型号	A	B	C
TZ2—5（二柱）	106—15	132	2250
TZ4—3、4、6（四柱）	111.5—15	143	260
TZ4—9（四柱）	122—15	163	260
TXZ4（细四柱）	96.5—15	113	240
TXZ6（细六柱）	127—15	174	272
三柱型	100—15	120	240
M132型	106—15	132	250

图2-5-14为曲翼型铝合金散热器挂钩位置及数量，其技术规格见表2-5-5。

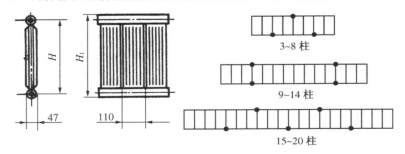

图2-5-14　曲翼型铝合金散热器挂钩位置及数量

表2-5-5　曲翼型铝合金散热器技术规格

项目	单位	QYL/400-1.0-Ⅰ	QYL/500-1.0-Ⅰ	QYL/600-1.0-Ⅰ	QYL/700-1.0-Ⅰ	QYL/800-1.0-Ⅰ
高度（H_1）	mm	447	547	647	747	847
进出口中心距离（H）	mm	400	500	600	700	800
标准散热量	W/柱	111	138	166	194	221
散热面积	m²/柱	0.25	0.33	0.40	0.47	0.53
工作压力	MPa	1.0				
试验压力	MPa	1.5				
长度（L）	mm	$L=110×$柱数$+30$				

图2-5-15为闭式梯型翼Ⅰ型铝合金散热器挂钩位置及数量，其技术规格见表2-5-6。

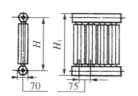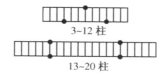

图 2-5-15　闭式梯型翼Ⅰ型铝合金散热器挂钩位置及数量

表2-5-6　闭式梯型翼Ⅰ型铝合金散热器技术规格

项目	单位	QYL/400-1.0-Ⅰ	QYL/500-1.0-Ⅰ	QYL/600-1.0-Ⅰ	QYL/700-1.0-Ⅰ	QYL/800-1.0-Ⅰ
高度（H_1）	mm	450	550	650	750	850
进出口中心距离（H）	mm	400	500	600	700	800
标准散热量	W/柱	102	127	152	178	203
散热面积	m²/柱	0.24	0.32	0.4	0.46	0.52
工作压力	MPa	1.0				
试验压力	MPa	1.5				
长度（L）	mm	$L=75×$柱数$+15$				

图 2-5-16 中板翼型铸铁散热器安装的托钩位置及数量，目前在无规定的情况下是本书推荐的位置和数量。

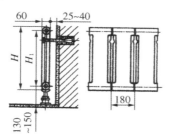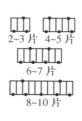

图 2-5-16　板翼型铸铁散热器安装

图 2-5-17 是在有保温层、空气隔层的墙上安装散热器托架（钩）的做法。图 2-5-17（a）和图 2-5-17（b）的保温层、空气隔层之总厚度用"h"表示。散热器的托钩（架）固定在用14 号槽钢改制的"过渡件"上。如用于铝合金散热器、翅片型散热器等托架或用于柱型散热器的固定卡等，在槽钢的腿上所需位置钻6.7 的孔，进行 M8 普通螺纹攻丝；如果是柱型散热器托钩，可钻16 孔将16 托钩插入孔内焊牢。

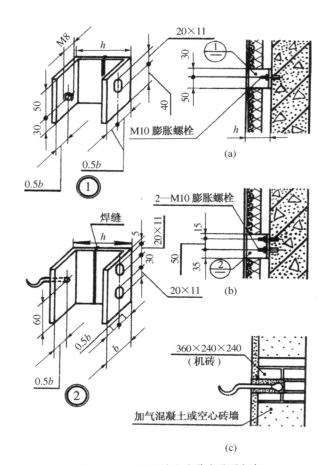

图 2-5-17 保温墙上安装散热器托架

图 2-5-17（c）是在加气混凝土或空心砖墙上安装散热器托钩的做法。在所需标高位置用机砖砌：长度 =360mm、高度 =240mm、厚度同墙厚度。托钩上、下均应有不少于一层整砖；托钩左、右方向净距均不小于 120mm。

注：板翼型铸铁散热器技术性能见表 2-5-7。

表 2-5-7　板翼型铸铁散热器技术性能

项目	单位	660 型		560 型	
进出口中心距离（H_1）	mm	600		500	
高度（H）	mm	660		560	
散热面积	m²/ 片	0.5		0.41	
标准散热量	W/ 片	277.35		225.44	
耐压强度	普通	工作压力（MPa）	0.5	试验压力（MPa）	0.75
	高压		0.8		1.2

由于楼层高度和地面抹灰厚度的偏差而影响立管甩口高度时，只能采取锯或垫散热器的足来解决。图 2-5-18 是垫的方法，图 2-5-18（a）因为是散热器与地面的间隙较小时采用青铅的做法；图 2-5-18（b）的做法是间隙较大时的做法。如果垫得再高些时，则应点焊在散热器足上。

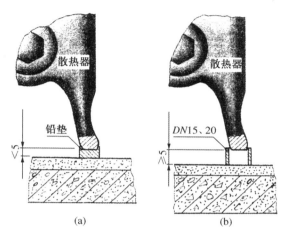

图 2-5-19　垫散热器足的做法

第六节　管道及设备的防腐和保温

一、管道及设备的防腐

1.防腐作业的准备工作

（1）一般应在系统试压合格后，再进行管道和设备的防腐。

（2）主要材料底漆、面漆及沥青等应有产品合格证或分析检验报告，并符合设计要求。

（3）现场进行防腐操作应有足够的场地，应在环境温度 5℃以上进行，否则应采取冬季施工措施。

（4）备齐防腐操作所需机具，如钢丝刷、除锈机、砂轮机、空压机、喷枪等。

2.防腐作业

（1）管道的清理和除锈

若管道和设备表面锈蚀，应采用人工、机械或化学方法去掉表面的氧化皮和污垢，直到露出金属本色，再用棉丝擦净。

（2）防腐层涂刷

① 人工涂刷。先将漆搅拌均匀，一般应添加 10%～20% 稀释剂。开始先试刷,检验其颜色、

稠度，合格后再开始涂刷，涂刷时应注意表面不得有流淌、堆积或漏刷等现象。

②机械喷涂。稀释剂的添加量略多于人工涂刷。喷涂时，漆流要与被涂面垂直，喷枪的移动要均匀平稳。

（3）涂料防腐一般要求

①明装管道及设备，刷一道防锈漆、两道面漆。保温及防结露管道与设备刷两道防锈漆。

②暗装管道，刷两道防锈漆，等第一道防锈漆干透后再刷第二道。

③直埋管道、镀锌钢管、钢管的直埋管道防腐应根据设计要求决定，如设计无规定，可按表2-6-1的规定选择防腐层。卷材与管材间应贴牢固，无空鼓、滑移、接口不严等缺陷。

表2-6-1　管道防腐层种类

防腐层层次	正常防腐层	加强防腐层	特加强防腐层
（从金属表面起）1	冷底子油	冷底子油	冷底子油
2	沥青涂层	沥青涂层	沥青涂层
3	外包保护层	加强包扎层（封闭层）	加强保护层
			（封闭层）
4		沥青涂层	沥青涂层
5		外包保护层	加强包扎层
			（封闭层）
6			沥青涂层
7			外包保护层
防腐层厚度不小于（mm）	3	6	9

二、管道及设备的保温

1. 概述

绝热包括保温和保冷，它是减少系统热量向外传递或外部热量传入系统而采取的一种工艺措施。其目的是减少热、冷量的损失，节约能源，提高系统运行的经济性。同时，对于热水或蒸汽设备和管道，保温后能改善劳动环境、避免烫伤，实现安全生产；对于低温管道和设备（如制冷系统），保冷后可避免结露或结霜，也可防止人的皮肤与之接触受冻。

保温和保冷是有区别的，保温结构一般情况下不设防潮层，而保冷结构的绝热层外要设防潮层。虽然保温与保冷有所区别，但往往不严格区分，统称为保温。

室内给排水管道一般只有防结露的要求。

保温材料应具有：导热系数小，密度在400kg/m³以下；有一定强度和耐温；对潮湿、水分有一定抵抗力；不含有腐蚀性物质、不易燃；造价低和便于施工等性质。

目前，保温材料的种类较多，比较常用的有岩棉、矿渣棉、玻璃棉、珍珠岩、硅藻土以及聚氨酯泡沫塑料、聚苯乙烯泡沫塑料、橡塑等。具体选材应根据设计确定，使用时要依据厂家产品说明书中的要求操作。

2.保温结构和施工方法

（1）一般规定

① 保温施工应在除锈、防腐和系统试压合格后进行，注意并保持管道和设备外表的清洁干燥。冬、雨季施工应有防冻、防雨措施。

② 保温结构层应符合设计要求。一般保温结构由绝热层、防潮层和保护层组成。有的要求外表面涂不同颜色和识别标志等。

③ 保温层的环缝和纵缝接头不得有空隙，其捆扎铁丝或箍带间距为 150 ～ 200mm，要扎牢。防潮层、保护层搭接宽度为 30 ～ 50mm。

④ 防潮层应严密，厚度均匀，无气孔、鼓泡和开裂等缺陷。

⑤ 石棉水泥保护层，应有镀锌铁丝网，抹面分两次进行，要求平整、圆滑、无显著裂缝。

⑥ 缠绕式保护层，重叠部分为带宽的 1/2。应裹紧、不得有皱褶、松脱和鼓包。起点和终点扎牢并密封。

⑦ 阀件或法兰处的保温结构应便于拆装，法兰一侧应留有螺栓的空隙。法兰两侧空隙可用散状保温材料填满，再用管壳或毡类材料绑扎好，最后再做保护层。

（2）管道保温施工方法

1）保温层施工。保温层的施工方法与使用的保温材料有关，常用的方法有以下几种。

① 涂抹式保温结构如图 2-6-1 所示。

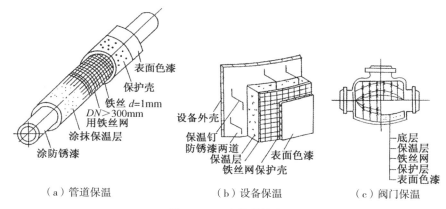

（a）管道保温　　　（b）设备保温　　　（c）阀门保温

图 2-6-1　涂抹式保温

主要材料：石棉硅藻土或碳酸镁石棉粉，加辅料石棉纤维。

配制与涂抹：先将选用的保温材料按比例称量，然后混合均匀，加水调成胶泥状，准备使用。当管径 ≤ 40mm 时，保温层厚度较薄，可一次抹好。管径 >40mm 时，可分层涂抹，每层涂抹厚度 10 ～ 15mm。等前一层干燥后再涂抹后一层，直到满足保温厚度为止。表面抹光，外面按要求再作保护层。

在立管保温时，自下往上进行，为防止保温层下坠，可分段在管道上焊上支承环，然后再涂抹保温材料。支承环可由 2 ～ 4 块扁钢组成。

涂抹式方法整体性好、无接缝、适用于任何形状。但它应在环境温度高于 0℃ 的条件下操作，施工周期长、效率低。

② 预制装配式保温结构如图 2-6-2 所示。

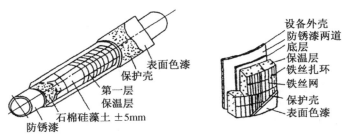

（a）管道保温　　　（b）设备保温

图 2-6-2　预制装配式保温

主要材料：泡沫混凝土、硅藻土、矿渣棉、岩棉、玻璃棉、石棉蛭石、可发性聚苯乙烯塑料等管壳形型材。

操作方法：先将保温材料预制成扇形块状，围抱管道圆周，块数取偶数，最多取 8 块，以便使槽的接缝错开。也可用泡沫塑料、矿渣棉和玻璃棉制成管壳形进行保温。

在预制块装配前，先用石棉硅藻土或碳酸镁石棉粉胶泥涂一层底层，厚度 5mm。如用矿渣棉或玻璃棉管壳保温，可不抹胶泥。

预制块铺装时，接缝相互错开，接缝用石棉硅藻土胶泥填实。用 $\phi 1 \sim 2mm$ 的镀锌铁丝捆扎，间距 ≤ 300mm，每块预制品至少绑扎 2 处，每处不少于 2 圈，禁止以螺旋式缠绕。

③ 缠包式保温结构如图 2-6-3 所示。

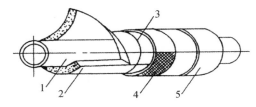

图 2-6-3　缠包式保温

1—管道；2—保温毡或布；3—镀锌铁丝；4—镀锌铁丝网；5—保护层

主要材料：沥青矿渣棉毡、岩棉保温毡和玻璃棉毡等制作成片状或带状。

操作方法：先按管径大小，将棉毡剪裁成适当宽度的条块，再把这种条块缠包在已做好防腐层的管子上。包缠时应将棉毡压紧，边缠、边压、边抽紧，使保温后的密度达到设计要求。如果一层棉毡的厚度达不到保温层厚度时，可用多层分别缠包，要注意两层接缝错开。每层纵横向接缝处用同样的保温材料填充，纵向接缝应放置在管顶上部。

当保温层外径小于 500mm 时，保温层外面用直径为 1.0 ～ 1.2mm 镀锌铁丝绑扎，间距为 150 ～ 200mm。每处绑扎的铁丝不少于两圈，禁止使用螺旋状缠绕。当保温层外径大于 500mm 时，除用镀锌铁丝绑扎外，还应用网孔为 30mm × 30mm 的镀锌铁丝网包扎。缠包的材料要平整，无皱、压缝均匀，始末端接头要处理牢固。

④ 填充式保温结构如图 2-6-4 所示。

主要材料：玻璃棉、矿渣棉和泡沫混凝土等，填充在管壁周围和设备外包的特制套子或铁丝网内。

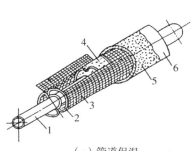
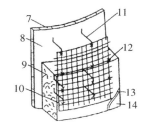

（a）管道保温　　　　　　　（b）设备保温

图 2-6-4　填充式保温

操作方法：施工时，先焊上支承环，然后套上铁丝网或特制套子，用铁丝与支承环扎牢。再用保温材料填充管子周围和设备外壳。这种方式在施工时，保温材料有较多粉末飞扬，影响施工环境卫生。

2）防潮层施工。目前作防潮层的材料有两种，一种是以沥青为主的防潮材料，另一种以聚乙烯薄膜作防潮材料。

以沥青为主体材料的防潮层施工时，首先剪裁下料，用油毡进行包裹法操作时，油毡剪裁的长度为保温层外周长加搭接宽度（一般为 30 ～ 50mm）。用玻璃丝布进行包缠法操作时，应将玻璃布剪成条带状，其宽度视管子保温层外径大小而定。开始包缠防潮层之前，先在保温层上涂刷一层 1.5 ～ 2.0mm 厚的沥青或沥青玛蹄脂，然后将油毡或玻璃丝布包缠在保温层上。纵向接缝应放在管子侧面，接头向下，接缝用沥青或玛蹄脂封口，外面再用镀锌铁丝捆扎，铁丝接头不得刺破防潮层。油毡或玻璃丝布包缠好以后，再刷一层沥青或玛蹄脂。

3）保护层施工。保护层常用的材料和形式有：单独用玻璃丝布缠包的保护层；石棉石膏或石棉水泥保护层；沥青油毡和玻璃丝布构成的保护层和金属薄板加工的保护层等。

① 单独用玻璃丝布包缠的保护层。单独用玻璃丝布缠包于保温层或防潮层外面，其操作和要求与防潮层做法相同，多用于室内不易碰撞的管道。对于没设防潮层而又处于潮湿环境中的管道，为防止保温材料受潮，可先在保温层上涂刷一层沥青或沥青玛蹄脂，再将玻璃丝布缠包在保温层上。

② 石棉石膏及石棉水泥保护层。首先按一定配比，将石棉石膏或石棉水泥加水调制成胶泥待用。如保温层外径小于 200mm，用胶泥直接涂抹在保温层或防潮层上；如外径不小于 200mm，先用镀锌铁丝网包裹加强后，再涂抹胶泥。当保温层或防潮层的外径小于或等于 500mm 时，保护层厚度为 10mm，否则厚度为 15mm。

涂抹保护层一般分 2 次进行。待第一层稍干后，再进行第二遍涂抹，其表面应光滑平整，不得有明显的裂纹。

③ 金属薄板保护壳。作为保护壳的金属板一般采用薄铝板、镀锌铁皮和黑铁皮，板厚根据保护层直径而定。

金属薄板保护壳预先根据使用对象和形状、连接方式用手工或机械加工成型，再到现场安装到保温层或防潮层表面上。

安装金属保护壳，应紧贴在保温层或防潮层上，纵横向接口缝连接有利于排水，纵向接缝放置在背视一侧，接缝常用自攻螺丝固定，其间距为 200mm 左右。安装有防潮层的金属保护壳时，为防止用自攻螺丝刺破防潮层，可改用镀锌铁皮包扎固定。

第七节 卫生器具的安装

一、卫生器具的分类及基本结构

1.卫生器具的分类

卫生器具是给、排水系统的重要组成部分，是供人们洗涤、清除日常生活和工作中所产生的污（废）水的装置，其分类如表2-7-1所示。

表2-7-1 常用卫生器具（设置）的分类

类别	对器具的要求	所用材料	举例
便溺用卫生器具	表面光滑、不透水，耐腐蚀、耐冷热，便于保持器具清洁卫生，经久耐用	陶瓷、钢板搪瓷、铸铁搪瓷、不锈钢、塑料等不透水、无气孔的材料	大便器、小便器
盥洗、沐浴用卫生器具			洗脸盆、浴盆、盥洗槽等
洗涤用卫生器具			洗涤盆、污水盆等
其他专用卫生器具			医疗用的倒便器、婴儿浴池
其他专用卫生辅助设置		不锈钢、塑料等不透水、无气孔的材料	浴室用扶手、不锈钢卫生纸架、不锈钢烟灰缸、双杆毛巾架、马桶盖、手压冲阀、小便斗散水器、小便斗红外线自动感应器等

2.对卫生器具的要求

根据国家有关卫生标准，对卫生器具的要求有：

（1）卫生器具外观应表面光滑、无凹凸不平、色调一致，边缘无棱角毛刺，端正无扭歪，无碰撞裂纹。

（2）卫生器具材质不含对人体有害物质，冲洗效果好、噪声低，便于安装维修。

（3）卫生器具的零配件的规格应符合标准，螺纹完整，锁母松紧适度，管件无裂纹。同时，对卫生器具在卫生间内的设置数量和最小距离也作一定的规定，如图2-7-1所示。如表2-7-2所示，是卫生间内卫生器具布置的最小间距。如图2-7-2所示，是卫生间内常见的一些卫生辅助设置。

住宅卫生辅助的安装教学，可参考操作实训三的任务一。

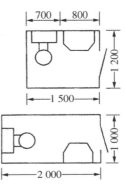

图2-7-1 两种卫生间的布置形式

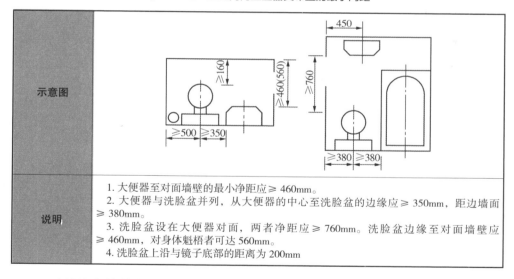

图 2-7-2　室内卫生辅助设置

表2-7-2　卫生间内卫生器具布置的最小间距

示意图	
说明	1. 大便器至对面墙壁的最小净距应 ≥ 460mm。 2. 大便器与洗脸盆并列，从大便器的中心至洗脸盆的边缘应 ≥ 350mm，距边墙面 ≥ 380mm。 3. 洗脸盆设在大便器对面，两者净距应 ≥ 760mm。洗脸盆边缘至对面墙壁应 ≥ 460mm，对身体魁梧者可达 560mm。 4. 洗脸盆上沿与镜子底部的距离为 200mm

3. 冲洗设备的基本结构

冲洗设备是提供足够的水压从而迫使水来冲洗污物，以保持室内便溺用卫生器具自身的洁净的设备。一套完善的冲洗设备应具备：有足够的冲洗水压，冲洗要干净、耗水量要少；在构造上能避免臭气侵入并且有防止回流污染给水管道的能力。它主要由冲洗水箱和冲洗阀两部分组成，如图 2-7-3 所示。

常见的冲洗设备有冲洗水箱（包括手动水力冲洗低水箱、提拉盘式手动虹吸冲洗低水箱、套筒式手动虹吸冲洗高水箱、皮膜式自动冲洗高水箱等）和冲洗阀，其基本结构如表 2-7-3 所示。

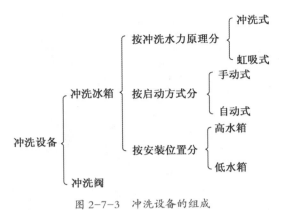

图 2-7-3　冲洗设备的组成

表2-7-3　冲洗设备的基本结构

冲洗设备名称		结构示意图	说　明
冲洗水箱	提拉盘式手动虹吸低水箱		这种设备由水箱、浮球阀、提拉筒、虹吸弯管和筒内带橡皮塞片的提拉盘等组成。其特点是人工控制形成虹吸；水箱出口无塞，避免了塞封漏水现象；冲洗强度大。 **工作原理**：使用时提起提拉盘，当提拉筒内水位上升到高出虹吸弯管顶部时，水进入虹吸弯管，造成水柱下流，形成虹吸，提拉盘上盖着橡皮塞片，在水流作用下向上翻起，水便通过提拉盘吸入虹吸管冲洗卫生设备。当箱内水位降至提拉筒下部孔时，空气进入提拉筒，虹吸被破坏，随即停止冲洗。此时提拉盘回落到原来位置，橡皮塞片重新盖住提拉盘上的孔眼，同时浮球阀开启进水，水通过提拉筒下部孔眼再次进入筒内，做下次冲洗准备
	套筒式手动虹吸高水箱		这种设备由水箱、浮球阀、提拉筒、虹吸弯管和筒内带橡皮塞片的提拉盘等组成。其特点是人工控制形成虹吸；水箱出口无塞，避免了塞封漏水现象；冲洗强度大。 **工作原理**：水箱由浮球阀进水，当充水达到设计水位时，套筒内外及箱内水面的压力均处于平衡状态。使用时将套筒向上提拉高出箱内水面，因套筒内空气的密度突然增大，压力骤然降低，水箱中的水便在压力的作用下进入套筒，并充满弯管形成虹吸进行冲洗。套筒下落以后虹吸继续进行，当箱内水位下降至套筒口以下时，空气进入套筒，虹吸被破坏，冲洗即停止，箱内水位又重新上升

续表

冲洗设备名称	结构示意图	说　明
皮膜式自动冲洗高水箱	小孔	这种设备由水箱、皮膜、冲洗管和阀门等组成。其特点是不需要人工控制，出水靠流入水箱中的水量自动作用，利用虹吸原理进行定时冲洗，其冲洗时间间隔由水箱的容积与水调节阀进行控制。 工作原理：随着箱中水位升高，从图上小孔进入虹管内的水位也上升。当水位达到虹吸顶点时，水开始溢流，产生虹吸，胆内压力降低，皮膜被吸起，水流冲过皮膜下面经阀口迅速进入冲洗管，冲洗卫生器具，直至箱中的水近于放空时，虹吸被破坏，皮膜回落到原来位置，紧压冲洗管的阀口，冲洗即停止，箱内水位又继续上升
手动水力冲洗低水箱		这种设备由水箱、橡皮球阀、导向杆、手动阀门、冲洗管和溢流管等组成。其特点是具有足够一次冲洗用的储备水容量，可以调节室内给水管网同时供水的负担，使水箱进入管径大为减小；冲洗水箱起到空气隔断作用，可以防止因水回流而污染给水管道。 工作原理：使用时扳动扳手，橡皮球并沿导向杆提起，箱内的水立即由阀口进入冲洗管冲洗卫生设备。当箱内的水快放空时，借水流对橡皮球阀的抽吸力和导向装置的作用，橡皮球阀回落在阀口上，关闭水流，停止冲洗
冲洗阀		这种设备由水箱、冲洗阀、手柄、直角截止阀、大便器卡和弯管等组成。它是一种直接安装在大便器冲洗管上的冲洗设备。其特点是体积小，坚固耐用，外表洁净、美观，安装简单，使用方便，可代替高、低冲洗水箱。 工作原理：使用时，只要用手向下按一下手柄，水流就会自动地流出冲洗卫生设备。当放开按下的手柄，就会自动关闭水流，停止冲洗

二、卫生器具安装要求

1. 排水、给水头子处理

（1）对于安装好的毛坯排水头子，必须做好保护，如地漏、大便器排水管等都要封闭好，防止地坪上水泥浆流入管内，造成堵塞或通水不畅。

（2）给水管头子的预留要了解给水龙头的规格，冷热水管子中心距与卫生器具的冷热水孔中心距是否一致。暗装时还要注意管子的埋入深度，使将来阀门或水龙头装上去时，阀件上的法兰装饰罩与粉刷面平齐。

（3）对于一般暗装的管道，预留的给水头子在粉刷时会被遮盖而找不到，因此水压试验时，可采用用管子做的塞头，长度在 100mm 左右，粉刷后这些头子都露在外面，便于镶接。

2. 卫生器具本体安装

（1）卫生器具安装必须牢固，平稳、不歪斜，垂直度偏差不大于 3mm。

（2）卫生器具安装位置的坐标、标高应正确，单独器具允许误差 10mm，成排器具允许误差 5mm。

（3）卫生器具应完好洁净，不污损，能满足使用要求。

（4）卫生器具托架应平稳牢固，与设备紧贴且油漆良好。用木螺丝固定的，木砖应经沥青防腐处理。

3. 排水口连接

（1）卫生器具排水口与排水管道的连接处应密封良好，不发生渗漏现象。

（2）有下水栓的卫生器具，下水栓与器具底面的连接应平整且略低于底面，地漏应安装在地面的最低处，且低于地面 5mm。

（3）卫生器具排水口与暗装管道的连接应良好，不影响装饰美观。

4. 给水配件连接

（1）给水镀铬配件必须良好、美观，连接口严密，无渗漏现象。

（2）阀件、水嘴开关灵活，水箱铜件动作正确、灵活，不漏水。

（3）给水连接铜管尽可能做到不弯曲，必须弯曲时弯头应光滑、美观、不扁。

（4）暗装配管连接完成后，建筑饰面应完好，给水配件的装饰法兰罩与墙面的配合应良好。

5. 总体使用功能及防污染

（1）使用时给水情况应正常，排水应通畅。如排水不畅应检查原因，可能是排水管局部堵塞，也可能器具本身排水口堵塞。

（2）小便器和大便器应设冲洗水箱或自闭式冲水阀，不得用装设普通阀门的生活饮用水管直接冲洗。

（3）成组小便器或大便器宜设置自动冲洗箱定时冲洗。

（4）给水配件出水口，不得被卫生器具的液面淹没，以免管道出现负压时，给水管内吸入脏水。给水配件出水口高出用水设备溢流水位的最小空气间隙，不得小于出水管管径的 2.5 倍，否则应设防污隔断或采取其他有效的隔断措施。

三、洗脸盆安装

1. 配件安装

洗脸盆（以下简称"脸盆"）安装前应将合格的脸盆水嘴、排水栓装好，试水合格后方可安装。合格的脸盆塑料存水弯的排水栓一般是 $DN32$ 螺纹，存水弯是 $\Phi32 \times 2.5$ 硬聚氯乙烯 S 形或 P 形存水弯，中间有活接头。不要使用劣质产品。

2. 脸盆安装（一）

如图 2-7-4 所示，冷热水立管在脸盆的左侧，冷水支管距地平应为 380mm。冷热水支管的间距为70mm。上述高度可影响脸盆存水弯距净墙面的尺寸，见图2-7-4中的侧面图"b"值。与八字水门连接的弯头应使用内外丝弯头。

图2-7-4所示的存水弯为钢镀铬存水弯，与排水管连接时，应缠两圈油麻再用油灰密封。

脸盆架应安装牢固，嵌入结构墙内不应小于110mm，其制作可用DN15镀锌管（参考图2-7-4部分做法）。在砖墙上安脸盆架时，应剔60mm×60mm方孔；在混凝土墙上安脸盆架时，可用电锤打Φ28mm孔，用水冲洗干净，用砂浆或素水泥浆稳固。

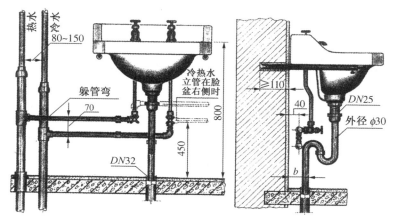

图 2-7-4　脸盆安装（一）

注：b=80mm，如冷热水立管在脸盆右侧时，b=50mm。

3. 脸盆安装（二）

如图2-7-5所示，冷热水支管为暗装。因此，铜管无须搣灯叉弯，存水弯可抻直与墙面垂直安装。其余同图2-7-4所示。

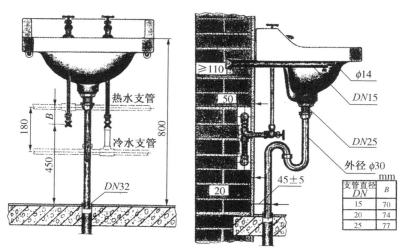

图 2-7-5　脸盆安装（二）

4. 脸盆安装（三）

如图 2-7-6 所示，是多个脸盆并排安装的公用脸盆。为了便于连接，排水横管的坡度不宜过大。距地面高度应以最右侧的脸盆为基准，用带有溢水孔的 DN32 普通排水栓及活接头和六角外丝与 DN50×32 三通连接，DN50 横管与该三通连接应套偏螺纹找坡度。由最右向左第二个脸盆，活接头下方不用六角外丝，要套短管，其下端套偏螺纹与 DN50×32 三通连接，其余依此类推。

冷水支管躲绕热水支管时要冷撮勺形躲管弯。水嘴系采用普通水嘴，如采用直角脸盆水嘴时，在其下端应装 DN15 活接头。

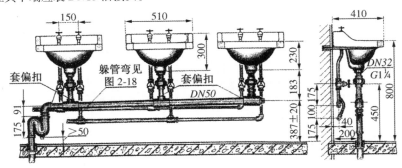

图 2-7-6 脸盆安装（三）

注：本图是根据 510mm 洗脸盆和普通水龙头绘制的，当脸盆规格有变化时，其有关尺寸亦应相应变化。

5. 脸盆安装（四）

如图 2-7-7 所示是台式脸盆安装。冷热水支管为暗装（冷水防结露，热水保温由设计确定），存水弯为直（S）形，亦可用八字（P）形，其余如图 2-7-6 所示。存水弯与塑料排水连接做法见接点详图。图中异径接头由塑料管件生产厂家提供，密封胶亦可用油灰取代。

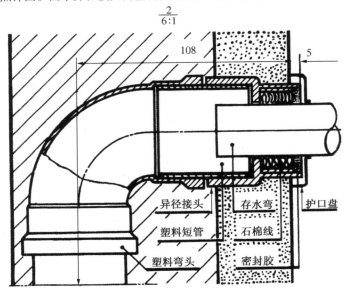

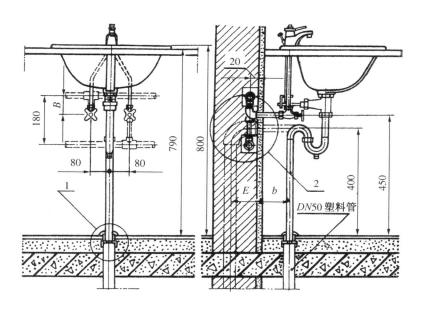

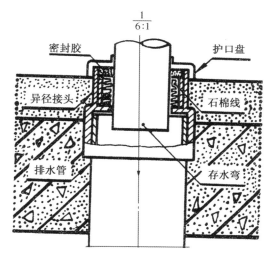

图 2-7-7 脸盆安装（四）

6. 对窄小脸盆的稳固

窄小脸盆是指 12 号、13 号、14 号、21 号、22 号脸盆。上述脸盆无须安装脸盆支架，在其上方的圆孔内用 M6 镀锌螺栓固定在墙上即可，如图 2-7-8 所示。

为了防止脸盆上下颤动，在脸盆下方与墙面之间可用带有斜度的木垫将脸盆与墙面垫实，用环氧树脂把木垫粘贴在脸盆和墙面上，以增加脸盆安装刚度，如图 2-7-8 所示。

由于脸盆型号各异，木垫的几何尺寸亦不尽相同，制作时应按实际测得的数据制作，如图 2-7-9 所示。

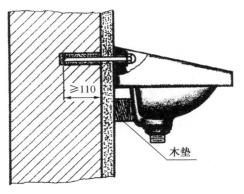

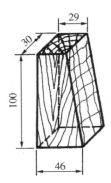

图 2-7-8 脸盆安装（四）（续）　　　　　图 2-7-9 窄小脸盆固定方法

7. 脸盆位置的确定

脸盆位置在安装排水托吊管时已经按设计要求位置做出地面，但安装时可能有些偏差，安装冷热水支管时，应以排水甩口为依据。安装脸盆时可以冷热水甩口为依据，否则脸盆与八字水门的铜管就要歪斜。

8. 在薄隔墙上安装脸盆架

薄隔墙是指墙厚度小于、等于 80mm（未含抹面）的混凝土或非混凝土隔墙。图 2-7-10 为轻质空心隔墙且不抹灰亦不贴面砖。如果抹灰或贴瓷砖，图中的扁钢可放在墙的外表面（扁钢为 40mm×4mm 镀锌扁钢）。在薄隔墙上安装脸盆架的制作见图 2-7-11。图中点焊螺母时，应将 M8 螺母对准已钻 6.8mm 孔，点焊后用 M8 丝锥将螺母的螺纹过一次连同管壁攻丝。

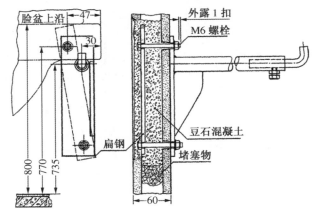

图 2-7-10 在薄隔墙上安装脸盆架

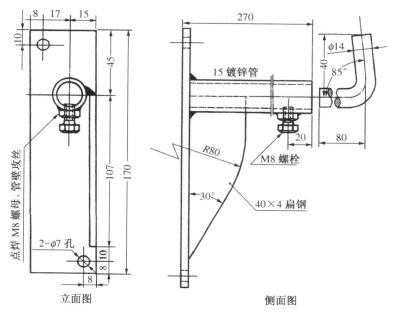

图 2-7-11 脸盆架制作图

四、洗涤槽的安装

洗涤池、洗涤槽,双、三联化验水盆,光控水龙头洗涤槽安装方法见图2-7-12～图2-7-16。

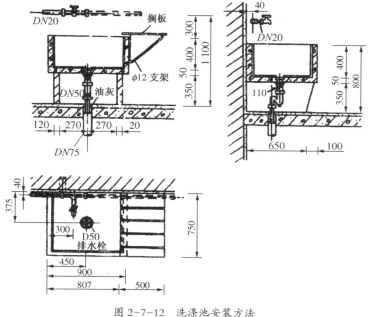

图 2-7-12 洗涤池安装方法

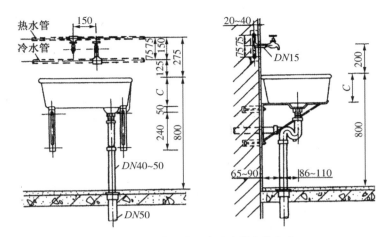

图 2-7-13　冷、热混合洗涤槽安装方法

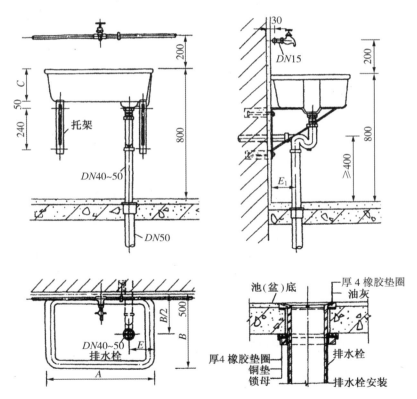

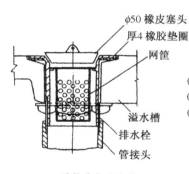

φ50 橡皮塞头
厚4 橡胶垫圈
网筐
溢水槽
排水栓
管接头

脏物收集器安装

说　明

(1) 冷水管可明装或暗装,由设计决定。
(2) 冷水管的管径依据使用要求决定。
(3) 图中未定尺寸根据选定的洗涤槽确定。

图 2-7-14　单冷洗涤槽安装方法

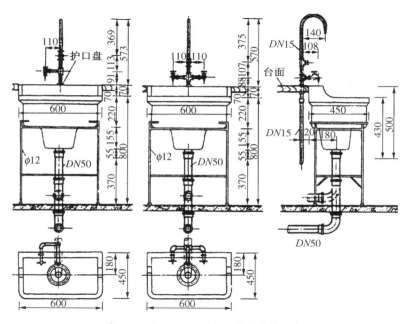

图 2-7-15　双、三联化验水盆安装方法

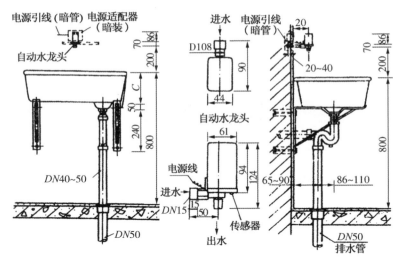

图 2-7-16　光控水龙头洗涤槽安装方法

五、大便器的安装

大便器安装施工流程：定位画线→存水弯安装→大便器安装→高（低）水箱安装。

1. 安装施工要求

（1）高水箱蹲式便器安装

1）安装前应检查大便器有无裂纹或缺陷，清除连接大便器承口周围的杂物，检查有无堵塞。

2）安装一步台阶"P"形存水弯，应在卫生间地面防水前进行。先在便器下铺水泥焦渣层，周围铺白灰膏，把存水弯进口中心线对准便器排水口中心线，将弯管的出口插入预留的排水支管甩口。用水平尺对便器找平找正，调整平稳，便器两侧砌砖抹光。

3）安装二步台阶"S"形存水弯，应采用水泥砂浆稳固存水弯管底，其底座标高应控制在室内地面的同一高度，存水弯的排水口应插入排水支管甩口内，用油麻和腻子将接口处抹严抹平。

4）冲洗管与便器出水口用橡胶碗连接，用 14 号铜丝错开 90° 拧紧，绑扎不少于两道。橡皮碗周围应填细砂，便于更换橡皮碗及吸收少量渗水。在采用花岗岩或通体砖地面面层时，应在橡皮碗处留一小块活动板，便于取下维修。

5）将水箱的冲洗洁具组装后并作满水试验，在安装墙面画线定位，将水箱挂装稳固。若采用木螺钉，应预埋防腐木砖，并凹进墙面 10mm。固定水箱还可采用 $\Phi6mm$ 以上的膨胀螺栓，蹲式大便器（"P"形存水弯）安装如图 2-7-17 所示。

（2）低水箱坐式便器安装

1）坐便器底座与地面面层固定可分为螺栓固定和无螺栓固定两种方法。

① 坐便器采用螺栓固定，应在坐便器底座两侧螺栓孔的安装位置上画线、剔洞、栽螺栓或嵌木砖、螺栓孔灌浆，进行坐便器试安，将坐便器排出管口和排水甩头对准，找正找平，并抹匀油灰。使坐便器落座平稳。

② 坐便器采用无螺栓固定，即坐便器可直接稳固在地面上。便器定位后可进行试安装，将排水短管抹匀胶黏剂插入排出管甩头。同时在坐便器的底盘抹油灰，排出管口缠绕麻丝、

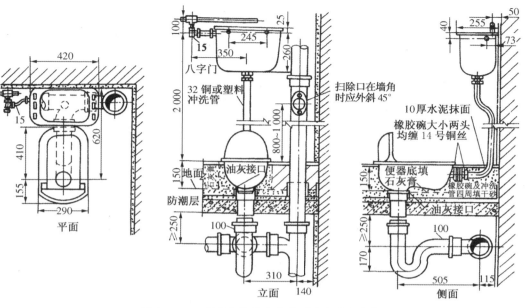

图 2-7-17 蹲式大便器（"P"形存水弯）安装

抹实油灰。使坐便器直接稳固在地面上，压实后擦去挤出油灰，用玻璃胶封闭底盘四周。

2）根据水箱的类型，将水箱配件进行组合安装，安装方法同前。水箱进水管采用镀锌管或铜管，给水管安装应朝向正确，接口严密。

3）在卫生间装饰工程结束时，最后安装坐便器盖。坐式大便器安装图如图 2-7-18、图 2-7-19 所示。

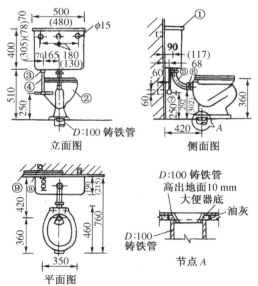

图 2-7-18 分水箱坐便器安装图（S式安装）

1—低水箱；2—坐式大便器；3—浮球阀配件 DN5；4—水箱进水管；
5—冲洗管及配件 DN50；6—锁紧螺栓；7—角式截止阀 DN5；8—三通；9—给水管

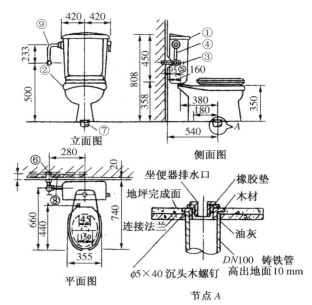

图 2-7-19 带水箱坐式大便器安装图

1—低水箱；2—坐式大便器；3—浮球阀配件 DN5；4—水箱进水管；
5—冲洗管及配件 DN50；6—锁紧螺栓；7—角式截止阀 DN5；8—三通；9—给水管

2. 常见质量缺陷及预防措施

（1）高水箱蹲式大便器

1）大便器存水弯接口渗漏，橡皮碗接头漏水。

预防措施：安装时应使大便器排出口中心正对存水弯中心，承口内油灰腻子应饱满，大便器排出口压入存水弯承口后，应牢固稳靠大便器，严禁出现松动或位移，否则应取下大便器重新添加油灰腻子压入承口并抹实刮平。

2）水箱不下水或溢水。

预防措施：

① 浮球阀定位过低，造成水箱内水量不足，因此，当水箱不下水时，应重新调整浮球阀定位。② 浮球阀定位过高，引起水箱溢水，所以应重新定位浮球阀。

（2）低水箱坐便器

1）坐便器与低水箱中心不一致造成冲洗管歪扭。

预防措施：

① 水箱的预埋木砖（或螺栓）应根据已校对好位置的坐便器排水管甩头中心线和水箱上的固定孔确定位置。② 固定坐便器和低水箱时，要严格按事先画出的统一中心线调准位置。

2）位于楼板里甩头排水管裂开漏水。

预防措施：坐便器排出口接短管时，应在光线充足的环境下检查排水甩头的外观质量，如有损伤或裂纹，应及时更换甩头排水管后再进行大便器安装。

3. 安全操作规程

（1）搬运卫生器具时应轻抬慢放，防止器具损坏和不慎伤人。

（2）器具安装前应对预埋木砖及预埋螺栓进行严格检查，防止因木砖松动造成器具坠落而发生伤人事故。

（3）使用施工外用电梯作器具垂直运输时，必须遵守安全操作规程。楼内水平运输器具时，不得碰坏器具、门窗及墙面。

六、小便器的安装

1. 平面式小便器安装

平面式（亦称斗式）小便器安装高度为 600mm，幼儿园为 450mm。挂小便器的螺栓除如图 2-7-20 所示外，排水管为 DN40 钢管或镀锌钢管做至地面，与排水托吊管连接时，在承口内翻边，其余详见图 2-7-21。存水弯也可以用八字存水弯。

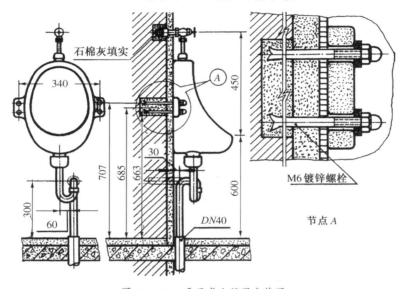

图 2-7-20　平面式小便器安装图

2. 立式小便器安装

接至小便器的排水管：如果采用丝扣存水弯，存水弯至小便器的管段应使用 DN50 镀锌钢管，一端套丝装在存水弯上，另一端与铸铁排水套袖（管箍）连接，做至地面以下 20～25mm，防水层做至承口内，如图 2-7-21 所示。如果必须将排水管做至地面时，应使面 DN80×50 异径套袖连接，八字水门的连接同平面式小便器。

3. 壁挂式小便器安装

如图 2-7-22 所示的尺寸是某品牌产品，如用其他品牌产品，应按厂家说明书安装。图 2-7-23（a）是用钢管与小便器连接的做法，土建做装饰墙面时，水暖工应配合安装铜法兰和安装与铜法兰连接的钢管。否则一旦做完装饰墙面便无法安装铜法兰和与其连接的钢管。图中的 E 值不应超墙面 5mm。图 2-7-23（b）中的塑料管应在土建做装饰墙面之前接出墙面，待安装小便器时，将多余部分锯掉。

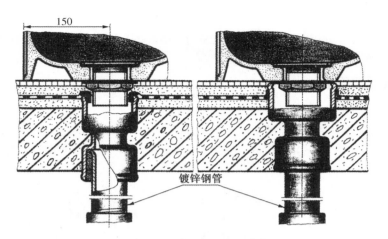

图 2-7-21　与 DN50 套袖连接

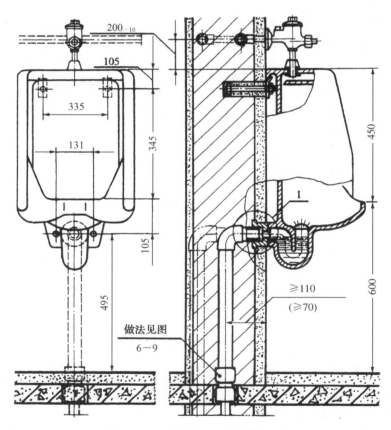

图 2-7-22　壁挂式小便器安装（一）

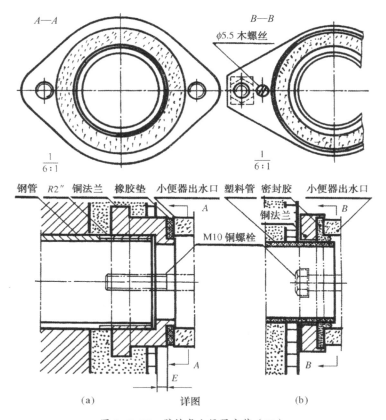

图 2-7-23　壁挂式小便器安装（二）

注：为塑料管与小便器连接距墙尺寸。

七、便器水箱、排水阀系统的安装

便器水箱、排水阀系统结构及安装见图 2-7-24、图 2-7-25。

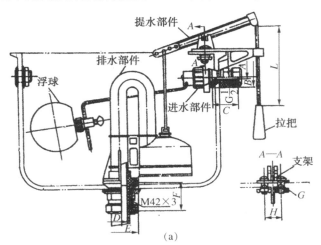

（a）

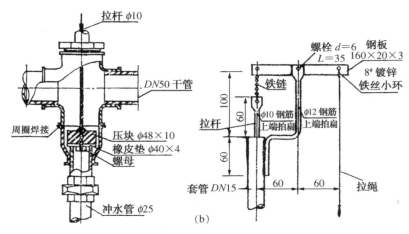

图 2-7-24　便器冲水阀安装

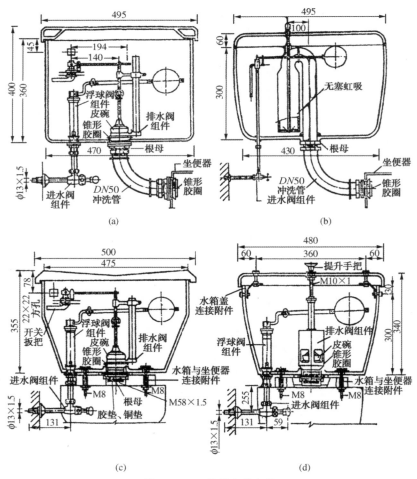

图 2-7-25　便器水箱安装

八、浴盆及淋浴器的安装

浴盆分为洁身用浴盆和按摩用浴盆两种，淋浴器分为镀铬淋浴器、钢管组成淋浴器、节水型淋浴器等。浴盆安装施工流程：画线定位→砌筑支墩→浴盆安装→砌挡墙。

1. 安装施工要求

（1）浴盆安装

① 浴盆排水包括溢水管和排水管，溢水口与三通的连接处应加橡胶垫圈，并用锁母锁紧。排水管端部经石棉绳抹油灰与排水短管连接。

② 给水管明装、暗装均可，采用暗装时，给水配件的连接短管应先套上压盖，与墙内给水管螺纹连接，用油灰压紧压盖，使之与墙面结合严密。

③ 应根据浴盆中心线及标高，严格控制浴盆支座的位置与标高。浴盆安装时应使盆底有2%的坡度坡向浴盆的排水口，在封堵浴盆立面的装饰板或砌体时，应靠近暗装管道附近设置检修门，并做不低于2cm的止水带。

④ 裙板浴盆安装时，若侧板无检修孔，应在端部或楼板孔洞设检查孔；无裙板浴盆安装时，浴盆应距地面0.48m。

⑤ 淋浴喷头与混合器的锁母连接时，应加橡胶垫圈。固定式喷头立管应设固定管卡；活动喷头应设喷头架；用螺栓或木螺钉固定在安装墙面上。

⑥ 冷、热水管平行安装，热水管应安装在面向的左侧，冷水管应安装在右侧。冷、热水管间距150mm。

（2）淋浴器安装

淋浴器喷管与成套产品采用锁母连接，并加垫橡胶圈；与现场组装弯管连接一般为焊接。淋浴器喷头距地面不低于2.1m。

浴盆安装图如图2-7-26所示。

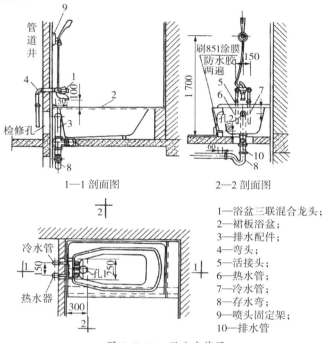

1—1 剖面图　　2—2 剖面图

1—浴盆三联混合龙头；
2—裙板浴盆；
3—排水配件；
4—弯头；
5—活接头；
6—热水管；
7—冷水管；
8—存水弯；
9—喷头固定架；
10—排水管

图 2-7-26　浴盆安装图

2. 常见质量缺陷及预防措施

（1）浴盆排水栓、排水管及溢水管接头漏水。

预防措施：在浴盆挡墙砌筑前，应认真做通水试验。若浴盆排水管为自带塑料排水管，砌支撑时应防止磨损塑料管。

（2）浴盆排水管与室内排水管对接不正，造成漏水和溢水。预防措施：

① 卫生间浴盆配管及给排水甩头位置，必须在浴盆到场后最后确定。

② 卫生间配管及卫生器具安装前，必须做样板卫生间，以形象示范安装质量标准，并校核各管道甩头位置的正确性。

③ 安全操作规程：搬运、安装浴盆时应有人指挥，轻搬轻放，绳索安全可靠，避免碰坏器具和室内装饰层。

第三章 电工岗位操作规范

第一节 导线及电缆操作规范

一、导线和电缆的选择

1. 导体材料的选择

电线、电缆一般采用铝线芯。濒临海边及有严重盐雾地区的架空线路可采用防腐型钢芯铝绞线。下列场合宜采用铜芯电线及电缆。

（1）重要的操作回路及二次回路；

（2）移动设备的线路及剧烈振动场合的线路；

（3）对铝有严重腐蚀而对铜腐蚀轻微的场合；

（4）爆炸危险场所有特殊要求者。

2. 绝缘及护套的选择

（1）塑料绝缘电线绝缘性能良好，制造工艺简便，价格较低，无论明敷或穿管都可取代橡皮绝缘线，从而节约大量橡胶和棉纱。缺点是塑料对气候适应性能较差，低温时变硬变脆，高温或日光照射下增塑剂容易挥发而使绝缘老化加快，因此，塑料绝缘电线不宜在室外敷设。

（2）橡皮绝缘电线。根据玻璃丝或棉纱原料的货源情况配置编织层材料，型号不再区分而统一用 BX 及 BLX 表示。

（3）氯丁橡皮绝缘电线。35mm^2 以下的普通橡皮线已逐渐被氯丁橡皮绝缘电线取代。它的特点是耐油性能好，不易霉，不延燃，适应气候性能好，光老化过程缓慢，老化时间约为普通橡皮绝缘电线的两倍，因此适宜在室外敷设。由于绝缘层机械强度比普通橡皮绝缘电线稍弱，因此，外径虽较小而穿线管仍与普通橡皮绝缘电线的相同。

（4）油浸纸绝缘电力电缆耐热能力强，允许运行温度较高，介质损耗低，耐电压强度高，使用寿命长，但绝缘材料弯曲性能较差，不能在低温时敷设，否则容易损伤绝缘。由于绝缘层内油的淌流，电缆两端水平高差不宜过大。

油浸纸绝缘电力电缆有铅、铝两种护套。铅护套质软，韧性好，不影响电缆的弯曲性能，化学性能稳定，熔点低，便于加工制造。但它价贵质重，并且膨胀系数小于浸渍纸，线芯发热时电缆内部产生的应力可能使铅包变形。

铝包护套重量轻，成本低，但加工困难。

（5）聚氯丁烯绝缘及护套电力电缆。有 1kV 及 6kV 两级，制造工艺简便，没有敷设高差限制。可以在很大范围内代替油浸纸绝缘电缆、滴干绝缘和不滴流浸渍纸绝缘电缆。主要优点是重量轻，弯曲性能好，接头制作简便，耐油、耐酸碱腐蚀，不延燃，具有铠装结构，使钢带或钢丝免腐蚀，价格便宜。

缺点是绝缘电阻较油浸纸绝缘电缆低，介质损耗大，特点是 6kV 级的介质损耗比油浸绝缘电缆大好多倍，耐腐蚀性能尚不完善，在含有三氯乙烯、三氯甲烷、四氯化碳、二硫化碳、醋酸酐、冰醋酸的场合不宜采用，在含有苯、苯胺、丙酮、吡啶的场所也不适用。

（6）橡皮绝缘电力电缆弯曲性能较好，能够在严寒气候下敷设，特别适用于水平高差大和垂直敷设的场合。它不仅适用于固定敷设的线路，也可用于定期移动的固定敷设线路。橡皮绝缘橡皮护套软电缆（简称橡套软电缆）还可用于连接移动式电气设备。但橡胶耐热性能差，允许运行温度较低，普通橡胶遇到油类及其他合物时很快便被损坏。

（7）交联聚乙烯绝缘聚氯乙烯护套电力电缆，有 6kV、10kV、35kV 三种等级；性能优良，结构简单，制造方便，外径小，重量轻，载流量大，敷设水平高差不受限制。但它有延燃的缺点，并且价格也较高。

3. 外护层及铠装选择

外护层及铠装的选择详见表 3-1-1。在大型建筑物、构筑物附近，土壤可能发生位移的地段直接埋地敷设电缆时，应选用能承受机械外力的钢丝铠装电缆，或采取预留长度、用板桩或排桩加固土壤等措施，以减少或消除因土壤位移而作用在电缆上的应力。

表 3-1-1　各种电缆外护层及铠装的适用敷设场合

护套或外护层	铠装	代号	敷设方式							环境条件					备注
			室内	电缆沟	隧道	管道	竖井	埋地	水下	易燃	移动	多砾石	一般腐蚀	严重腐蚀	
裸铝护套（铝包）	无	L	√	√	√					√					
裸铅护套（铝包）	无	Q	√	√	√	√				√					
一般橡套	无		√	√	√						√		√		
不延燃橡套	无	F	√	√	√					√	√		√		耐油
聚氯乙烯护套	无	V	√	√	√			√		√			√	√	
聚乙烯护套	无	Y	√	√	√			√			√		√	√	
普通外护层（仅用于铅护套）	裸钢带	20	√	√	√					√					
	钢带	2	√		○			√							
	裸细钢丝	30					√			√					
	细钢丝	3			○	√	√			○		√			
	裸粗钢丝	50					√			√					
	粗钢丝	5			○	√	√					√			

续表

护套或外护层	铠装	代号	敷设方式							环境条件					备注
			室内	电缆沟	隧道	管道	竖井	埋地	水下	易燃	移动	多砾石	一般腐蚀	严重腐蚀	
一级防腐外护层	裸钢带	120	√	√	√					√			√		
	钢带	12	√	√	○			√		○		√	√		
	裸细钢丝	130					√			√			√		
	细钢丝	13					○	√	√	○		√	√		
	裸粗钢丝	150					√			√			√		
	粗钢丝	15					○			√			√		
二级防腐外护套	钢带	22						√		√				√	
	细钢丝	23						√		√				√	
	粗钢丝	25					○	√		○				√	
内铠装塑料外护层（全塑电缆）	钢带	29	√	√	√										
	细钢丝	39					√			√				√	
	粗钢丝	59					√	√	√	√				√	

注：（1）"√"表示适用；"○"表示外被层为玻璃纤维时适用，无标记者不推荐采用。
　　（2）裸金属护套一级防腐外护层由沥青复合物加聚氯乙烯护套组成。
　　（3）铠装一级防腐外护层由衬垫层、铠装层和外被层组成。衬垫层由两个沥青复合物、聚氯乙烯带和浸渍皱纸带的防水组合层组成。外被层由沥青复合物、浸渍电缆麻（可浸渍玻璃纤维）和防止黏合的涂料组成。
　　（4）裸铠装一级防腐外护层的衬垫层与铠装一级外护层的衬垫层相同，但没有外被层。
　　（5）铠装二级防腐外护层的衬垫层与铠装一级外护层的衬垫层相同，钢带及细钢丝铠装的外被层由沥青复合物和聚氯乙烯护套组成。粗钢线铠装的镀锌钢丝外面挤包一层聚氯乙烯护套或其他同等效能的防腐涂层，以保护钢丝免受外界腐蚀。
　　（6）如需要用湿热带地区的防霉特种护层可在型号规格后加代号"TH"。
　　（7）单芯钢带铠装电缆不适用于交流线路。

4. 导线和电缆截面的选择与计算

为了保证供电系统安全、可靠、经济、合理地运行，选择导线和电缆截面时，必须满足下列条件。

发热条件：导线和电缆在通过正常最大负荷电流（即计算电流）时产生的发热温度，不应该超过其正常运行时的最高允许温度。

经济电流密度：高压配电线和大电流的低压配电线路，应按规定的经济电流密度选择线和电缆的截面，使电能损失较小，节省有色金属。

电压损失：导线和电缆在通过正常最大负荷电流时产生的电压损失，不应超过正常运行时允许的电压损失。

机械强度：导线的截面不应小于其最小允许截面，以满足机械强度的要求。

在选择导线和电缆时，还应满足工作电压的要求。

对于高压配电线，一般先按经济电流密度选择截面，然后验算其发热条件和允许电压损失。对于高压电缆线路，还应进行热稳定校验。对于低压配电线，往往先按发热条件选取截面，然后再验算允许的电压损失和经济电流密度。

（1）按发热条件选择导线和电缆截面。导线有电流通过就要发热，产生的热量一部分散发到周围的空气中，另一部分使导线温度升高。导线允许通过的最大电流（也称为允许载流量或允许持续电流），通常由实验方法确定。把实验所得数据列成表格，在设计时利用这些表格来选择导线截面，就是按发热条件选择导线和电缆截面。

按发热条件选择导线和电缆截面时，应满足下式

$$I_{yx} \geq I_{js}$$

式中：I_{js} 为导线和电缆的计算电流；I_{yx} 为导线和电缆的允许载流量。

必须注意，导线和电缆的允许载流量与环境温度有关。导线和电缆的允许载流量所对应的空气周围环境温度为 25℃，如不是 25℃，则其允许载流量应予校正。

（2）按经济电流密度选择导线和电缆的截面。按经济观点来选择截面，需从降低电能损耗、减少投资和节约有色金属两方面来衡量。从降低电能损耗来看，导线截面越大越好；从减少投资和节约有色金属出发，导线截面越小越好。线路投资和电能损耗都影响年运行费。综合考虑各方面的因素而确定的符合总经济利益的导线截面积，称为经济截面。对应于经济截面的电流密度，称为经济电流密度。我国目前采用的经济电流密度见表 3-1-2。

经济截面 S_{ji} 可由下式求得

$$S_{ji} = \frac{I_{js}}{J_{ji}}$$

式中：I_{js} 为导线和电缆的计算电流；J_{ji} 为经济电流密度。

表 3-1-2　我国规定的导线和电缆经济电流密度　　　　　　　　单位：A/mm²

线路类别	导线材料	年最大负荷利用（h）		
		3000 以下	3000～5000	5000 以上
架空线路	铝	1.65	1.15	0.90
	铜	3.00	2.25	1.75
电缆线路	铝	1.92	1.73	1.54
	铜	1.5	2.25	2.0

（3）按允许电压损失选择导线、电缆的截面。一切用电设备都是按照在额定电压下运行的条件而制造的，当端电压与额定值不同时，用电设备的运行就要恶化。电气设备端点的实际电压和电气设备额定电压之差称为"电压偏移"。要保证电网内各负荷点在任何时间的电压都等于额定值是十分困难的。电网各点的电压往往不等于额定电压，而是在额定电压上下波动。为了保证用电设备的正常运行，一般规定出允许电压的偏移范围，作为计算电网、校验用电设备端电压的依据。

高压配电线路，规定自变电所二次侧出口，至线路末端的变压器一次侧，电压损失百分数不应超过额定电压的5%；低压配电线路，规定自变电所二次侧出口，至线路末端，电压

损失百分数不应超过额定电压的 7%（城镇不应超过 4%）。

线路电压损失的计算，只要已知负荷 P 和线路长度 L，根据表 3-1-3 ～表 3-1-5，就可求出线路的电压损失值 $\Delta U\%$。如果算出的线路电压损失值超过了允许值，则应适当加大导线或电缆的截面，使它满足电压损失值的要求。

表 3-1-3　6kV、10kV 三相架空线路电压损失表

额定电压（kV）	导线型号	当 $\cos\phi$ 等于下列数值时的电压损失（%/MW·km）			
		0.95	0.9	0.85	0.8
6	LJ-16	5.85	6.01	6.16	6.29
	LJ-25	3.90	4.07	4.21	4.35
	LJ-35	2.90	3.07	3.21	3.35
	LJ-50	2.13	2.29	2.43	2.57
	LJ-70	1.63	1.79	1.93	2.07
	LJ-95	1.29	1.46	1.60	1.74
	LJ-120	1.10	1.26	1.41	1.54
	LJ-150	0.93	1.10	1.24	1.38
	LJ-185	0.82	0.98	1.13	1.26
10	LJ-16	2.105	2.164	2.216	2.265
	LJ-25	1.405	1.464	1.516	1.565
	LJ-35	1.045	1.104	1.156	1.205
	LJ-50	0.765	0.824	0.876	0.925
	LJ-70	0.585	0.644	0.696	0.745
	LJ-95	0.465	0.524	0.576	0.625
	LJ-120	0.395	0.454	0.506	0.555
	LJ-150	0.335	0.394	0.446	0.495
	LJ-185	0.295	0.354	0.406	0.455

注：计算公式：$\Delta U\%=\dfrac{R_0+X_0\mathrm{tg}\varphi}{U^2}\cdot P\cdot L=\Delta u\%\cdot P\cdot L$

式中：P 为负荷（MW）；L 为线路长度（km）；U 为额定电压（kV）；R_0 为线路单位长度电阻（Ω/km）；X_0 为线路单位长度感抗（Ω/km），6 ～ 10kV，X_0 取平均值 0.38Ω/km，35kV，X_0 取平均值 0.40Ω/km 计算；$\Delta U\%$ 为线路每 MW·km 的电压损失百分数。

表 3-1-4　6kV、10kV 三相铝芯电缆线路电压损失表

线路电压（kV）	电缆截面（mm²）	当 $\cos\phi$ 等于下列数值时的电压损失（%/MW·km）		
		0.7	0.8	0.9
6	3×16	6.25	6.20	6.14
	3×25	4.09	4.03	3.97
	3×35	2.98	2.92	2.86
	3×50	2.44	2.37	2.31
	3×70	1.61	1.55	1.48
	3×95	1.24	1.18	1.12
	3×120	1.03	0.97	0.91
	3×150	0.87	0.81	0.75
	3×185	0.75	0.69	0.63
	3×240	0.63	0.57	0.51

续表

线路电压 （kV）	电缆截面 （mm²）	当 cosφ 等于下列数值时的电压损失（%/MW·km）		
		0.7	0.8	0.9
10	3 × 16	2.25	2.23	1.21
	3 × 25	1.47	1.45	1.43
	3 × 35	1.07	1.05	1.03
	3 × 50	0.88	0.85	0.83
	3 × 70	0.58	0.56	0.53
	3 × 95	0.45	0.43	0.40
	3 × 120	0.37	0.35	0.33
	3 × 150	0.31	0.29	0.27
	3 × 185	0.27	0.25	0.23
	3 × 240	0.23	0.20	0.18

注：计算公式：$\Delta U\% = \dfrac{(r_0 + X_0 tg\varphi)\,100}{U^2} \cdot P \cdot L = \Delta u\% \cdot P \cdot L$

式中：P 为负荷（MW）；L 为线路长度（km）；r_0 为 50℃时电缆一相芯线的电阻（Ω/km）；X_0 为电缆一相线的电抗（Ω/km）；U 为线路电压（kV）；$\Delta U\%$ 为线路每 MW·km 的电压损失百分数。

各型电缆的感抗值有所不同，本表仅作参考。

表3-1-5　0.38kV 三相架空线路铝导线的电压损失表

导线型号	当 cosφ 等于下列数值时的电压损失（%/kW·km）						
	0.7	0.75	0.8	0.85	0.9	0.95	1.0
LJ–16	1.624	1.59	1.56	1.523	1.49	1.45	0.37
LJ–25	1.13	1.097	1.064	1.034	1.0	0.965	0.887
LJ–35	0.875	0.833	0.812	0.781	0.75	0.713	0.637
LJ–50	0.671	0.64	0.611	0.582	0.551	0.517	0.443
LJ–70	0.539	0.509	0.480	0.452	0.424	0.390	0.318
LJ–95	0.450	0.420	0.392	0.365	0.337	0.304	0.235
LJ–120	0.396	0.367	0.340	0.314	0.286	0.254	0.187

（4）按导线允许最小截面来选择导线截面。架空线路经常受风、雨、结冰和温度的影响，必须有足够的机械强度才能保证安全运行，架空线路导线的最小允许截面见表3-1-6。

表3-1-6　导线最小允许截面和直径

导线种类	高压		低压
	居民区	非居民区	
铝及铝合金线	35mm²	25mm²	16mm²
钢芯铝线	25mm²	16mm²	16mm²
铜线	16mm²	16mm²	直径 3.2mm

注：① 高压配电线路不应使用单股铜导线；
　　② 裸铝线及铝合金不应使用单股线。

二、导线基本操作规范

（一）导线的布放

导线布放是保证室内布线施工的第 1 步。常用布放方法有手工和放线架布放两种，如表 3-1-7 所示。

表 3-1-7　导线的布放

方法	示意图	说明
手工布放法	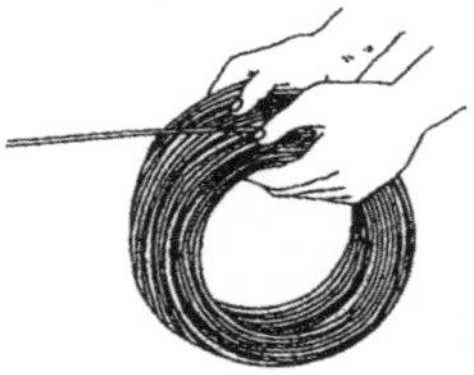	手工布线适宜线径不太粗、线路较短的施工。布线时，由两个人合作完成，即一人把整盘线按左图所示套入双手中，另一人捏住线头向前拉，放出的线不可在地上拖拉，以免擦破或弄脏绝缘层
放线架布放法	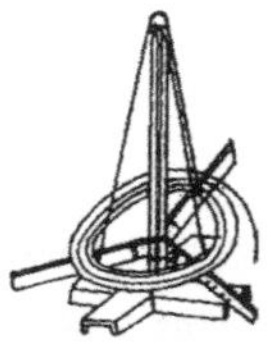 放线架	放线架布线适宜线径较粗、线路较长的施工。布线时，导线应从一端开始，将导线一端紧固在瓷瓶（绝缘子）上，调直导线再逐级敷设，不能有下垂松弛现象，导线间距及固定点距离应均匀

（二）导线绝缘层剖削与连接

1. 导线绝缘层的剖削

导线绝缘层的剖削方法很多，一般有用电工刀剖削、钢线钳或尖嘴钳剖削和剥线钳剖削等，具体操作步骤如下。

（1）用电工刀剥离。用电工刀剖削导线绝缘层，如表 3-1-8 所示。

表 3-1-8　用电工刀剖削

塑料硬线端头绝缘层的剖削	
示意图	说明
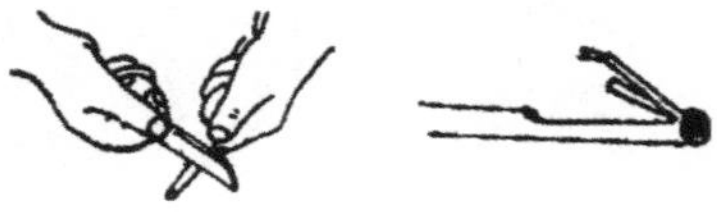 （a）　　（b）	左手持导线，右手持电工刀，如左图（a）所示。以 45° 角切入塑料绝缘层，线头切割长度约为 35mm，如左图（b）所示
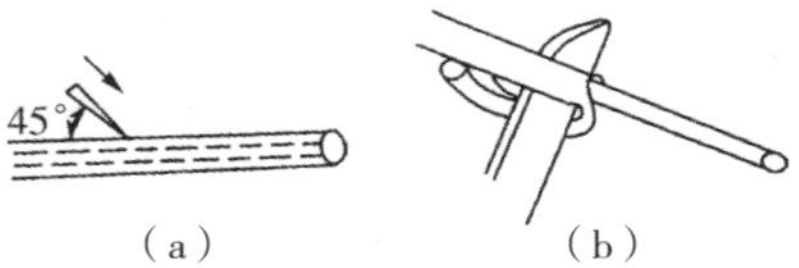 （a）　　（b）	将电工刀向导线端推削，削掉一部分塑料绝缘层，如左图（a）所示。持电工刀沿切入处转圈划一深痕，用手拉去剩余绝缘层即可，如左图（b）所示

续表

护套线端头绝缘层的剖削	
示意图	说明
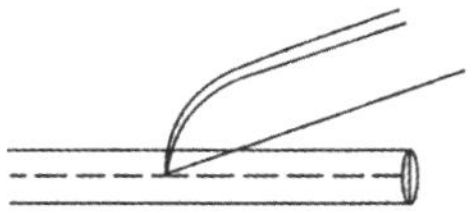	用电工刀尖从所需长度界线上开始，划破护套层，如左图所示
	剥开已划破护套层，如左图所示
 　扳翻后切断	把剥开的护套层向切口根部扳翻，并用电工刀齐根切断，如左图所示

橡皮软电缆护套层的剖削	
示意图	说明
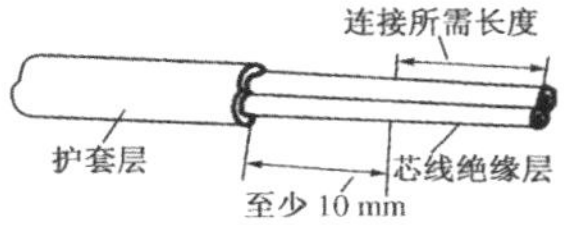	塑料护套芯线绝缘层的剖削方法与塑料硬线端头绝缘层的剖削方法完全相同，但切口相距护套层至少10mm，如左图所示
	用电工刀于端头任意两芯线缝中割破部分护套层，如左图所示
	把割破的护套层分拉成左右两部分，至所需长度为止，如左图所示
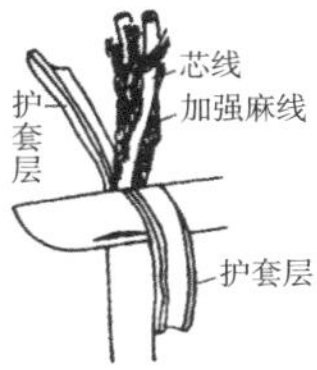	翻扳已被分割的护套层，在根部分别切割，如左图所示
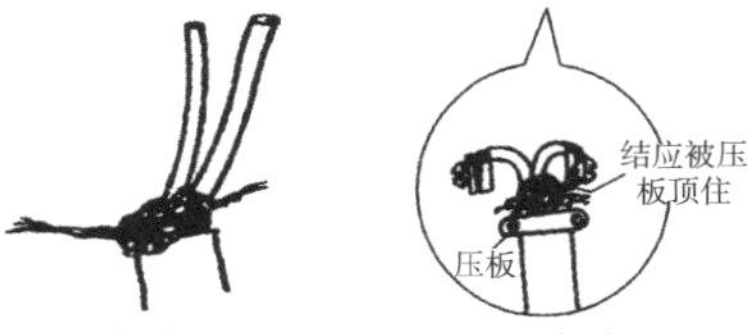 　（a）　（b）	将麻线扣结加固，位置尽可能靠在护套层切口根部，如左图（a）所示。 在使用时，为了使麻线能承受外界拉力，应将麻线的余端压在防拉板后顶住，如左图（b）所示
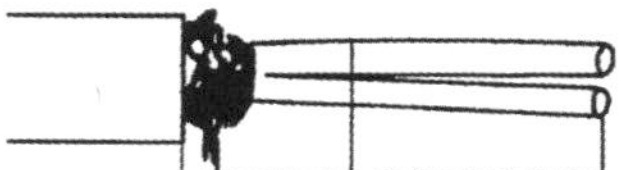 　错开长度　连接所需长度	橡皮软电缆的每根芯线绝缘层剥离可按塑料软线的方法进行操作。但护套层与绝缘层之间应有一定的错开位置，如左图所示

（2）用钢丝钳（或尖嘴钳）剖削导线绝缘层，如表 3-1-9 所示。

表 3-1-9　用钢丝钳（或尖嘴钳）剖削

示意图	说明
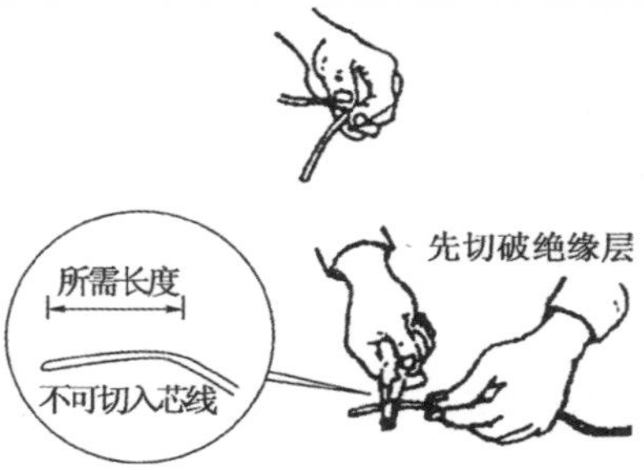	左手持导线，右手持钢丝钳（或尖嘴钳），根据需要长度，将导线垂直方向放入钢丝钳（或尖嘴钳）刀口上，如左图所示
	剖削时，轻轻捏紧钢丝钳（或尖嘴钳），用钢丝钳（或尖嘴钳）钳口轻轻划破绝缘层表皮，然后双手配合，用力拉去绝缘层，如左图所示 注意：钢丝钳不要捏得过紧或过松，过紧会损伤芯线，过松不能剥去绝缘层。这种方法仅适用于线芯截面积等于或小于 2.5mm² 的操作

（3）用剥线钳剥离导线的绝缘层，如表 3-1-10 所示。

表 3-1-10　用剥线钳剥离

示意图	说明
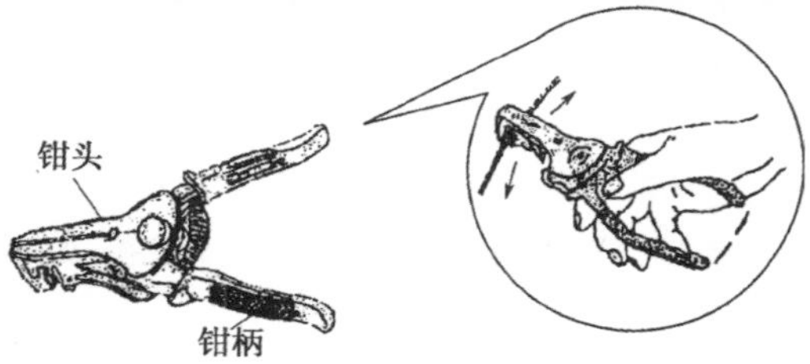	1. 根据芯线直径大小选择剥线钳相应的刀口 2. 将需剥离长度导线，放入剥线钳的刀口内，如左图所示 3. 用手将钳柄轻轻夹紧，即可剥离绝缘层

2. 导线的连接

在室内布线过程中，常常会遇到线路分支或导线"断"的情况，需要对导线进行连接。通常把线的连接处称为接头。

（1）导线连接的基本要求

① 导线接触应紧密、美观，接触电阻要小，稳定性好。

② 导线接头的机械强度不小于原导线机械强度的 80%。

③ 导线接头的绝缘强度应与导线的绝缘强度一样。

④ 铝—铝导线连接时，接头处要做好耐腐蚀处理。

（2）导线连接的方法

导线线头连接的方法一般有缠绕式连接（又分直接缠绕式、分线缠绕式、多股软线与单股硬线缠绕式和塑料绞型软线缠绕式等）、压板式连接、螺钉压式连接和接线耳式连接等。

① 单股硬导线的连接方法，如表 3-1-11 所示。

表 3-1-11　单股硬导线的连接

连接方法与步骤		示意图	说明
直线连接	第 1 步		将两根线头在离芯线根部的 1/3 处呈 "×" 状交叉，如左图所示
	第 2 步		把两线头如麻花状相互紧绞两圈，如左图所示
	第 3 步		把一根线头扳起与另一根处于下边的线头保持垂直，如左图所示
	第 4 步		把扳起的线头按顺时针方向在另一根线头上紧绕 6 ～ 8 圈，圈间不应有缝隙，且应垂直排绕，如左图所示。绕毕切去线芯余端
	第 5 步		另一端头的加工方法，将上述第 3、4 两步骤按要求操作
分支连接	第 1 步	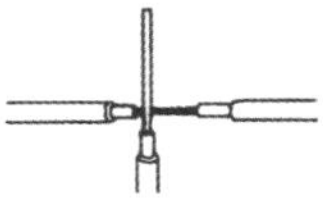	将剖削绝缘层的分支线芯，垂直搭接在已剖削绝缘层的主干导线的线芯上，如左图所示
	第 2 步	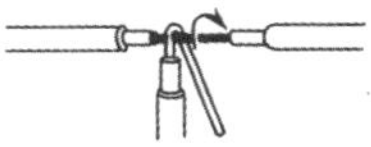	将分支线芯按顺时针方向在主干线芯上紧绕 6 ～ 8 圈，圈间不应有缝隙，如左图所示
	第 3 步	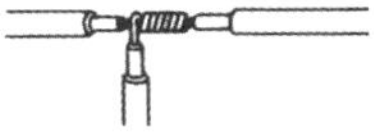	绕毕，切去分支线芯余端，如左图所示

② 多股导线的连接方法，如表 3-1-12 所示。

表 3-1-12　多股导线的连接

连接方法与步骤		示意图	说明
直线连接	第 1 步	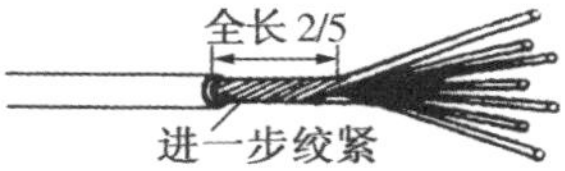 全长 2/5　进一步绞紧	在剥离绝缘层切口约全长 2/5 处将线芯进一步绞紧，接着把余下 3/5 的线芯松散呈伞状，如左图所示
	第 2 步	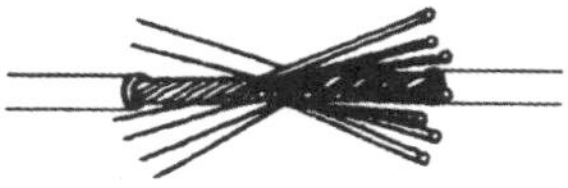	把两伞状线芯隔股对插，并插到底，如左图所示
	第 3 步	 叉口处应钳紧	捏平插入后的两侧所有芯线，并理直每股芯线，使每股芯线的间隔均匀；同时用钢丝钳绞紧叉口处，消除空隙，如左图所示

连接方法与步骤		示意图	说明
直线连接	第4步	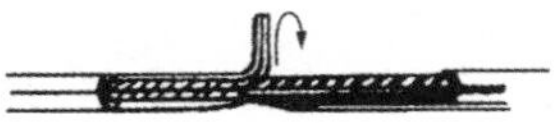	将导线一端距芯线叉口中线的3根单股芯线折起成90°（垂直于下边多股芯线的轴线），如左图所示
	第5步		先按顺时针方向紧绕两圈后，再折回90°，并平卧在扳起前的轴线位置上，如左图所示
	第6步		将紧挨平卧的另两根芯线折成90°，再按第5步方法进行操作
	第7步		把余下的三根芯线按第5步方法缠绕至第2圈后，在根部剪去多余的芯线，并撤平；接着将余下的芯线缠足三圈，剪去余端，钳平切口，不留毛刺
	第8步		另一侧按第4～7步的方法进行加工 注意：缠绕的每圈直径均应垂直于下边芯线的轴线，并应使每两圈（或三圈）间紧缠紧挨
分支连接	第1步	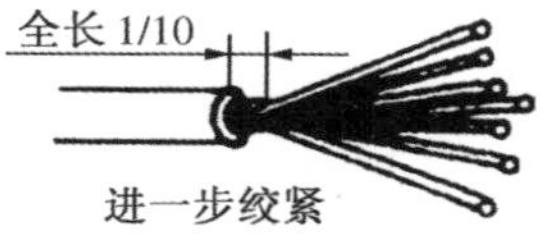 全长1/10 进一步绞紧	把支线线头离绝缘层切口根部约1/10的一段芯线作进一步的绞紧，并把余下9/10的芯线松散呈伞状，如左图所示
	第2步		把干线芯线中间用螺丝刀插入芯线股间，并将分成均匀两组中的一组芯线插入干线芯线的缝隙中，同时移正位置，如左图所示
	第3步		先钳紧线插入口处，接着将一组芯线在干线芯线上按顺时针方向垂直地紧紧排绕，剪去多余的芯线端头，不留毛刺，如左图所示
	第4步		另一组芯线按第3步方法紧紧排绕，同样剪去多余的芯线端头，不留毛刺 注意：每组芯线绕至离绝缘层切口处5mm左右，即可剪去多余的芯线端头

③ 单股与多股导线的连接方法，如表3-1-13所示。

表 3-1-13　单股与多股导线的连接方法

步骤	示意图	说明
第 1 步	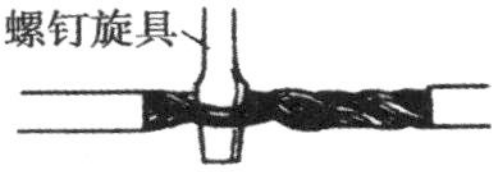 螺钉旋具	在离多股线的左端绝缘层切口 3～5mm 处的芯线上，用螺丝刀把多股芯线均匀地分成两组（如 7 股线的芯线分成一组为 3 股，另一组为 4 股），如左图所示
第 2 步	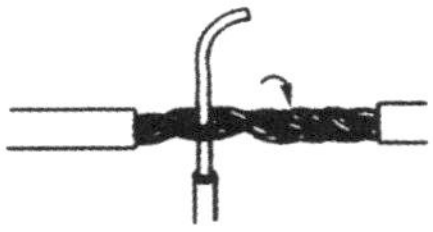	把单股线插入多股线的两组芯线中间，但是单股芯线不可插到底，应使绝缘层切口离多股芯线约 3mm，如左图所示。接着用钢丝钳把多股线的插缝钳平钳紧
第 3 步	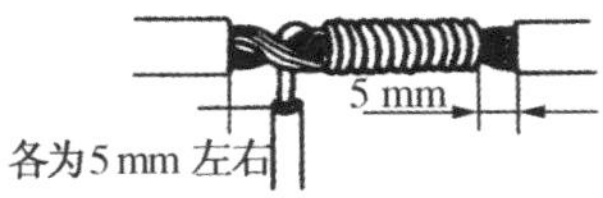 5 mm 各为5 mm 左右	把单股芯线按顺时针方向紧缠在多股芯线上，应绕足 10 圈，然后剪去余端。若绕足 10 圈后另一端多股芯线裸露超出 5mm，且单股芯线尚有余端，则可继续缠绕，直至多股芯线裸露约 5mm 为止，如左图所示

④ 导线其他形式的连接方法，如表 3-1-14 所示。

表 3-1-14　导线其他形式的连接方法

导线连接方法	示意图	说明
塑料绞型软线连接	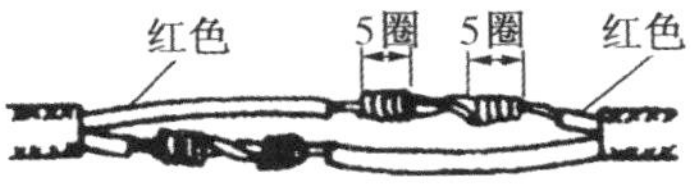 红色　5圈 5圈　红色	将剖削绝缘层的两根多股软线线头理直绞紧，如左图所示注意：两接线头处的位置应错开，以防短路
多股软线与单股硬线的连接		将剖削绝缘层的多股软线理直绞紧后，在剖削绝缘层的单股硬导线上紧密绕绕 7～10 圈，再用钢丝钳或尖嘴钳把单股硬线翻过压紧，如左图所示
压板式连接		将剥离绝缘层的芯线用尖嘴钳弯成钩，再垫放在瓦楞板或垫片下。若是多股软导线，应先绞紧再垫入瓦楞板或垫片下，如左图所示注意：不要把导线的绝缘层垫压在压板（如瓦楞板、垫片）内
螺钉压式连接	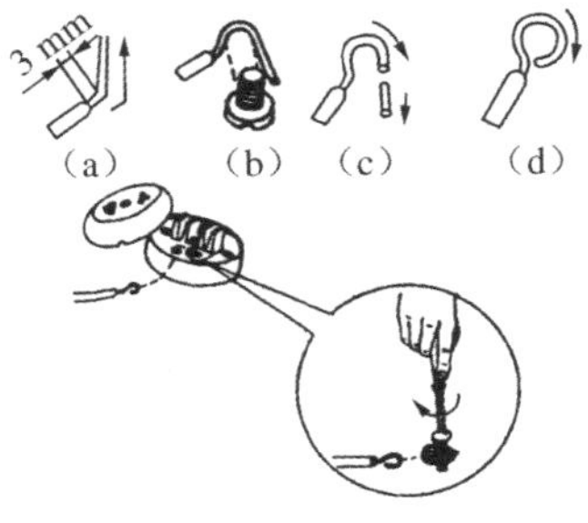 3 mm（a）（b）（c）（d）	在连接时，导线的剖削长度应视螺钉的大小而定，然后将导线头弯制成羊眼圈形式（如左图（a）、（b）、（c）、（d）四步弯制羊眼圈工作）；再将羊眼圈套在螺丝中，进行垫片式连接

导线连接方法	示意图	说明
针孔式连接	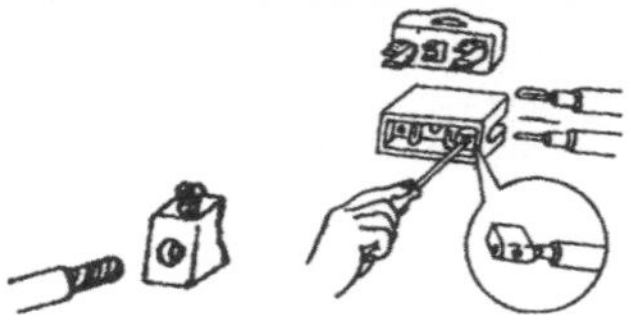	在连接时，将导线按要求剖削，插入针孔，旋紧螺丝，如左图所示
接线耳式连接	 （a）大载流量用接线耳 （b）小载流量用接线耳 （c）接线桩螺钉 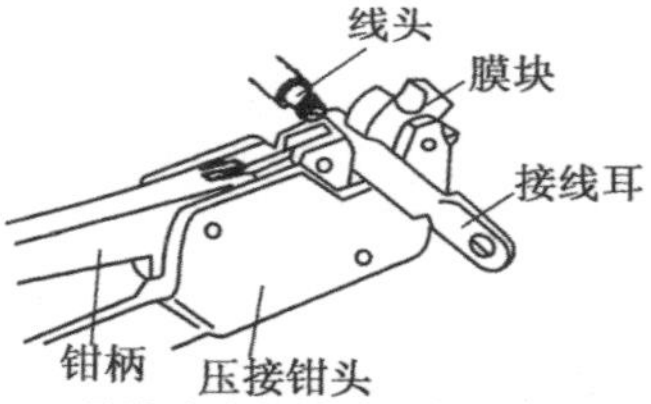 线头 膜块 接线耳 钳柄 压接钳头 （d）导线线头与接线头的压接方法	连接时，应根据导线的截面积大小选择相应的接线耳。导线剖削长度与接线耳的尾部尺寸相对应，然后用压接钳将导线与接线耳紧密固定，再进行接线耳式的连接，如左图所示

（三）导线绝缘的恢复

导线绝缘层被破坏或连接后，必须恢复其绝缘层的绝缘性能。在实际操作中，导线绝缘层的恢复方法通常为包缠法。包缠法又可分导线直接点绝缘层的绝缘性能恢复、导线分支接点和导线并接点绝缘层的绝缘性能恢复，其具体操作方法，分别如表3-1-15～表3-1-17所示。

表3-1-15　导线直接点绝缘层的绝缘性能恢复

步骤	示意图	说明
第1步	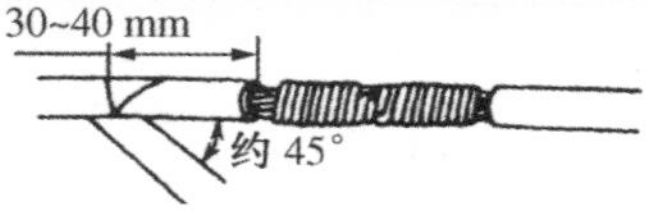 30~40 mm 约45°	用绝缘带（黄蜡带或涤纶薄膜带）从左侧完好的绝缘层上开始顺时针包缠，如左图所示
第2步	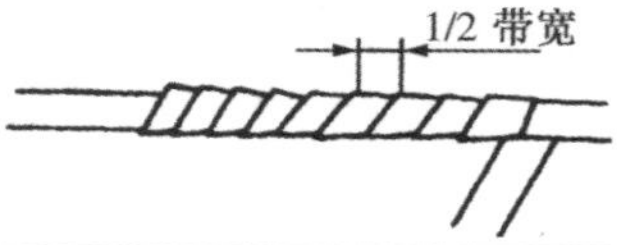 1/2 带宽	进行包扎时，绝缘带与导线应保持45°的倾斜角并用力拉紧，使得绝缘带半幅相叠压紧，如左图所示
第3步	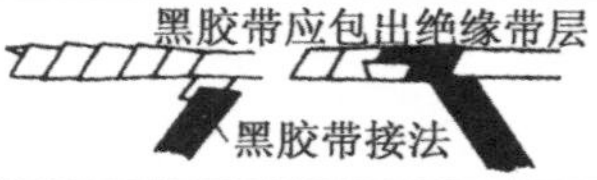 黑胶带应包出绝缘带层 黑胶带接法	包至另一端也必须包入与始端同样长度的绝缘层，然后接上黑胶带，并应使黑胶带包出绝缘带至少半根带度，即必须使黑胶带完全包没绝缘带，如左图所示
第4步	 两端捏住做反方向扭旋（封住端口）	黑胶带的包缠不得过疏或过密，包到另一端也必须完全包没绝缘带，收尾后应用双手的拇指和食指紧捏黑胶带两端口，进行一正一反方向拧紧，利用黑胶带的黏性，将两端充分密封起来，如左图所示

注：直接点常出现因导线不够需要进行连接的位置。由于该处有可能承受一定的拉力，所以导线直接点的机械拉力不得小于原导线机械拉力的80%，绝缘层的恢复也必须可靠，否则容易发生断路和触电等电气事故。

表 3-1-16 导线分支接点绝缘层的绝缘性能恢复

步骤	示意图	说明
第 1 步		采用与导线直接点绝缘层的恢复方法从左端开始包扎，如左图所示
第 2 步	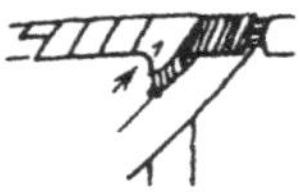	包至碰到分支线时，应用左手拇指顶住左侧直角处包上的带面，使它紧贴转角处芯线，并应使处于线顶部的带面尽量向右侧斜压，如左图所示
第 3 步		绕至右侧转角处时，用左手食指顶住右侧直角处带面，并使带面在干线顶部向左侧斜压，与被压在下边的带面呈现"×"状交叉。然后把带再绕到右侧转角处，如左图所示
第 4 步		带沿紧贴住支线连接处根端，开始在支线上缠包，包至完好绝缘层上约两根带宽时，原带折回再包至支线连接处根端，并把带向干线左侧斜压，如左图所示
第 5 步	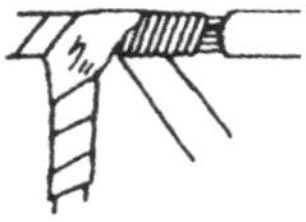	当带围过干线顶部后，紧贴干线右侧的支线连接处开始在干线右侧芯线上进行包缠，如左图所示
第 6 步	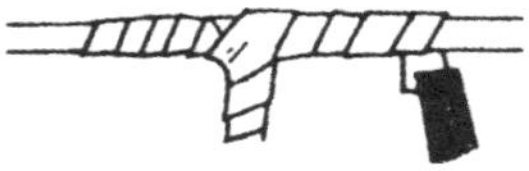	包至干线另一端的完好绝缘层上后，接上黑胶带，再按第 2～5 步方法继续包缠黑胶带，如左图所示

注：分支接点常出现在导线分路的连接点处，要求分支接点连接牢固、绝缘层恢复可靠，否则容易发生断路等电气事故。

表 3-1-17 导线并接点绝缘层的绝缘性能恢复

步骤	示意图	说明
第 1 步		用绝缘带（黄蜡带或涤纶薄膜带）从左侧完好的绝缘层上开始顺时针包缠，如左图所示
第 2 步		由于并接点较短，绝缘带叠压宽度可紧些，间隔可小于 1/2 带宽，如左图所示
第 3 步		包缠到导线端口后，应使带面超出导线端口 1/2～3/4 带宽，然后折回伸出部分的带宽，如左图所示
第 4 步		把折回的带面撅平压紧，接着缠包第二层绝缘层，包至下层起包处止，如左图所示

续表

步骤	示意图	说明
第5步	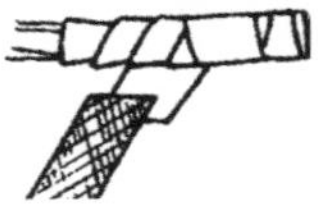	接上黑胶带，并使黑胶带超出绝缘带层至少半根带宽，并完全压没住绝缘带，如左图所示
第6步		按第2步方法把黑胶带包缠到导线端口，如左图所示
第7步		按第3、4步方法把黑胶带缠包到端口绝缘带层，要完全压没住绝缘带；然后折回，缠包第二层黑胶带，包至下层起包处止，如左图所示
第8步		用右手拇指、食指紧捏黑胶带断带口，使端口密封，如左图所示

注：并接点常出现在木台、接线盒内。由于木台、接线盒的空间小、导线和附件多，往往彼此挤在一起，容易贴在墙面，所以导线并接点的绝缘层必须恢复得可靠，否则容易发生漏电或短路等电气事故。

（四）导线的封端

所谓导线的"封端"，是指将大于 $10mm^2$ 的单股铜芯线、大于 $2.5mm^2$ 的多股铜芯线和单股铝芯线的线头，进行焊接或压接接线端子的工艺过程。

铜导线"封端"与铝导线"封端"在电工工艺上是不相同的，见表3-1-18。

表3-1-18 导线的"封端"

导线材质	选用方法	"封端"工艺
铜	锡焊法	1. 除去线头表面、接线端子孔内的污物和氧化物 2. 分别在焊接面上涂上无酸焊剂，线头搪上锡 3. 将适量焊锡放入接线端子孔内，并用喷灯对其加热至熔化 4. 将搪锡线头接入端子孔，把熔化的焊锡灌满线头与接线端子孔内 5. 停止加热，使焊锡冷却，线头与接线端子牢固连接
	压接法	1. 除去线头表面、压接管内的污物和氧化物 2. 将两根线头相对插入，并穿出压接管（两线端各伸出压接管 25～30mm） 3. 用压接钳进行压接
铝	压接法	1. 除去线头表面、接线孔内的污物和氧化物 2. 分别在线头、接线孔两接触面涂以中性凡士林 3. 将线头插入接线孔，用压接钳进行压接

三、电缆基本操作规范

（一）电缆头及其制作的一般要求

电缆头包括中间接头和封端头。将两段电缆连接起来，使之成为一条线路，需要利用电缆中间接头。电缆的起端和终端如要与其他导体或电气设备连接，则需要利用电缆封端头。

目前工矿企业中应用较广的电缆中间接头盒，有环氧树脂中间接头盒等。电缆封端头（即终端头）分户内和户外两大类。目前户内、户外都普遍采用环氧树脂封端头。

电缆头制作的一般要求如下：

（1）制作过程中，应防止灰尘、杂物、汗液、水分等落入接头处。

（2）所有户外电缆封端，各相应分别装有瓷制或环氧树脂制的引出套管和防雨帽或采用雨罩结构。

（3）电缆芯线的弯曲半径与电缆芯线直径（包括绝缘层）之比，其倍数应不小于：绝缘电缆10倍；橡皮绝缘电缆3倍。

（4）在制作电缆终端及中间接头前，应进行如下检查工作：核对相序；检查工具是否清洁、锋利；检验纸绝缘是否受潮，如有潮气，应将电缆切去一段再试，直至不含潮气为止；检查绝缘材料是否合格，电缆胶或塑料电缆配合原材料是否合格；检查其他材料，如接头套管、电缆头外壳、瓷套管、接线端子及塑料套管等是否合格，是否符合电缆芯线截面。

（5）雨天或大雾天气，不宜进行电缆的封端连接工作。

（6）电缆头制作作业必须连续到做完为止。

（7）电缆封端头的引出线芯应与设备对准后再包绝缘带。

户内电缆封端头引出线芯最小包扎绝缘长度为：1kV以下，160mm；3kV，210mm；6kV，270mm；10kV，315mm。

（8）电力电缆的电缆头外壳，与该处的电缆铅（铝）皮及钢带均应良好接地。接地线一般为截面不少于$10mm^2$的铜绞线。

（9）电缆头在浇灌环氧树脂等绝缘物之前，电缆芯及电缆头应卡住固定。电缆头制成后不应有渗漏油现象。

（10）电缆引入中间接头及封端头的附近，应有一段直线段。该段的最小长度，截面在$70mm^2$以下时为100mm，截面在$70mm^2$以上时为150mm。

表3-1-19为按环境和敷设方式选择导线和电缆。

表3-1-19 按环境和敷设方式选择导线和电缆

环境特征	线路敷设方式	常用导线和电缆型号
正常干燥环境	1. 绝缘线瓷珠、瓷夹板或铝皮卡子明配线 2. 绝缘线、裸线瓷瓶明配线 3. 绝缘线穿管明敷或暗敷 4. 电缆明敷或放在沟中	BBLX、BLV、BLVV LLBX、BLV、LJ、LMY BBLX、BLV ZLL、ZLL11、VLV、YJLV、XLV、ZLQ
潮湿和特别潮湿的环境	1. 绝缘线瓷瓶明配线（敷设高度>3.5m） 2. 绝缘线穿塑料管、钢管明敷或暗敷 3. 电缆明敷	BBLX、BLV BBLX、BLV ZLL11、VLV、YJLV、XLV
多尘环境（不包括火灾及爆炸危险尘埃）	1. 绝缘线瓷珠、瓷瓶明配线 2. 绝缘线穿钢管明敷或暗敷 3. 电缆明敷或放在沟中	BBLX、BLV、BLVV BBLX、BLV ZLL、ZLL11、VLV、YJLV、XLV、ZLQ
有腐蚀性的环境	1. 塑料线瓷珠、瓷瓶明配线 2. 绝缘线穿塑料管明敷或暗敷 3. 电缆明敷	BLV、BLVV BBLX、BLV、BV VLV、YJLV、ZLL11、XLV
有火灾危险的环境	1. 绝缘线瓷瓶明配线 2. 绝缘线穿钢管明敷或暗敷 3. 电缆明敷或放在沟中	BBLX、BLV BBLX、BLV ZLL、ZLQ、VLV、YJLV、XLV、XLHF

续表

环境特征	线路敷设方式	常用导线和电缆型号
有爆炸危险的环境	1. 绝缘线穿钢管明敷或暗敷 2. 电缆明敷	BBX、BV ZL120、ZQ20、VV20
户外配线	1. 绝缘线、裸线瓷瓶明配线 2. 绝缘线钢管明敷（沿外墙） 3. 电缆埋地	BLXF、BLV-1、LJ BLXF、BBLX、BLV ZLL11、ZLQ2、VLV、VLV2、YJLV、 YJV2

（二）电缆敷设的一般要求

（1）埋地敷设的电缆应避开规划中建筑工程需要挖掘的地方，使电缆不致受到损坏及腐蚀。

（2）尽可能选择最短的路径。

（3）尽量避开和减少穿越地下管道（包括热力管道、上下水管道、煤气管道等）、公路、铁路及通信电缆等。

（4）对电缆敷设方式的选择，要从节省投资、施工方便和安全运行三方面考虑。电缆直埋敷设，施工简单，投资省，电缆散热条件好，应首先考虑采用。

（5）在确定电缆构筑物时，需结合扩建规划，预留备用支架及孔眼。

（6）电缆支架间或固定点间的间距，不应大于表3-1-20所列数据。

表3-1-20　电缆支架间或固定点间的最大间距　　　　　　单位：m

敷设方式	塑料护套、铅包、铝包、钢带铠装		钢丝铠装电缆
	电力电缆	控制电缆	
水平敷设	1.0	0.8	3.0
垂直敷设	1.5	1.0	6.0

（7）电缆敷设的弯曲半径与电缆外径的比值，不应小于表3-1-21所列数据。

表3-1-21　电缆敷设的弯曲半径与电缆外径的比值（最小值）

电缆护套类型		电力电缆		控制电缆等
		单芯	多芯	多芯
金属护套	铅	25	15	15
	铝	30*	30*	30
	皱纹铝套和皱纹钢套	20	20	20
非金属护套		20	15	无铠装10 有铠装15

注：①表中比值未注明者，包括铠装和无铠装电缆；
　　②电力电缆中包括油浸绝缘电缆（包括不滴流电缆）和橡皮、塑料绝缘电缆。

（8）垂直或沿陡坡敷设的油浸纸绝缘电力电缆，如无特殊装置（如塞子式接头盒），其水平高差不应大于表 3-1-22 所列数据。橡皮和塑料绝缘电缆的水平高差不受限制。

表 3-1-22 油浸纸绝缘电缆的允许敷设最大水平高差　　　　　　　单位：m

电压等级	电缆结构类型	铝包	铅包
1～3kV	有铠装	25	25
	无铠装	20	20
6～10kV	有铠装或无铠装	15	15
20～35kV			5

（9）电缆在隧道或电缆沟内敷设时，其净距不宜小于表 3-1-23 所列数据。

表 3-1-23 电缆在隧道、电缆沟内敷设时的最小净距　　　　　　　单位：mm

敷设方式		电缆隧道 高度≥ 1800mm	电缆沟	
			深度≤ 600mm	深度 >600mm
两边有电缆架时架间水平净距（通道宽）		1000	300	500
一边有电缆架时架与壁间水平净距（通道宽）		900	300	450
电缆架层间 的垂直净距	电力电缆 控制电缆	200 120	150 100	150 100
电力电缆间的水平净距		35，但∠电缆外径		

（10）敷设电缆和计算电缆长度时，均应留有一定的裕量。

（11）电缆在电缆沟内、隧道内及明敷时，应将麻布外层剥去，并刷防腐漆。

（12）电缆在屋外明敷时，应避免日光直晒。

（13）交流回路中的单芯电缆应采用无钢带铠装的或非磁性材料护套的电缆。单芯电缆敷设时，应满足下列要求：

① 使并联电缆间的电流分布均匀；

② 接触电缆外皮时应无危险；

③ 防止引起附近金属部件发热。

（三）电缆的敷设

1. 直埋电缆的敷设

（1）施工要求：同一路径上电缆的条数一般不宜超过 6 条；电缆埋设深度不应小于 700mm；穿过马路的电缆应穿入内径不小于电缆外径 1.5 倍且不小于 100mm 的管中；与地下其他管线交叉不能保持 500mm 的距离时，电缆应穿入管中保护；电缆外皮距建筑物基础的距离不能小于 600mm；电缆周围应铺以 100mm 的细砂或软土；电缆上方 100mm 处应盖水泥保护板，其宽度应超出电缆直径两侧各 50mm。具体的施工方法如图 3-1-1～图 3-1-5 所示，其中平行敷设时 x 的取值见表 3-1-24。

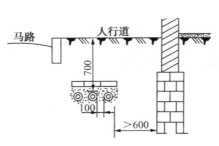

图 3-1-1 电缆埋于人行道下

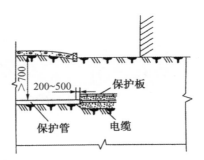

图 3-1-2 电缆与市区马路交叉敷设

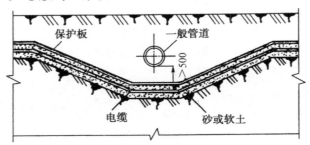

（a）电缆不加保护管

（b）电缆加保护管

图 3-1-3 电缆与一般管道交叉敷设

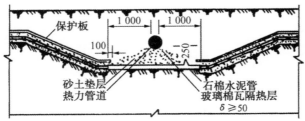

图 3-1-4 电缆与热力管道交叉敷设

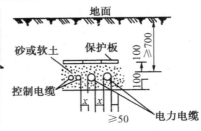

图 3-1-5 电缆平行敷设

表 3-1-24 电缆平行敷设时的 x 值

类型	x 值（mm）
10kV	100
35kV	250
不同部门	500

（2）开挖电缆沟。按施工图用白灰在地面上划出电缆敷设的线路和沟的宽度，电缆沟的宽度取决于电缆根数的数量。如只埋一条电缆，其宽度则以人在沟中操作方便为度。如数条电力电缆或与控制电缆在同一条沟中，还应考虑散热等因素，其宽度和形状，见表3-1-25和图3-1-6。若电缆沟中有2根控制电缆和3根电力电缆，其宽度（B）为880mm；若沟中仅有3根电力电缆，其宽度为650mm。电缆沟的深度一般要求不小于800mm。如遇有障碍物或冻土层较深的地方，则应适当加深。电缆沟的转角处，要挖成圆弧形，以保护电缆的弯曲半径。电缆接头的两端以及引入建筑物和引上电杆处，需挖出备用电缆的预留坑。

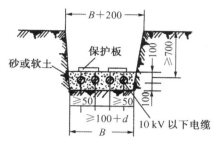

图3-1-6　电缆沟的宽度和形状

表3-1-25　电缆沟宽度 （mm）

电缆沟宽度 B		控制电缆根数						
		0	1	2	3	4	5	6
10kV 及以下电力电缆根数	0		350	380	510	640	770	900
	1	350	450	580	710	840	970	1100
	2	550	600	780	860	990	1120	1250
	3	650	750	880	1010	1140	1270	1400
	4	800	900	1030	1160	1290	1420	1550
	5	950	1050	1180	1310	1440	1570	1800
	6	1120	1200	1330	1460	1590	1720	1850

（3）施放电缆。首先对运到现场的电缆进行核算，弄清每盘电缆的长度，确定中间接头的地方。核算时应注意不要把电缆接头放在道路交叉处、建筑物的大门口以及其他管道交叉的地方。如在同一条电缆沟内有两条以上电缆并列敷设，电缆接头的位置要相互错开，错开的距离应在2m以上，以便于日后检修。

无论人工敷设还是机械牵引敷设，都要先将电缆盘稳固地架设在放线架上，使它能自由转动。然后从盘的上端引出电缆，逐渐松开放在滚轮上，用人工或机械向前牵引，如图3-1-7所示。在施放电缆过程中，电缆盘的两侧应有专人协助转动，并应有适当的工具，以便随时刹住电缆线盘。另外电缆放

图3-1-7　用滚轮敷设电缆的方法

在沟底里，不必拉得太直，可略呈波形，使电缆长度比沟长 0.5%～1%，以防热胀冷缩。

电缆施放完毕，电缆沟的回填土应分层填实，覆土要高于地面 150～200mm，以备日后土松沉陷。沿电缆线路的两端和转弯处要竖立露在地面上的混凝土标桩，在标桩上设标示牌，标注电缆的型号、规格、敷设日期和线路走向等，以方便日后检修。

2. 电缆沟的敷设

电缆沟一般都是混凝土结构，沟底必须清洁整齐，并有符合设计要求的坡度、集水池和

排水道。电缆沟转弯的角度应和电缆的允许弯曲半径相配合，沟顶的盖板应和地面齐平。盖板材料可用混凝土或有孔的铁板。也可用木板，但其底面要用耐火材料如铁皮之类包住，以防着火。通向沟外的地方应有防止地下水浸入沟内的措施。电缆从电缆沟引出到地上的部分，离地2m高度内的一段必须套上钢管保护，以免被外物碰伤。

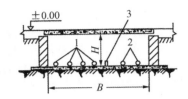

图 3-1-8 电缆在沟底敷设

1—控制电缆；2—电力电缆；3—接地线

电缆可以敷设于沟底，但在有可能积水、积油污的地方，应将电缆敷设于支架上，方法如图3-1-8～图3-1-10所示。

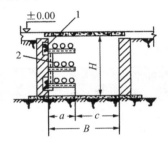

图 3-1-9 电缆在单侧支架上敷设

1—接地线；2—主架

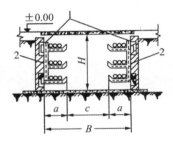

图 3-1-10 电缆在双侧支架上敷设

1—接地线；2—主架

电缆沟的尺寸见表3-1-26～表3-1-28。

表 3-1-26 无支架电缆沟尺寸 单位：mm

沟宽 B	沟深 H	沟宽 B	沟深 H
600	200	400	200
500	200	300	200

表 3-1-27 单侧支架电缆沟尺寸 单位：mm

层数	主架	层架 a	沟宽 B	沟深 H	通道 c
2	320	200 300	650 750	600	450
3	520	200 300	700 800	700	500
4	720	200 300	800 900	900	600
5	920	200 300	800 900	1100	600

表 3-1-28 双侧支架电缆沟尺寸　　　　　　　　　　　　　单位：mm

层数	主架	层架 a	沟宽 B	沟深 H	通道 c
2	320	200 300	900 1100	700	500
3	520	200 300	1000 1200	800	600
4	720	200 300	1100 1300	1000	700
5	920	200 300	1100 1300	1300	700

电缆在沟道内并列敷设时，其相互间净距应符合设计要求。电缆敷设排列的顺序，如设计未作规定时，一般应符合下列要求：对于双侧支架，电力电缆和控制电缆应分开排列；对于单侧支架，应符合表 3-1-29 的规定。

表 3-1-29 电缆在支架上的排列顺序

序号	按电压排列（自上而下）	按用途排列（自上而下）
1	10kV 电力电缆	发电机电力电缆
2	6kV 电力电缆	主变压器电力电缆
3	1kV 及以下电力电缆	馈线电力电缆
4	照明电缆	直流电缆
5	直流电缆	控制电缆
6	控制电缆	通信电缆
7	通信电缆	—

沟道内预埋电缆支架应牢靠稳固，并作防腐处理。支架的垂直净距：10kV 及其以下为 150mm；35kV 为 200mm；控制电缆为 100mm。支架横档至沟顶净距为 150～200mm；至沟底净距为 50～100mm。

（四）电缆的测试

电力电缆的绝缘状态以及其他性能参数直接影响电力系统的安全性，因此必须按规定对电缆进行电气测试。对于施工、运行部门来说，主要是在交接和运行过程中对电缆进行测试。电力电缆的测试项目、周期和标准如表 3-1-30 所示。

1. 绝缘电阻的测试

绝缘电阻是电力电缆测试的主要项目。

（1）测试方法

① 测量接线。电力电缆的绝缘电阻是指电缆线芯对外皮或线芯对线芯及外皮间的绝缘电阻。测量时摇表的加压方式应根据电缆的芯数确定，如图 3-1-11 所示。

② 测量仪表。1kV 以下的电力电缆，使用 1kV 摇表；1kV 及其以上的电力电缆，使用 2.5kV 摇表。

表 3-1-30 电力电缆的测试项目、周期和标准

序号	项目	周期	标准			
1	测量绝缘电阻	（1）交接时 （2）1～2 年一次	绝缘电阻自行规定			
2	直流耐压试验并测量泄漏电流	（1）交接时 （2）运行中 110kV 及以上的电缆 2～3 年一次，110kV 以下的电缆 1～3 年一次，发电厂、变电所的主干线每年一次 （3）重包电缆头时	（1）试验电压标准如下			
			电缆类型及额定电压（kV）		试验压	
					交接时	运行中
			油浸纸绝缘电缆	2～10	6 倍额定电压	5 倍额定电压
				15～35	5 倍额定电压	4 倍额定电压
				35～110	—	3 倍额定电压
				110 及以上	按制造厂规定	按制造厂规定
			橡胶绝缘电缆	2～10	4 倍额定电压	3.5 倍额定电压
			塑料绝缘电缆		按制造厂规定	按制造厂规定
			（2）试验持续时间： 交接、重包电缆头时为 10min，运行中为 5min （3）三相不平衡系数： 工作电压为 3kV 及以下者不大于 2.5%，其余不大于 2%			
3	检查电缆线路的相位	（1）交接时 （2）运行中重装接线盒或拆过接线头	两端相位应一致			

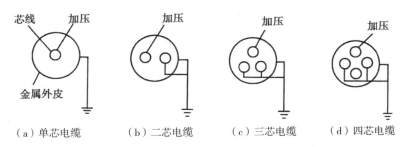

（a）单芯电缆   （b）二芯电缆   （c）三芯电缆   （d）四芯电缆

图 3-1-11 测量电力电缆绝缘电阻的加压方式

（2）注意事项

① 测量前拆除被测电缆的电源及一切对外接线，并将其接地放电，放电时间不得少于 1min，电容量较大的电缆不得小于 2min。

② 具有金属统包外皮的电力电缆，其芯线与外皮间存在较大电容，在测量每相绝缘电阻后，均应对地进行彻底的放电，放电时间不少于 2min。

③ 测量前需用干燥、清洁的柔软布擦去电缆终端头套管或芯线及其绝缘表面的污垢。

④ 在周围空气湿度较大时，电缆绝缘表面的泄漏会影响测量结果的准确性，此时可在被测芯线的绝缘表面采用保护环屏蔽的方式来消除其误差影响，接线方法如图3-1-12 所示。

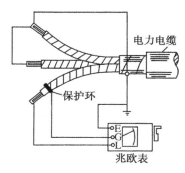

图 3-1-12 测量电缆绝缘电阻时消除表面泄漏的方法

⑤ 电力电缆的绝缘电阻参考标准是按温度为 20℃和长度为 500m 而定的，如测量时的温度和长度与以上数值不同时，则测出的绝缘电阻应进行温度和长度的换算。其换算公式如下：

$$R_{20} = R_t \times k_t$$

式中：R_{20} 为温度为 20℃时的绝缘电阻值（MΩ）；R_t 为温度为 t℃时实测的绝缘电阻值（MΩ）；k_t 为电力电缆绝缘电阻的温度换算系数（见表 3-1-31）。

电力电缆的绝缘电阻与长度的关系为：长度增加，绝缘电阻率相应降低。一般规定了长度为 500m 以下电缆绝缘电阻的参考标准值。如电缆长度大于 500m，其标准值允许降低。

表 3-1-31 浸渍纸电缆绝缘电阻温度换算系数

t（℃）	k_t	t（℃）	k_t	t（℃）	k_t	t（℃）	k_t
1	0.494	11	0.74	21	1.037	31	1.46
2	0.51	12	0.75	22	1.075	32	1.52
3	0.53	13	0.79	23	1.10	33	1.56
4	0.56	14	0.82	24	1.14	34	1.61
5	0.57	15	0.85	25	1.18	35	1.66
6	0.59	16	0.88	26	1.24	36	1.71
7	0.62	17	0.90	27	1.28	37	1.76
8	0.64	18	0.94	28	1.32	38	1.81
9	0.68	19	0.98	29	1.36	39	1.86
10	0.70	20	1.00	30	1.41	40	1.92

（3）分析判断

电力电缆的绝缘电阻指标，国家已有明确规定，其中油浸纸绝缘电缆，额定电压 3kV 及以下，绝缘电阻为 50MΩ；额定电压 6kV 及以上，绝缘电阻为 100MΩ。

多芯电缆在测量绝缘电阻后，还可用不平衡系数来分析判断其绝缘情况。不平衡系数等于同一电缆各芯线的绝缘电阻中最大值与最小值之比，绝缘良好的电力电缆，其不平衡系数一般不大于 2.5。

2. 直流耐压试验与泄漏电流的测量

对电力电缆进行直流耐压及泄漏试验，是检查和鉴定电缆绝缘状态的主要试验项目。通过耐压试验可进一步分析判断电缆线路所存在的缺陷。

（1）试验接线方法

一般采用两种接线方式。

① 微安表接在高压侧，高压引线及微安表加屏蔽，如图 3-1-13 所示。

由于微安表接在高压回路，且高压引线和微安表加了屏蔽，因此，能够消除高压引线电晕和试验设备杂散电流对试验结果的影响，测出的泄漏电流准确性较高。另外，该接线方法对于电缆外皮是否对地绝缘均可适用。

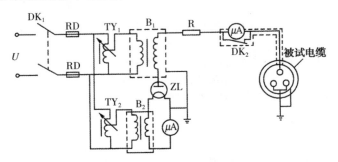

图 3-1-13　微安表接在高压回路并加屏蔽的电缆直流泄漏及直流耐压试验接线

DK₁—电源开关；RD—熔断器；TY—单相调压器；B₁—试验变压器；
B₂—灯丝变压器；ZL—高压整流器；μA—直流微安表；R—限流电阻；DK₂—短接开关

接于高压回路的微安表应放置在良好的绝缘台上，微安表的短接开关应用绝缘棒操作。为了防止微安表在电缆发生击穿时损坏，应设有微安表的保护装置。

② 微安表接在被试电缆的地线回路，如图 3-1-14 所示。

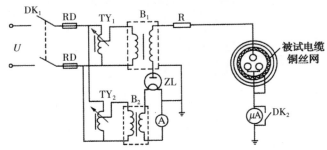

图 3-1-14　微安表接在被试电缆地线回路的电缆直流泄漏及直流耐压试验接线

DK₁—电源开关；RD—熔断器；TY—单相调压器；B₁—试验变压器；
B₂—灯丝变压器；ZL—高压整流器；R—限流电阻；DK₂—短接开关

此种接线方法同样能消除高压引线电晕和试验设备杂散电流对试验结果的影响，但它只适用于带有铜丝网屏蔽层结构且对地绝缘的电力电缆。

采用本接线法最好能在被试电缆加压端直接测量试验电压，因为如采用低压侧测量换算高压的方法，则由于受到半波整流后的电压波形和变压比的误差等的影响，在一定程度上会影响结果的准确性。图中的限流电阻 R，其阻值通常在 0.1～1MΩ 之间，它一方面可以在被试电缆绝缘击穿时对试验设备有一定保护作用，另一方面还能防止在电缆击穿后因周期性的对电容的充放电而可能产生的过电压。

（2）注意事项

① 试验前，须断开电缆与其他设备的一切连接线，并将电缆各芯线短路接地，充分放电1～2min，在试验过程中，不接试验设备的一端应加标示牌或派专人严加看守，不得靠近或接触。

② 电力电缆直流耐压试验电压标准，油纸绝缘电缆，额定电压为 2～10kV 时，试验电压为额定电压的 5 倍；15～35kV 时，试验电压为额定电压的 4 倍。

③ 测量直流泄漏电流的升压过程中，应在 0.25、0.5、0.75 试验电压下停留 1min，以观察并读取电流值，最后在试验电压下按规定时间进行耐压试验。

④ 每相耐压试验完毕，待降压和切断电源后，应先以 0.1～0.2MΩ 的限流电阻对地放电数次，然后再直流对地放电，放电时间应不少于 5min。

⑤ 全部试验完毕，经短路接地充分放电后，方可撤离另一端看守人员或标示警告牌。

⑥ 进行较短的电缆试验时，应尽量使用保护环，以消除表面泄漏电流对试验结果的影响。保护环加于被测电缆加压芯线的绝缘表面，用导线与高压正极（整流管的灯丝）短接。

第二节 室内配线

室内配线是指建筑物内部（包括与建筑物相关联的外部位）电气线路敷设。有明配线和暗配线两种敷设方式。有瓷夹板配线、瓷瓶（瓷柱）配线、穿管（金属管、塑料管）配线、铝片夹（或线夹）配线、钢索配线等种类。其中穿管配线、铝片夹（线夹）配线用得最多。

室内配线如果导线截面选择不妥，导线质量差，安装不符合要求，就很容易因导线过热而引发火灾和触电事故，造成生命财产损失。据统计，在火灾事故中由电气原因引起的占有很大比例，而这些电气原因中，配线故障又是重要原因。因此保证室内配线安装可靠至关重要。

一、室内配线的基本要求

（1）使用的导线额定电压应大于线路的工作电压。导线的绝缘应符合线路安装方式和敷设环境的条件。导线截面应能满足供电负荷和机械强度的要求。各种型号的导线，都有它的适用范围，导线和配线方式选择，应根据安装环境的特点及安全载流量的要求等全面考虑后确定。

（2）配线线路中应尽量避免接头，在实际使用中，很多事故都是由于导线连接不良、接头质量不合格而引起的。若必须接头，则应保证接头牢靠、接触良好。穿在管内敷设的导线不准有接头。

（3）明配线在敷设时要保持水平和垂直（横平竖直）。导线与地面的最小距离应符合表 3-2-1 中的规定，否则应穿管保护，以防机械损伤。

（4）导线穿越楼板时，应将导线穿入钢管或硬塑料管保护，保护管上端口距地面不应小于 1.8m；下端口到楼板下为止。

（5）导线穿墙时，也应加装保护管（瓷管、钢管、塑料管）。保护管的两端出线口伸

表 3-2-1　绝缘电线至地面的最小距离

布线方式		最小距离（m）	布线方式		最小距离（m）
电线水平敷设时：	室　内	2.5	电线水平敷设时：	室　内	1.8
	室　外	2.7		室　外	2.7

出墙面的距离不应小 10mm。

（6）导线通过建筑物的伸缩缝或沉降线时，导线应稍有余量；敷设线管时，应装补偿装置。

（7）导线相互交叉时，为避免相互碰线，在每根导线上应加套绝缘管保护，并将套管牢靠地固定。

（8）绝缘导线明敷在高温辐射或对绝缘有腐蚀的场所时，导线间及导线至建筑物表面最小净距，不应小于表 3-2-2 所列数值。

表 3-2-2　高温或腐蚀性场所绝缘电线间及导线与建筑物表面最小净距

导线固定定点间距 L（m）	最小净距（mm）
$L \leq 2$	75
$2 < L \leq 4$	100
$4 < L \leq 6$	150
$6 < L \leq 10$	200

（9）在与建筑物相关联的室外部位配线时，绝缘导线至建筑物的间距不应小于表 3-2-3 所列数值。

表 3-2-3　绝缘导线至建筑物最小间距

布线方式	最小间距（mm）
水平敷设时的垂直间距距阳台、平台、屋顶	2500
距下方窗户	300
距上方窗户	800
垂直敷设时至阳台、窗户的水平间距	750
电线至墙壁、构架的间距（挑檐下除外）	50

（10）采用瓷瓶或瓷柱配线的绝缘导线最小线间距离见表 3-2-4。

表 3-2-4　室内、外配线的绝缘电线最小间距

绝缘子类型	固定点间距 L（m）	电线最小间距（mm）		绝缘子类型	固定点间距 L（m）	电线最小间距（mm）	
		室内配线	室外配线			室内配线	室外配线
鼓形绝缘子（瓷柱）	$L \leq 1.5$	50	100	针式绝缘子	$3 < L \leq 6$	100	150
鼓形或针式绝缘子	$1.5 < L \leq 3$	75	100	针式绝缘子	$6 < L \leq 10$	150	200

（11）在室内沿墙、顶棚配线时绝缘导线固定点最大间距见表3-2-5。

表3-2-5　室内沿墙、顶棚配线时绝缘电线固定点最大间距

配线方式	电线截面（mm²）	固定点最大间距（m）	配线方式	电线截面（mm²）	固定点最大间距（m）
瓷（塑料）夹板配线	1～4 6～10	0.6 0.8	鼓形绝缘子（瓷柱）配线	1～4 6～10 16～25	1.5 2.0 3.0

（12）室内明配线敷设时，必须与煤气管道、热水管道等各种管道保持一定的安全距离。其最小距离参见表3-2-6。

表3-2-6　室内明配线与管道间最小距离　　　　　　　　　　单位：mm

管道名称	配线方式	绝缘导线明配线	管道名称	配线方式	绝缘导线明配线
蒸汽管	平行 交叉	1000（500） 300	通风、上下水、压缩空气管	平行 交叉	100 100
暖、热水管	平行 交叉	300（200） 100	煤气管	平行 交叉	1000 300

注：表内有括号的数值为线路在管道下边的数据。

二、塑料护套线配线

塑料护套线是一种具有塑料保护层的双芯或多芯绝缘导线，具有防潮、耐酸和耐腐蚀等性能。可以直接敷设在空心楼板、墙壁以及建筑物表面，用铝片或线夹固定。

1. 塑料护套线配线要求

（1）塑料护套线不得直接埋入抹灰层内暗配敷设；不得在室外露天场所直接明配敷设。

（2）塑料护套线明配敷设时，导线应平直，紧贴墙面，不应有松弛、扭绞和曲折现象。弯曲时不应损伤护套和芯线的绝缘层，弯曲半径不应小于导线护套宽度的3倍。

（3）固定塑料护套线的线卡之间的距离一般为150～200mm；线卡距接线盒、灯具、开关、插座等50mm处应增加一个固定点。在导线转弯处也应在转弯点两端50mm处增加固定点，将导线固定牢靠。

（4）塑料护套线线路中间不应有接头。分支或接头应在灯座、开关、插座接线盒内进行。在多尘和潮湿的场所应采用密封式接线盒。

（5）塑料护套线与接地体和不发热的管道交叉敷设时，应加绝缘管保护；敷设在易受机械损伤的场所时，应采用钢管保护。

（6）塑料护套线进入接线盒或与电气器具连接时，护套层应引入盒内或器具内，不能露在外面。

（7）在空心楼板板孔内暗配敷设时，不得损伤护套线，并应便于更换导线；在板孔内不得有接头，板孔内应无积水和无脏杂物。

2．塑料护套线敷设

（1）护套线选择

塑料护套线具有双层塑料保护层，即线芯绝缘内层、外面再统包一层塑料绝缘护套。常用的塑料护套线有 BVV 型铜芯聚氯乙烯绝缘聚氯乙烯护套圆形电线、BVVB 型铜芯聚氯乙烯绝缘聚氯乙烯护套平形电线。BVV 型塑料护套线数据见表 3-2-7。

表 3-2-7　BVV 型 300/500V 护套线数据表

芯数×标称截面（mm²）	导电线芯根数/单线标称直径(mm)	绝缘标称厚度（mm）	内护套近似厚度（mm）	护套标称厚度（mm）	平均外径（mm）上限	下限	20℃时导体电阻（Ω/km）不大于 铜芯	镀锡铜芯	70℃时最小绝缘电阻（MΩ·km）
1×0.75	1/0.98	0.6	—	0.8	3.6	4.3	24.5	24.8	0.012
1×1.0	1/1.13	0.6	—	0.8	3.8	4.5	18.1	18.2	0.011
1×1.5	1/1.38	0.7	—	0.8	4.2	4.9	12.1	12.2	0.011
1×1.5	7/0.52	0.7	—	0.8	4.3	5.2	12.1	12.2	0.010
1×2.5	1/1.78	0.8	—	0.8	4.8	5.8	7.41	7.56	0.010
1×2.5	7/0.68	0.8	—	0.8	4.9	6.0	7.41	7.56	0.009
1×4	1/2.25	0.8	—	0.9	5.4	6.4	4.61	4.70	0.0085
1×4	7/0.85	0.8	—	0.9	5.4	6.8	4.61	4.70	0.0077
1×6	1/2.76	0.8	—	0.9	5.8	7.0	3.08	3.11	0.0070
1×6	7/1.04	0.8	—	0.9	6.0	7.4	3.08	3.11	0.0065
1×10	7/1.35	1.0	—	0.9	7.2	8.8	1.83	1.84	0.0065
2×1.5	1/1.38	0.7	0.4	1.2	8.4	9.8	12.1	12.2	0.011
2×1.5	7/0.52	0.7	0.4	1.2	8.6	10.5	12.1	12.2	0.010
2×2.5	1/1.78	0.8	0.4	1.2	9.6	11.5	7.41	7.56	0.011
2×2.5	7/0.68	0.8	0.4	1.2	9.8	12.0	7.41	7.56	0.009
2×4	1/2.25	0.8	0.4	1.2	10.5	12.5	4.61	4.70	0.085
2×4	7/0.85	0.8	0.4	1.2	10.5	13.0	4.61	4.70	0.077
2×6	1/2.76	0.8	0.4	1.2	11.5	13.5	3.08	3.11	0.070
2×6	7/1.04	0.8	0.4	1.2	11.5	14.5	3.08	3.11	0.065
2×10	7/1.35	1.0	0.6	1.4	15.0	18.0	1.83	1.84	0.0065
2×16	7/1.70	1.0	0.6	1.4	16.5	20.5	1.15	1.16	0.0052
2×25	7/2.14	1.2	0.8	1.4	20.0	24.5	0.727	0.734	0.0050
2×35	7/2.52	1.2	1.0	1.6	23.0	27.5	0.524	0.529	0.0044
3×1.5	1/1.38	0.7	0.4	1.2	8.8	20.5	12.1	12.2	0.011
3×1.5	7/0.52	0.7	0.4	1.2	9.0	11.0	12.1	12.2	0.010
3×2.5	1/1.78	0.7	0.4	1.2	10.0	12.0	7.41	7.56	0.010
3×2.5	7/0.68	0.7	0.4	1.2	10.0	12.0	7.41	7.56	0.009
3×4	1/2.25	0.7	0.4	1.2	11.0	13.0	4.61	4.70	0.0085
3×4	7/0.85	0.7	0.4	1.2	11.0	14.0	4.61	4.70	0.077
3×6	1/2.76	0.7	0.4	1.4	12.5	14.5	3.08	3.11	0.070
3×6	7/1.04	0.7	0.4	1.4	12.5	15.5	3.08	3.11	0.065
3×10	7/1.35	1.0	0.6	1.4	15.5	19.0	1.83	1.84	0.0065
3×16	7/1.70	1.0	0.8	1.4	18.0	22.0	1.15	1.16	0.0052
3×25	7/2.14	1.2	0.8	1.6	22.0	26.5	0.72	0.734	0.0050
3×35	7/2.52	1.2	1.0	1.6	24.5	29.5	0.524	0.529	0.0044
4×1.5	1/1.38	0.7	0.4	1.2	9.6	11.5	12.1	12.2	0.011
4×1.5	7/0.52	0.7	0.4	1.2	9.6	12.0	12.1	12.2	0.010
4×2.5	1/1.78	0.8	0.4	1.2	11.0	13.0	7.41	7.56	0.010
4×2.5	7/0.68	0.8	0.4	1.2	11.0	13.5	7.41	7.56	0.009

续表

芯数 × 标称截面（mm²）	导电线芯 根数 / 单线标称直径（mm）	绝缘标称厚度（mm）	内护套近似厚度（mm）	护套标称厚度（mm）	平均外径（mm） 上限	平均外径（mm） 下限	20℃时导体电阻（Ω/km）不大于 铜芯	20℃时导体电阻（Ω/km）不大于 镀锡铜芯	70℃时最小绝缘电阻（MΩ·km）
4×4	1/2.25	0.8	0.4	1.4	12.5	14.5	4.61	4.70	0.0085
4×4	7/0.85	0.8	0.4	1.4	12.5	15.5	4.61	4.70	0.0077
4×6	1/2.76	0.8	0.6	1.4	14.0	16.0	3.08	3.11	0.070
4×6	7/1.04	0.8	0.6	1.4	14.0	17.5	3.08	3.11	0.065
4×10	7/1.35	1.0	0.6	1.4	17.0	21.0	1.83	1.84	0.0065
4×16	7/1.70	1.0	0.8	1.4	20.0	24.0	1.15	1.16	0.0052
4×25	7/2.14	1.2	1.0	1.6	24.5	29.0	0.727	0.734	0.0050
4×35	7/2.52	1.2	1.0	1.6	27.0	32.0	0.524	0.529	0.0044
5×1.5	1/1.38	0.7	0.4	1.2	10.0	12.0	12.1	12.2	0.011
5×1.5	7/0.52	0.7	0.4	1.2	10.0	12.0	12.1	12.2	0.010
5×2.5	1/1.78	0.7	0.4	1.2	11.5	14.0	7.41	7.56	0.010
5×2.5	7/0.68	0.7	0.4	1.2	12.0	14.5	7.41	7.56	0.009
5×4	1/2.25	0.8	0.4	1.4	12.5	14.5	4.61	4.70	0.0085
5×4	7/0.85	0.8	0.4	1.4	12.5	15.5	4.61	4.70	0.0077
5×6	1/2.76	0.8	0.6	1.4	14.0	16.0	3.08	3.11	0.070
5×6	7/1.04	0.8	0.6	1.4	14.0	17.5	3.08	3.11	0.065
5×10	7/1.35	1.0	0.6	1.4	17.0	21.0	1.83	1.84	0.0065
5×16	7/1.70	1.0	0.8	1.4	20.0	24.0	1.15	1.16	0.0052
5×25	7/2.14	1.2	1.0	1.6	24.5	29.0	0.727	0.734	0.0050
5×35	7/2.52	1.2	1.0	1.6	27.0	32.0	0.524	0.529	0.0044

选择塑料护套线时，其导线规格、型号必须符合设计要求，并有产品出厂合格证。工程上使用的塑料护套线的最小芯线截面，铜线不应小于 $1.0mm^2$。塑料护套线采用明敷设时，导线截面积一般不宜大于 $6mm^2$。

（2）护套线配线与各种管道距离

塑料护套线配线应避开烟道和其他的发热表面，与各种管道相遇时，应加保护管，与各种管道间的最小距离不得小于下列数值：

①与蒸汽管平行时为 1000mm；在管道下边平行时为 500mm；蒸汽管外包隔热层时为 300mm；与蒸汽管交叉时为 200mm。

②与暖热水管平行时为 300mm；在管道下边平行时为 200mm；与暖热水管交叉时为 100mm。

③与通风、上下水、压缩空气管平行时为 200mm；交叉时为 100mm。

④与煤气管道在同一平面布置时，间距不应小于 500mm；在不同平面布置时，间距不应小于 20mm。

⑤电气开关和导线接头盒与煤气管道间的距离不应小于 150mm。

⑥配电箱与煤气管道距离不应小于 300mm。

（3）塑料护套线固定

塑料护套线明敷设时一般用铝片卡（钢精轧头）或塑料钢钉电线卡固定。铝片卡形状如图 3-2-1 所示，塑料钢钉电线卡固定和护套线示意图如图 3-2-2 所示。

塑料护套线配用铝片卡规格见表 3-2-8。

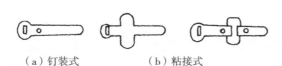

（a）钉装式　　　　（b）粘接式

图 3-2-1　铝片卡

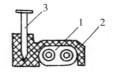

图 3-2-2　塑料钢钉电线卡

1—塑料护套线；2—电线卡；3—钢钉

表 3-2-8　塑料护套线配用铝片卡号数

导线截面（mm²）	BVV，BLVV 双芯			BVV，BLVV 三芯		导线截面（mm²）	BVV，BLVV 双芯			BVV，BLVV 三芯	
	1 根	2 根	3 根	1 根	2 根		1 根	2 根	3 根	1 根	2 根
1.0	0	1	3	1	3	5	1	3		3	
1.5	0	2	3	1	3	6	2	4		3	
2.5	1	2	4	1	4	8	2			4	
4	1	3	5	2	5	10	3			4	

　　塑料护套线敷设时，先根据设计图纸要求，按线路的走向，找好水平和垂直线（护套线水平敷设时，距地面最小距离不应小于 2.5m，垂直敷设时不应小于 1.8m，小于 1.8m 时应穿管保护），用粉线沿建筑物表面弹出线路的中心线，同时标明照明器具、穿墙套管和导线分支点的位置，以及电气器具或接线盒两侧 50 ～ 100mm 处；直线段穿线固定点间距为150 ～ 200mm。两根护套线敷设遇到十字交叉时，交叉处的四方都应有固定点，如图 3-2-3 所示。

　　固定点及设备安装位置确定后，在建筑物墙体内埋设木楔，然后将铝片卡用铁钉固定。导线由铝片夹住。用塑料钢钉电线卡固定时，应先敷设护套线，将护套线收紧后，在线路上按已确定好的位置，直接钉牢塑料电线卡上的钢钉即可。

　　塑料护套线放线时，一般需两人合作，要防止护套线平面扭曲。一人把整盘导线按图 3-2-4所示方法套入双手中，顺势转动线圈，另一人将外圈线头向前拉。放出的护套线不可在地上拖拉，以免磨损和擦破或沾污护套层。

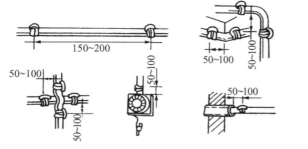

图 3-2-3　塑料护套线固定点位置

图 3-2-4　护套线放线

　　导线放完后先放在地上，量好敷设长度后剪断，然后盘成较大圈径，套在肩上随敷随放。在放线时因放出的护套线不可能完全平直无曲，所以在敷设时要采用勒直、勒平和收紧的方法校直。将护套线用临时瓷夹夹紧，然后用清洁纱团裹住护套线，用力来回将护套线勒直勒平，或用螺丝刀的金属梗部，把扭曲处来回压勒平直，如图 3-2-5 所示。

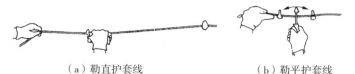

（a）勒直护套线　　　　　　　　　（b）勒平护套线

图 3-2-5　勒直、勒平护套线

护套线经过勒直勒平后即可敷设，在敷设中需将护套线尽可能收紧，然后将护套线按顺序逐一由铝片夹住，如图 3-2-6 所示。

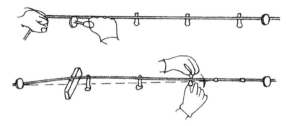

图 3-2-6　收紧护套线

在夹持铝片卡的过程中，每夹完 4～5 个后需进行检查，并用小锤轻敲线夹，使线夹平整，固定牢靠。图 3-2-7 所示是铝片卡夹住导线的四个步骤。

图 3-2-7　夹持铝片卡的四个步骤

护套线在跨越建筑物变形缝（伸缩缝）时，两端应固定牢靠，中间变形缝处护套线应留有一定余量。

三、钢索配线

钢索配线是将绝缘导线吊钩在钢索上配线。在宽大的厂房内等场所使用。

1. 钢索配线的要求

（1）钢索的终端拉环应固定牢固，应能承受钢索在全部负载下的拉力。

（2）钢索配线使用的钢索应符合下列要求：

① 宜使用镀锌钢索；

② 敷设在潮湿或腐蚀性的场所应使用塑料护套钢索；

③ 钢索的单根钢丝直径应小于 0.5mm，并不应有扭曲和断股现象；

④ 选用圆钢作钢索时，在安装前应调直、预伸并涂刷防腐漆。

（3）钢索长度在 50m 及以下时，可在一端装花篮螺栓；超过 50m 时，两端应装花篮螺栓；每超过 50m 应加装一个中间花篮螺栓。钢索在终端处固定时，钢索卡不应少于两个。钢索的终端头应用金属线扎紧。

（4）钢索中间固定点的间距不应大于 12m；中间吊钩宜使用圆钢，其直径不应小于 8mm；吊钩的深度不应小于 20mm。

（5）钢索配线敷设后的弧垂（驰度）不应大于100mm，如不能达到时应增加中间吊钩。

（6）钢索上各种配线的支持件间、支持件与灯头盒间及瓷柱配线线间的距离应符合表3-2-9所列数值。

表3-2-9　钢索配线零件间和线间距离

配线种类	支持件最大间距（mm）	支持件与灯头盒间最大距离（mm）	线间最小距离（mm）	配线种类	支持件最大间距（mm）	支持件与灯头盒间最大距离（mm）	线间最小距离（mm）
钢管	1500	200	—	塑料护套线	200	100	—
硬塑料管	1000	150	—	瓷柱配线	1500	100	35

2. 钢索安装

（1）钢索及其附件选择

钢索配线用的钢索应采用镀锌钢索，钢索的单根钢丝直径应小于0.5mm。在潮湿或有腐蚀性介质及易积存纤维灰尘的场所，钢索外应套塑料护套，含油性的钢索不能使用。常用作钢索的钢丝绳规格，见表3-2-10。

表3-2-10　常用钢丝绳规格表

钢丝绳规格	直径		参考重量（kg/m）	钢丝绳公称抗拉强度（kN/mm^2）		
	钢丝绳	钢丝		1373	1520	1667
	（mm）			钢丝绳破断拉力总和（kN）不小于		
1×37	2.8 3.5	0.4 0.5	0.039 0.061	6.38 9.90	7.06 10.98	7.24 12.05
6×7	3.8 4.7	0.4 0.5	0.05 0.079	7.2 11.27	8.02 12.45	8.79 13.72
6×19	6.2 7.7	0.4 0.5	0.135 0.211	19.6 30.3	21.66 33.91	23.81 53.61
7×7	3.6 4.5	0.4 0.5	0.055 0.086	8.43 13.13	9.34 14.60	10.19 15.97
7×19	6.0 7.5	0.4 0.5	0.147 0.229	22.83 35.77	25.28 39.59	27.73 43.41
8×19	7.6 9.5	0.4 0.5	0.188 0.294	26.17 40.87	28.91 45.28	31.75 49.69

选用镀锌圆钢作钢索时，在安装前要调直。在调直、拉伸时不能损坏镀锌层。

热轧圆钢的规格见表3-2-11。

不同配线方式，不同截面的导线，使钢索承受的拉力各不相同。钢索配线用的钢绞线和圆钢的截面，应根据跨距、荷重、机械强度选择。采用钢绞线时，最小截面不应小于10mm^2；采用镀锌圆钢做钢索时，直径不应小于10mm。

表 3-2-11　热轧圆钢规格表

直径 （mm）	理论重量 （kg/m）	直径 （mm）	理论重量 （kg/m）	直径 （mm）	理论重量 （kg/m）	直径 （mm）	理论重量 （kg/m）
5	0.154	9	0.499	15	1.39		
5.5	0.186	10	0.617	16	1.58	21	2.72
6	0.222	11	0.746	17	1.78	22	2.98
6.5	0.260	12	0.888	18	2.00	24	3.55
7	0.302	13	1.04	19	2.23	25	3.85
8	0.395	14	1.21	20	2.47		

钢绞线（钢丝绳）选择时，应先根据弧垂（驰度）S，支点间距 L，每米长度上的荷重 W，计算出拉力 P，然后再考虑一个安全系数 K（一般取 3），选择钢丝绳。

计算公式如下：

$$P = 9.8 \times \frac{W \cdot L^2}{8S}$$

式中：P 为钢索拉力（kN）；L 为两支点间距（m）；W 为每米长度承重（kg/m），包括灯具、管材及钢索自重；K 为安全系数（一般取 3）。

钢索拉力 P 值也可查表 3-2-12 得出。表 3-2-12 是钢索拉力表。

表 3-2-12　钢索拉力表

S（m）	L（m） P（kN） W（kg/m）	4	6	8	10	12	15
0.02	2	1.960	4.410	7.840			
	3	2.940	6.615				
	4	3.920	8.820				
	5	4.900					

钢索配线用的附件有拉环、花篮螺栓、钢索卡和索具套环及各种连接盒。这些附件均应是镀锌制品或刷防腐漆。

拉环用于在建筑物上固定钢索，一般应用不小于 $\phi 16$ 的圆钢制作，拉环外形如图 3-2-8 所示。

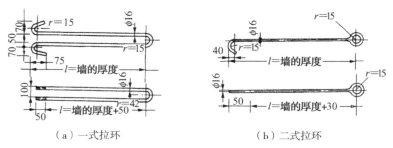

（a）一式拉环　　　　　　　　　　（b）二式拉环

图 3-2-8　拉环外形

花篮螺栓用于拉紧钢索，并起调整松紧的作用。花篮螺栓型号规格及见表3-2-13，花篮螺栓外形如图3-2-9所示。

表3-2-13 花篮螺栓型号及规格表

编号	名称	型号及规格			编号	名称	型号及规格		
		1000kg	600kg	400kg			1000kg	600kg	400kg
1A	调节螺母	ϕ 10	ϕ 8	ϕ 6	A		25	21	18
1B		ϕ 30	ϕ 28	ϕ 25	B		20	18	17
1C		M16	M14	M12	C		ϕ 17	ϕ 15	ϕ 13
2	吊环	M16	M14	M12	D		28	24	22
3	吊环	M16	M14	M12	E		210	190	160
4	螺母	M16	M14	M12	F		250	230	200
					G		24	20	18.5

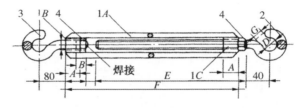

图3-2-9 花篮螺栓外形

钢索长度在50m以及下时，可在一端装花篮螺栓；超过50m时，两端均应装花篮螺栓；每超过50m时应增加一个中间花篮螺栓。

钢索卡即钢丝绳轧头、钢丝绳夹，是与钢索套环配合作夹紧钢索末端用的附件，其外形和规格如图3-2-10和表3-2-14所示。

索具套环即钢丝绳套环、心形环，是钢丝绳的固定连接附件。在钢丝绳与钢丝绳或其他附件间连接时，钢丝绳（钢绞线）一端嵌入套环的凹槽中，形成环状，这样可保护钢丝绳在弯曲连接时发生断股现象。索具套环的外形和规格如图3-2-11和表3-2-15所示。

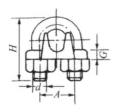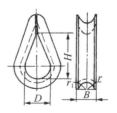

图3-2-10 钢索卡外形及尺寸　　　　图3-2-11 索具套环外形

表 3-2-14　钢丝绳轧头标准产品规格尺寸

公称尺寸（mm）	主要尺寸（mm）				公称尺寸（mm）	主要尺寸（mm）			
	螺栓直径 d	螺栓中心距 A	螺栓全高 H	夹座厚度 G		螺栓直径 d	螺栓中心距 A	螺栓全高 H	夹座厚度 G
6	M3	13.0	31	6	26	M20	47.5	117	20
8	M8	17.0	41	8	28	M22	51.5	127	22
10	M10	21.0	51	10	32	M22	55.5	136	22
12	M12	25.0	62	12	36	M24	61.5	151	24
14	M14	29.0	72	14	40	M27	69.0	168	27
16	M14	31.0	77	14	44	M27	73.0	178	27
18	M16	35.0	87	16	48	M30	80.0	196	30
20	M16	37.0	92	16	52	M30	84.5	205	30
22	M20	43.0	108	20	56	M30	88.5	214	30
24	M20	45.5	113	20	60	M36	98.5	237	36

注：（1）绳夹的公称尺寸，即等于该绳夹适用的钢丝绳直径。

（2）当绳夹用于起重机上时，夹座材料推荐采用 Q235A 钢或 ZG35 II 碳素钢铸件制造。其他用途绳夹的夹座材料有 KT35-10 可锻铸铁或 QT42-10 球墨铸铁。

表 3-2-15　索具套环规格表　　　　　　　　　　单位：mm

套环号码	许用负荷（kN）	适用钢丝绳最大直径	套环宽度 B	环孔直径 D	环孔高度 H
0.1	1	6.5（6）	9	15	26
0.2	2	8	11	20	32
0.3	3	9.5（10）	13	25	40
0.4	4	11.5（12）	15	30	48
0.8	8	15.0（16）	20	40	64
1.3	13	19.0（20）	25	50	80
1.7	17	21.5（22）	27	55	88
1.9	19	22.5（24）	29	60	96
2.4	24	28	34	70	112
3.0	30	31	38	75	120
3.8	38	34	48	90	144
4.5	45	37	54	105	168

注：括号内数字为习惯称呼直径。

（2）钢索安装

钢索是悬挂灯具和导线以及附件的承力部件，必须安装牢固、可靠。

在墙体上安装钢索，使用的拉环根据拉力的不同而不同，安装方法要根据现场的具体情况而定。拉环应能承受钢索在全部荷载下的拉力，拉环应固定牢靠，不能被拉脱，造成严重事故。图 3-2-12 中右侧拉环在墙体上安装，应在墙体施工阶段配合土建施工预埋 DN25 的钢管作套管，一式拉环受力按 3900N 考虑，应预埋一根套管，二式拉环应预埋两根 DN25 套管；左侧拉环需在混凝土梁或圈梁施工中进行预埋。钢索配线的绝缘导线至地面的最小距离，在室内时不应小于 2.5m，安装导线和灯具后钢索的驰度不应大于 100mm，如不能达到，应增加中间吊钩。

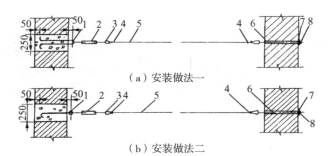

（a）安装做法一

（b）安装做法二

图 3-2-12　墙上安装钢索

1—拉环；2—花篮螺栓；3—索具套环；4—钢索卡；5—钢索；6—套管；7—垫板；8—拉环

　　钢索安装应在土建工程基本结束后进行，右侧一式拉环在穿入墙体内的套管后，在外墙一侧垫上一块 120mm×75mm×5mm 的钢制垫板；二式拉环需垫上一块 250mm×100mm×6mm 的钢制垫板。然后在垫板外每个螺纹处各用一个垫圈、两个螺栓拧紧，将拉环安装牢固，使其能承受钢索在全部荷载下的拉力。

　　用钢绞线作钢索时，钢索端头绳头处应用镀锌铁线扎紧，防止绳头松散，然后穿入拉环中的索具套环（心形环）内，用不少于两个的钢索卡（钢丝绳轧头）固定，以确保钢索固定牢靠。

　　用圆钢作钢索时，端部可顺着索具套环（心形环）煨成环形圈，并将圈口焊牢或使用钢索卡（钢丝绳轧头）固定。

　　钢索一端固定好后，在另一端拉环上装上花篮螺栓，并用紧线器拉紧钢索，然后与花篮螺栓吊环上的索具套环（心形环）相连接，剪断余下的钢索，将端头用金属线扎紧，再用钢索卡（钢丝绳轧头）固定（不少于两道）牢靠，紧线器要在花篮螺栓受力后才能取下，花篮螺栓将导线紧到规定要求后，用铁线将花篮螺栓绑扎，以防脱钩。

　　钢索两端拉紧固定后，在中间有时也需进行固定，为保证钢索张力不大于钢索允许应力，固定点的间距不应大于 12m，中间吊钩可用圆钢制作，圆钢直径不应小于 8mm。吊钩的深度不应小于 20mm，并要有防止钢索跳出的锁定装置。

　　在柱上安装钢索，可使用 $\phi 16$ 圆钢抱箍固定终端支架和中间支架，如图 3-2-13 所示。

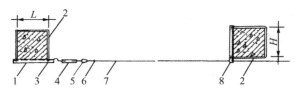

图 3-2-13　柱上安装钢索

1—支架；2—抱箍；3—螺母；4—花篮螺栓；
5—索具套环；6—钢索卡；7—钢索；8—支架

　　屋面梁上安装钢索，见图 3-2-14 所示。

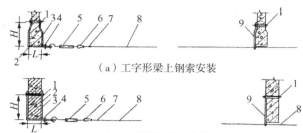

（a）工字形梁上钢索安装

（b）T形梁上钢索安装

图 3-2-14 屋面梁上安装钢索

1—螺栓 M12×（B+25）；2—支架；3—支架；4—螺栓（M12×30A 级）；
5—花篮螺栓；6—索具套环；7—钢索卡；8—钢索；9—吊钩

双梁屋面梁安装钢索，见图 3-2-15 所示。

图 3-2-15 双梁屋面梁安装钢索

1—∟ 50×5 支架；2—抱箍；3—M16 螺母；4—花篮螺栓；5—索具套环；
6—钢索卡；7—钢索；8—∟ 30×4 支架；9—-40×4 支架；10—M10 螺栓

矩形屋架梁钢索安装，见图 3-2-16 所示。

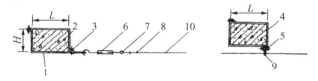

图 3-2-16 矩形屋架梁钢索安装

1—支架；2—支架；3—M12×40 螺栓；4—支架 -25×4；5—M6×25 螺栓；
6—花篮螺栓；7—钢索套环；8—钢索卡；9—吊钩；10—钢索

（3）钢索吊装塑料护套线配线

钢索吊装塑料护套线配线方式，是采用铝片卡将塑料护套线固定在钢索上和使用塑料接线盒及接线盒安装钢板将照明灯具吊装在钢索上。

在配线时，按设计图要求，先在钢索上确定好灯位位置，再把接线盒的固定钢板吊挂在钢索的灯位处，然后把塑料接线盒如图 3-2-17 所示，把底部与固定钢板上的安装孔处连接牢固。

敷设短距离护套线时，可测量出两灯具间的距离，留出适当余量，将塑料护套线按段剪断，进行调直然后卷成盘。敷线从一端开始，一只手托线，另一只手用铝片将护套线平行卡吊在钢索上。

敷设长距离塑料护套线时，将护套线展放并调直后，在钢索两端做临时绑扎，要留足接线盒处导线的余量，长度过长时中间部位也应做临时绑扎，把导线吊起。然后用铝片卡根据要求，把护套线平行卡吊在钢索上。

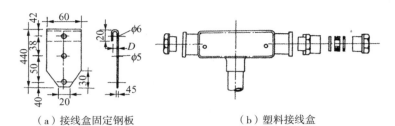

（a）接线盒固定钢板　　　　　（b）塑料接线盒

图 3-2-17　塑料接线盒及固定件

　　在钢索上固定铝片卡的间距为：铝片卡与灯头盒间的最大距离为 100mm；铝片卡间最大距离为 200mm，铝片卡间距应无均匀一致。

　　敷设后的护套线应紧贴钢索，无垂度、缝隙、弯曲和损伤。

　　钢索吊装塑料护套线配线，照明灯具一般使用吊链灯，灯具吊链可用螺栓与接线盒固定钢板下端的螺孔连接固定。当采用双链吊灯时，另一根吊链可用 20mm×1mm 的扁钢吊卡用 M6×20 螺栓固定。如图 3-2-18 所示。

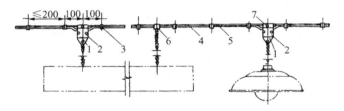

图 3-2-18　钢索吊装塑料护套线布线吊链灯

1—接线盒固定钢板；2—塑料接线盒；3—铝卡子；4—塑料护套线；5—钢索；6—吊卡；7—螺栓

四、电缆桥架敷设

　　在用电设备数量较多，安装位置分散，安装高度参差不一的某些生产场所，或需大量动力线和控制线，不适于采用一般绝缘导线架空敷设或埋地敷设时，宜采用电缆桥架敷设。它可以直接支承大量电力电缆、控制电缆、仪表信号电缆等，基本上以放射式配电。

　　1. 电缆桥架的制作与安装要求

　　（1）制作

　　桥架用铝合金或型钢、冲孔钢板等制作。由支柱、托臂、托盘、盖板以及连接固定件等组成。其表面应采用镀锌处理。在要求不高的场所可以采用涂红丹外刷锌粉漆加以保护。在强烈腐蚀环境中，应采用塑料喷涂。铝合金构件不得用于碱性腐蚀或含氯气的环境中。

　　（2）安装要求

　　①桥架在室内布置时应尽可能沿建筑物的墙、柱、梁、天花板等平行敷设。

　　②尽量不与其他管道交叉，应避开可能产生高温的设备。桥架离地高度其最低点应在 2.5m 以上（在技术夹层中可稍低）。

　　③桥梁与一般管道平行架设时，净距应大于 500mm。不得已交叉时，如在管道下面，净距应大于 30mm，且用盖板遮好。盖板应伸出管道两侧各 500mm。

　　④桥架顶部到天花板、横梁及其他物件底部的净距应不小于 350～400mm。

　　⑤电缆桥架由正常环境进入防火区时，应采用电缆防火堵料或密封料密封防火。该段的

托盘等应无孔。如经墙孔进入防爆区时，应有由电缆防火密封料密封的防爆隔离措施。

2. 电缆桥架之间的间距

（1）在同一托臂或同一平面上的桥架与桥架平行架设时，其净距应不大于 50mm。交叉时，交叉处的净空应大于 300mm。其下层桥架应加盖板且伸出上层桥架两侧各 500mm。

（2）电缆桥架上下重叠架设时，其层间垂直距离对于电力电缆应取桥架边高加 200mm，对于控制电缆应取边高加 150mm。若上层桥架宽度大于 800mm 时，与下层桥架垂直距离不应小于 500mm（桥架的宽度最好一致）。

3. 电缆在桥架内的敷设

（1）电缆应选用非铠装的型号如 VV、VLV、XV、XLV、KVV、KXV 等，或带有护套的 VV_{22}、VLV_{22}……

（2）从配电点出线到用电设备的电缆应是整根的，中间不宜有接头，无法避免时应适当放宽该段桥架的宽度。

（3）电缆在桥架内占有空间应取填充系数为 0.4～0.5（包括护套在内的电缆总截面积与托盘横断面积之比），考虑发展和良好的散热条件，一般最好取 0.2 左右。

（4）电缆在桥架中按水平方向每隔 5～10m 固定一次，垂直方向每隔 1.5m 固定一次。两头均应妥善固定。单芯电缆不得用金属材料固定。桥架应适应电缆规定的弯曲半径实行转向。

（5）加上电缆的重量，对水平架设的桥架应按制造厂"载荷曲线"规定选取最佳支撑跨距。垂直架设时，每 1.5～2m 应设一固定支架。

（6）电缆与电缆应适当保持一定的距离。根数较多时，电力电缆载流量应按梯架、托盘结构的不同，加盖板与否，根据测试数据，采取不同的校正系数。

平面上成捆的电缆或封闭在槽内的电缆，摘录 IEC 中部分参考校正系数如表 3-2-16 表列。

表 3-2-16

回路根数	1	2	3	4	5	6	7	8
校正系数	1.00	0.80	0.70	0.65	0.60	0.55	0.55	0.50
回路根数	9	10	12	14	16	18	20	
校正系数	0.50	0.50	0.45	0.45	0.40	0.40	0.40	

4. 电缆桥架的接地

（1）电缆桥架的桥边应可靠地接地，使之与车间的接地干线相连。在腐蚀环境中经塑料喷涂的桥架，或在 Q-2 级爆炸危险环境中的桥架，应沿桥架边上敷设铜线或铝排（12mm×4mm）作为接地线，每 1.5m 固定一次，每 25m 与车间接地干线相连一次。

（2）多层次桥架除顶层设接地线外，上下层之间每隔 6m 用接地线相连一次即可。

（3）目前国内已有多家制造厂生产电缆桥架。结构分梯架式、托盘式、线槽式以及组合式等。应根据需要与环境条件参考产品样本进行选择。

五、电气管道与其他管道间距离

车间内各种电气管道、电缆与其他管道应保持一定的安全距离，如表 3-2-17 所示。

注：（1）表中的分数，分子数字为线路在管道上面时的最小净距，分母数字为线路在管道下面时的最

表 3-2-17　车间内电气管道、电缆与其他管道之间的最小净距（m）

敷设方式	管线及设备名称	管线	电缆	绝缘导线	裸导（母）线	滑触线	插接式母线	配电设备
平行	煤气管		0.5	1.0	1.5	1.5	1.5	1.5
	乙炔管	0.1	1.0	1.0	2.0	3.0	3.0	3.0
	氧气管	0.1	0.5	0.5	1.5	1.5	1.5	1.5
	蒸汽管	0.1	1.0/0.5	1.0/0.5	1.5	1.5	1.0/0.5	0.5
	热水管	1.0/0.5	0.5	0.3/0.2	1.5	1.5	0.3/0.2	0.1
	通风管	0.3/0.2	0.5	0.1	1.5	1.5	0.1	0.1
	上下水管		0.5	0.1	1.5	1.5	0.1	0.1
	压缩空气管	0.1	0.5	0.1	1.5	1.5	0.1	0.1
	工艺设备				1.5	1.5		
交叉	煤气管		0.3	0.3	0.5	0.5	0.5	
	乙炔管		0.5	0.5	0.5	0.5	0.5	
	氧气管	0.1	0.3	0.3	0.5	0.5	0.5	
	蒸汽管	0.1	0.3	0.3	0.5	0.5	0.3	
	热水管	0.1	0.1	0.1	0.5	0.5	0.1	
	通风管	0.3	0.1	0.1	0.5	0.5	0.1	
	上下水管	0.1	0.1	0.1	0.5	0.5	0.1	
	压缩空气管		0.1	0.1	0.5	0.5	0.1	
	工艺设备				1.5	1.5		

小净距。

（2）电气管线与蒸汽管不能保持表中距离时，可在蒸汽管与电气管线之间加隔热层，这样平行净距可减至 0.2m，交叉处只考虑施工维修方便即可。

（3）电气管与热水管不能保持表中距离时，可在热水管外包隔热层。

（4）裸母线与其他管道交叉不能保持表中距离时，应在交叉处的裸母线外面加装保护网或罩。

第三节　电气照明装置的安装

一、照明电源光源

1. 白炽灯泡（表3-3-1）

表3-3-1　白炽灯泡

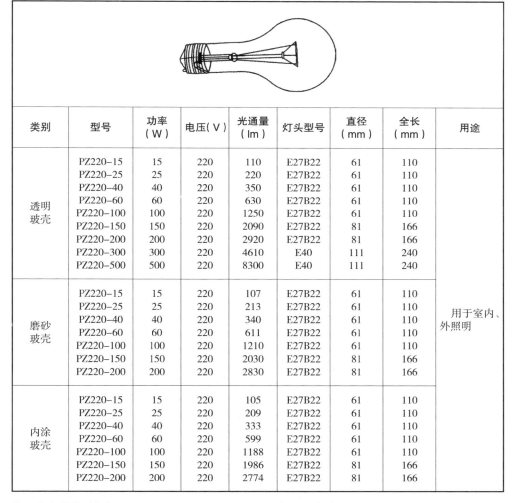

类别	型号	功率（W）	电压（V）	光通量（lm）	灯头型号	直径（mm）	全长（mm）	用途
透明玻壳	PZ220-15	15	220	110	E27B22	61	110	用于室内、外照明
	PZ220-25	25	220	220	E27B22	61	110	
	PZ220-40	40	220	350	E27B22	61	110	
	PZ220-60	60	220	630	E27B22	61	110	
	PZ220-100	100	220	1250	E27B22	61	110	
	PZ220-150	150	220	2090	E27B22	81	166	
	PZ220-200	200	220	2920	E27B22	81	166	
	PZ220-300	300	220	4610	E40	111	240	
	PZ220-500	500	220	8300	E40	111	240	
磨砂玻壳	PZ220-15	15	220	107	E27B22	61	110	
	PZ220-25	25	220	213	E27B22	61	110	
	PZ220-40	40	220	340	E27B22	61	110	
	PZ220-60	60	220	611	E27B22	61	110	
	PZ220-100	100	220	1210	E27B22	61	110	
	PZ220-150	150	220	2030	E27B22	81	166	
	PZ220-200	200	220	2830	E27B22	81	166	
内涂玻壳	PZ220-15	15	220	105	E27B22	61	110	
	PZ220-25	25	220	209	E27B22	61	110	
	PZ220-40	40	220	333	E27B22	61	110	
	PZ220-60	60	220	599	E27B22	61	110	
	PZ220-100	100	220	1188	E27B22	61	110	
	PZ220-150	150	220	1986	E27B22	81	166	
	PZ220-200	200	220	2774	E27B22	81	166	

注：（1）另外可生产110V、120V、130V、230V、240V和250V灯泡；
　　（2）本表技术数据取自飞利浦亚明照明有限公司，其灯泡为"亚字牌"铭牌。

2. 荧光灯管（表 3-3-2）

表 3-3-2　荧光灯管

型号	功率（W）	显色性 Ra	色温（K）	光通（lm）	长度 L（mm）	直径 D（mm）	用途
TLD18W/927	18	95	2700	950	604	26	高级服饰店、画廊、博物馆、产品展示间、花卉店及饭店和其他需要高显色性灯光之场所
TLD18W/930	18	95	3000	1000	604	26	
TLD18W/940	18	95	4000	1000	604	26	
TLD18W/950	18	98	5000	1000	604	26	
TLD18W/965	18	96	6500		604	26	
TLD36W/927	36	95	2700	2300	1213.6	26	
TLD36W/930	36	95	3000	2350	1213.6	26	
TLD36W/940	36	95	4000	2350	1213.6	26	
TLD36W/950	36	98	5000	2350	1213.6	26	
TLD36W/965	36	96	6500	2300	1213.6	26	
TLD58W/927	58	95	2700	3600	1514.2	26	
TLD58W/930	58	95	3000	3700	1514.2	26	
TLD58W/940	58	95	4000	3700	1514.2	26	
TLD58W/950	58	98	5000	3700	1514.2	26	
TLD58W/965	58	96	6500	3700	1514.2	26	

3. 环形荧光灯管（表 3-3-3）

表 3-3-3　环形荧光灯管

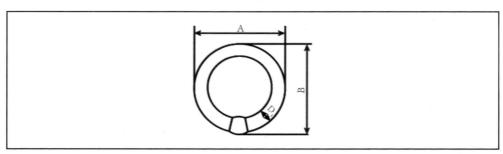

续表

型号	功率（W）	电压（V）	光通（lm）	发光颜色	最大外形尺寸（mm）			用途
					A	B	D₁	
YH20RR YH20RL YH20RN	20	61	890 1005 1005	日光色 冷白色 暖白色	—	151	36	卧室、饭厅、办公室、医院、宿舍等照明用
YH30RR YH30RL YH30RN	30	81	1560 1835 1835	日光色 冷白色 暖白色	—	247	33	
YH40RR YH40RL YH40RN	40	110	2225 2560 2580	日光色 冷白色 暖白色	247.7	247.6	34.1	

4. 节能灯（表 3-3-4）

表 3-3-4　节能灯

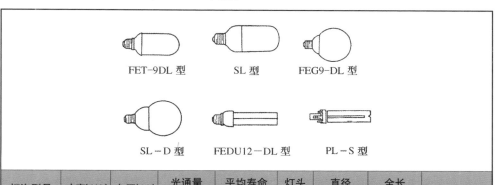

FET-9DL 型　　SL 型　　FEG9-DL 型

SL-D 型　　FEDU12-DL 型　　PL-S 型

灯泡型号	功率（W）	电压（V）	光通量（lm）	平均寿命（h）	灯头型号	直径（mm）	全长（mm）	用途
日光色（色温 6500K）								
FET9-DL	9	220	360	4000	E27	67	132	适用于宾馆、酒店、商场、居室及公园照明
晶莹透明圆筒型，暖白色（色温 2700K）								
SL-P9W	9	220	400	8000	E27	64.4	155	
SL-P13W	13	220	600	8000	E27	64.4	165	
SL-P18W	18	220	900	8000	E27	64.4	175	
SL-P25W	25	220	1200	8000	E27	64.4	185	
晶莹透明圆筒型，暖白色（色温 5000K）								
SL-P9W	9	220	375	8000	E27	64.4	155	
SL-P13W	13	220	575	8000	E27	64.4	165	
SL-P18W	18	220	850	8000	E27	64.4	175	
SL-P25W	25	220	1100	8000	E27	64.4	185	

晶莹透明圆筒型，暖白色（色温6500K）								
SL-P9W	9	220	350	8000	E27	64.4	155	
SL-P13W	13	220	550	8000	E27	64.4	165	
SL-P18W	18	220	800	8000	E27	64.4	175	
SL-P25W	25	220	1050	8000	E27	64.4	185	
乳白色圆筒型，暖白色（色温2700K）								
SL-C9W	9	220	350	8000	E27	64.4	155	
SL-C13W	13	220	550	8000	E27	64.4	165	
SL-C18W	18	220	900	8000	E27	64.4	175	
SL-C25W	25	220	1200	8000	E27	64.4	185	
乳白色圆筒型，暖白色（色温5000K）								
SL-C9W	9	220	325	8000	E27	64.4	155	
SL-C13W	13	220	525	8000	E27	64.4	165	
SL-C18W	18	220	750	8000	E27	64.4	175	
SL-C25W	25	220	1000	8000	E27	64.4	185	
日光色（色温6500K）								
FEG9-DL	9	220	360	4000	E27	87	132	
冷日光色（色温6500K）								
SL-D18W	18	220	800	8000	E27	115.7	175.3	
日光色（色温6500K）								
FEDU12-DL	12	220	600	5000	E27	48	170	
色温2700K								
PL-S7W/82	7	220	400	800	G23	28	135	
PL-S9W/82	9	220	570	800	G23	28	167	
PL-S11W/82	11	220	880	800	G23	28	236	
色温4000K								适用于书写、建筑物轮廓、走廊、装饰、居室、局部照明
PL-S7W/84	7	220	400	800	G23	28	135	
PL-S9W/84	9	220	570	800	G23	28	167	
PL-S11W/84	11	220	880	800	G23	28	236	
色温5000K								
PL-S7W/85	7	220	400	800	G23	28	135	
PL-S9W/85	9	220	570	800	G23	28	167	
PL-S11W/85	11	220	880	800	G23	28	236	

注：生产厂家为飞利浦亚明照明有限公司。

5. 高压汞灯（表 3-3-5）

表3-3-5　高压汞灯

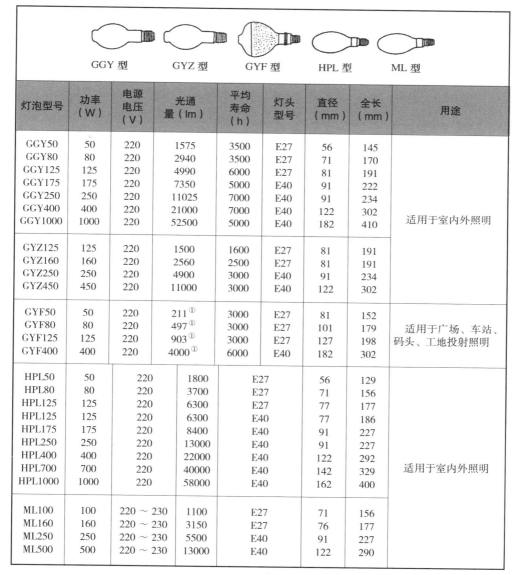

灯泡型号	功率（W）	电源电压（V）	光通量（lm）	平均寿命（h）	灯头型号	直径（mm）	全长（mm）	用途
GGY50	50	220	1575	3500	E27	56	145	适用于室内外照明
GGY80	80	220	2940	3500	E27	71	170	
GGY125	125	220	4990	6000	E27	81	191	
GGY175	175	220	7350	5000	E40	91	222	
GGY250	250	220	11025	7000	E40	91	234	
GGY400	400	220	21000	7000	E40	122	302	
GGY1000	1000	220	52500	5000	E40	182	410	
GYZ125	125	220	1500	1600	E27	81	191	
GYZ160	160	220	2560	2500	E27	81	191	
GYZ250	250	220	4900	3000	E40	91	234	
GYZ450	450	220	11000	3000	E40	122	302	
GYF50	50	220	211[①]	3000	E27	81	152	适用于广场、车站、码头、工地投射照明
GYF80	80	220	497[①]	3000	E27	101	179	
GYF125	125	220	903[①]	3000	E27	127	198	
GYF400	400	220	4000[①]	6000	E40	182	302	
HPL50	50	220	1800		E27	56	129	适用于室内外照明
HPL80	80	220	3700		E27	71	156	
HPL125	125	220	6300		E27	77	177	
HPL125	125	220	6300		E40	77	186	
HPL175	175	220	8400		E40	91	227	
HPL250	250	220	13000		E40	91	227	
HPL400	400	220	22000		E40	122	292	
HPL700	700	220	40000		E40	142	329	
HPL1000	1000	220	58000		E40	162	400	
ML100	100	220～230	1100		E27	71	156	
ML160	160	220～230	3150		E27	76	177	
ML250	250	220～230	5500		E40	91	227	
ML500	500	220～230	13000		E40	122	290	

注：生产厂家为飞利浦亚明照明有限公司；
① 发光强度，单位为 cd。

6. 高压钠灯（表 3-3-6）

表 3-3-6　高压钠灯

灯泡型号	功率（W）	电源电压（V）	光通量（lm）	平均寿命（h）	灯头型号	直径（mm）	全长（mm）	用途
NG35T	35	220	2250	16000	E27	39	155	
NG50T	50	220	3600	18000	E27	39	155	
NG70T	70	220	6000	18000	E27	39	155	
NG100T1	100	220	8500	18000	E27	39	180	
NG100T2	100	220	8500	18000	E40	49	210	
NG110T	110	220	10000	16000	E27	39	180	
NG150T1	150	220	16000	18000	E40	49	210	
NG150T2	150	220	16000	18000	E27	39	180	
NG215T	215	220	23000	16000	E40	49	259	
NG250T	250	220	28000	18000	E40	49	259	
NG360T	360	220	40000	16000	E40	49	287	适用于道路、机场、码头、车站及工矿企业照明
NG400T	400	220	48000	18000	E40	49	287	
NG1000T1	1000	220	130000	18000	E40	67	385	
NG1000T2	1000	380	120000	16000	E40	67	385	
NG100TN	100	220	6800	12000	E27	39	180	
NG110TN	110	220	8000	12000	E27	39	180	
NG150TN	150	220	12800	20000	E27	39	180	
NG215TN	215	220	19200	20000	E40	49	252	
NG250TN	250	220	23300	20000	E40	49	252	
NG360TN	360	220	32600	20000	E40	49	280	
NG400TN	400	220	39200	20000	E40	49	280	
NG1000TN	1000	220	96200	2000	E40	62	375	
NGG150T	150	220	12250	12000	E40	49	211	适用于大型商场、娱乐场、体育馆、展览中心、宾馆和道路照明
NGG250T	250	220	21000	12000	E40	49	259	
NGG400T	400	220	35000	12000	E40	49	287	
NG70TT	70	220	5880	32000	E40	47	205	
NG100TT	100	220	8300	32000	E40	47	205	
NG110TT	110	220	9800	32000	E40	47	205	适用于道路、机场、码头、车站、高空照明和不能间断照明的场所
NG150TT	150	220	15600	48000	E40	47	205	
NG215TT	215	220	21800	32000	E40	47	252	
NG250TT	250	220	26600	48000	E40	47	252	
NG360TT	360	220	38000	32000	E40	47	282	
NG400TT	400	220	45600	48000	E40	47	282	
NG70R	70	220	4900	9000	E27	125	180	
NG100R	100	220	7000	9000	E27	125	180	
NG110R	110	220	8000	9000	E27	125	180	适用于广场、机场、码头、车站及广告牌、展览馆等聚光照明
NG150R	150	220	12000	16000	E40	180	292	
NG215R	215	220	20000	16000	E40	180	292	
NG250R	250	220	23000	16000	E40	180	292	

续表

SON-T50	50	220	3600	—	E27	38	156	
SON-T70	70	220	6000	—	E27	38	156	
SON-T150	150	220	16000	—	E40	48	211	
SON-T250	250	220	28000	—	E40	48	257	
SON-T400	400	220	48000	—	E40	48	283	
SON-T1000	1000	220	130000	—	E40	67	390	适用于道路、机场、
SON-T100PLUS	100	220	105000	—	E40	48	211	码头、车站及工矿企业
SON-E50	50	220	3500	—	E27	71	156	照明
SON-E70	70	220	5600	—	E27	71	156	
SON-E150	150	220	14500	—	E40	91	226	
SON-E250	250	220	27000	—	E40	91	226	
SON-E400	400	220	48000	—	E40	122	290	
SON-E1000	1000	220	130000	—	E40	166	400	
SON-E100PLUS	100	220	1000	—	E40	76	186	

注：生产厂家为飞利浦亚明照明有限公司。

二、照明灯具的安装

1. 筒灯在吊顶内安装（图 3-3-1）

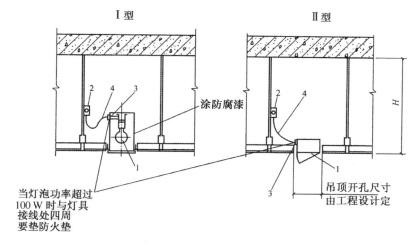

图 3-3-1　筒灯在吊顶内安装

1—灯具；2—接线盒；3—接线盒；4—P3 型镀锌金属软管

2. 吸顶灯安装（图3-3-2）

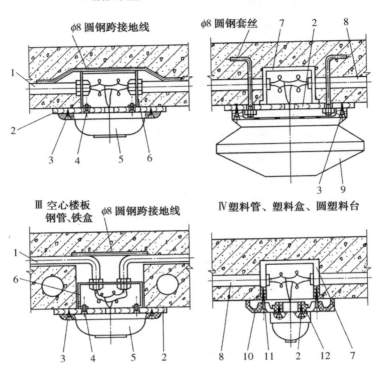

图 3-3-2　吸顶灯安装

1—钢管；2—圆木台；3—木螺钉；4—螺钉；5—胶木灯头吊盒；6—铁制接线盒；7—塑料接线盒；
8—塑料管；9—灯具；10—圆塑料台外台；11—木螺钉；12—圆塑料台内台

3. 荧光灯具吸顶吊挂安装（图3-3-3）

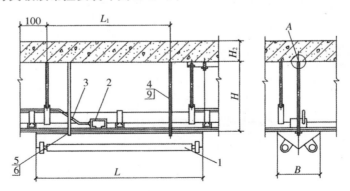

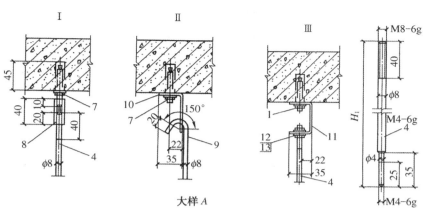

图 3-3-3　荧光灯具吸顶吊挂安装

1—荧光灯具；2—接线盒；3—钢管 $\phi20$；4—吊杆；5—螺母；6—垫圈；7—膨胀螺栓；
8—连接螺母；9—吊杆；10—吊架 I；11—吊架 II；12—螺母；13—垫圈

4. YG72 系列高效荧光灯具吸顶安装（图 3-3-4）

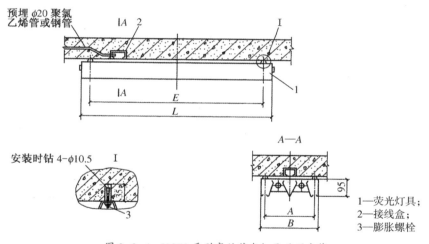

1—荧光灯具；
2—接线盒；
3—膨胀螺栓

图 3-3-4　YG72 系列高效荧光灯具吸顶安装

5. 大型嵌入式荧光灯盘安装（图 3-3-5）

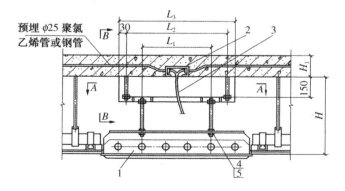

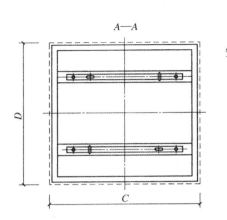

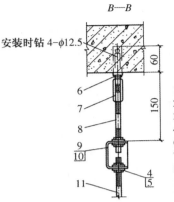

1—荧光灯具;
2—接线盒;
3—P3 型镀锌金属软管;
4—螺母; 5—垫圈
6—钢膨胀螺栓;
7—连接螺母;
8—吊杆 I; 9—横梁;
10—肋板;
11—吊架 II

图 3-3-5　大型嵌入式荧光灯盘安装

6. 特殊重量灯具安装（图 3-3-6）

I 型

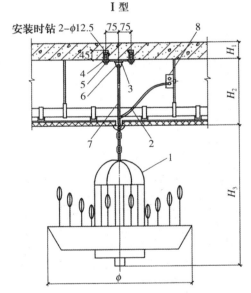

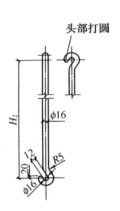

头部打圆

II 型

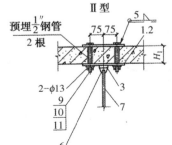

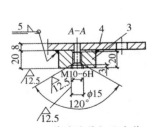

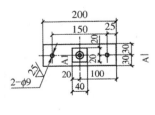

图 3-3-6　特殊重量灯具安装

1—灯具; 2—P3 型镀锌金属软管; 3—固定座; 4—固定板; 5—钢膨胀螺栓;
6—螺钉; 7—吊杆; 8—接线盒 I; 9—螺栓; 10—螺母; 11—垫圈

7. 荧光灯灯槽内安装（图3-3-7）

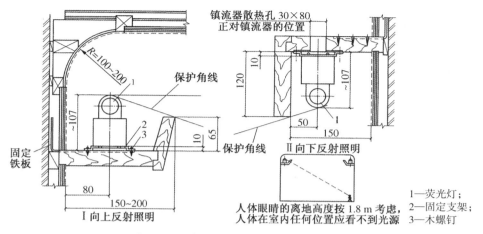

图 3-3-7 荧光灯灯槽内安装

8. 荧光灯檐内向下照射安装（图3-3-8）

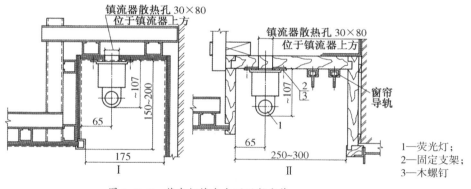

图 3-3-8 荧光灯檐内向下照射安装

9. 水下照明灯安装（图3-3-9）

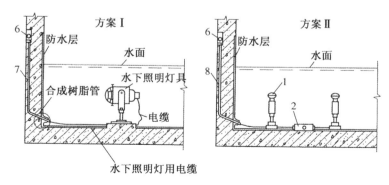

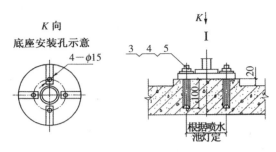

图 3-3-9　水下照明灯安装

1—喷水池灯；2—水下接线盒；3—螺母；4—垫圈；5—膨胀螺栓；6—接线盒；7—合成树脂管；8—套管

10. 庭院灯安装（图 3-3-10）

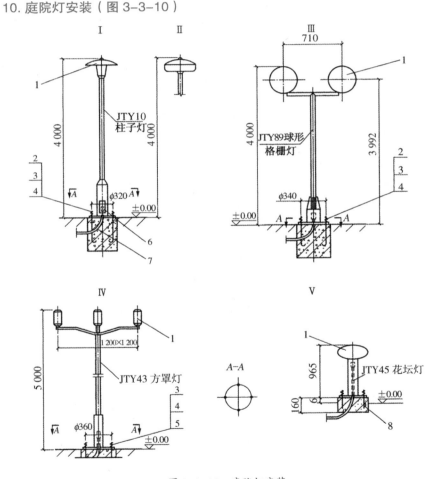

图 3-3-10　庭院灯安装

1—灯具；2—螺栓；3—螺母；4—垫圈；5—螺栓；6—接线盒；7—钢管；8—膨胀螺栓

11. 路灯灯具及金属灯杆安装（图 3-3-11）

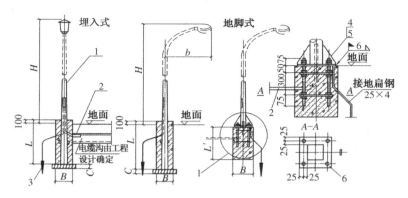

图 3-3-11　路灯灯具及金属灯杆安装

1—灯杆及灯具；2—穿线钢管；3—接地极；4—螺杆；5—螺母；6—固定钢板

12. 防水、防尘灯具安装（图 3-3-12）

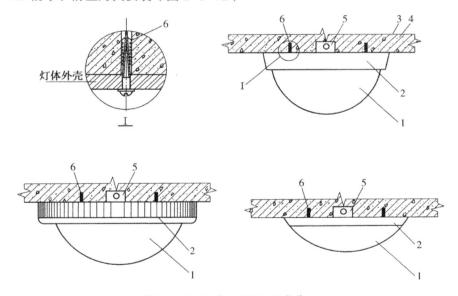

图 3-3-12　防水、防尘灯具安装

1—灯罩；2—灯罩连接饰圈；3—灯具底座；4—防护栅；5—灯头盒；6—塑料胀塞及自攻螺钉

13. 黑板灯安装（图 3-3-13）

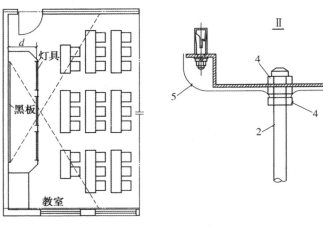

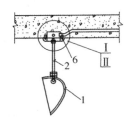

1—灯具
2—吊杆；
3—固定件；
4—螺母；
5—装饰盖；
6—膨胀螺栓

图 3-3-13　黑板灯安装

14. 应急疏导标志灯安装（图 3-3-14）

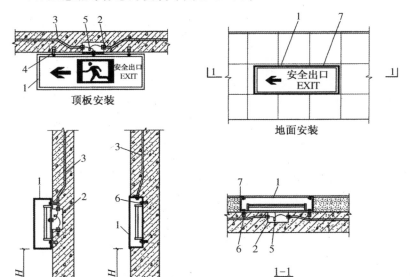

1—灯具
2—接线盒；
3—金属管；
4—膨胀螺栓；
5—接线帽；
6—膨胀螺钉；
7—封堵材料

图 3-3-14　应急疏导标志灯安装

三、开关的安装

开关是用来控制灯具等电器电源通断的器件。根据它的使用和安装，大致可分明装式、暗装式和组合式几大类。明装式开关有扳把式、翘板式、揿钮式和双联或多联式；暗装式（即嵌入式）开关有揿钮式和翘板式；组合式即根据不同要求组装而成的多功能开关，有节能钥匙开关、请勿打扰的门铃按钮、调光开关、带指示灯的开关和集控开关（板）等。如图 3-3-15 所示，是一些常见的开关。如表 3-3-7 所示，是开关的具体安装范例。

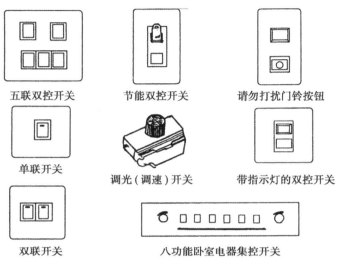

五联双控开关　　　　节能双控开关　　　　请勿打扰门铃按钮

单联开关　　　　调光（调速）开关　　带指示灯的双控开关

双联开关　　　八功能卧室电器集控开关

图 3-3-15　几种常见开关

表 3-3-7　开关的安装

安装形式	步骤	示意图	安装说明
明装	第 1 步	灯头与开关的连接线　火线　塞上木枕	在墙上准备安装开关的地方，居中钻 1 个小孔，塞上木枕，如左图所示。一般要求倒板式、翘板式或揿钮式开关距地面高度为 1.3m，距门框为 150～200mm；拉线开关距地面 1.8m，距门框 150～200mm

安装形式	步骤	示意图	安装说明
明装	第2步	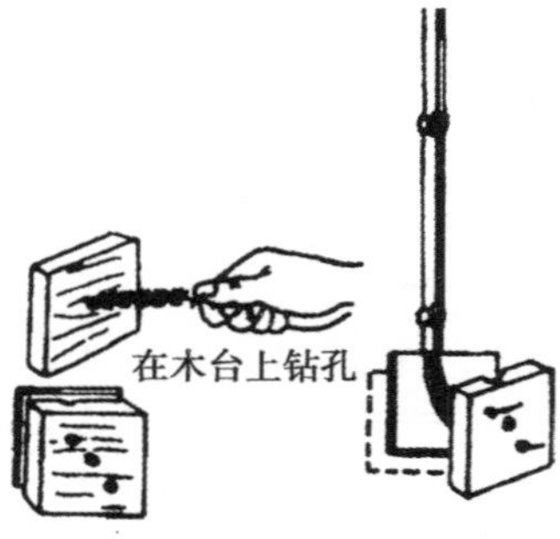 在木台上钻孔	把待安装的开关在木台上放正，打开盖子，用铅笔或多用电工刀对准开关穿丝孔在木台板上划出印记，然后用多用电工刀在木台上钻3个孔（2个为穿线孔，另1个为木螺丝安装孔）。把开关的两根线分别从木台板孔中穿出，并将木台固定在木枕上，如左图所示
	第3步	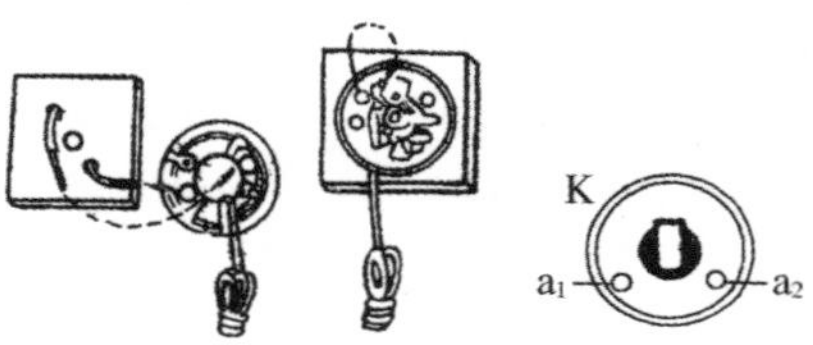	卸下开关盖，把已剖削绝缘层的2根线头分别穿入底座上的两个穿线孔，如左图所示，并分别将两根线头接开关的 a_1、a_2，最后用木螺丝把开关底座固定在木台上 对于扳把开关，按常规装法：开关扳把向上时电路接通，向下时电路断开
暗装	第1步	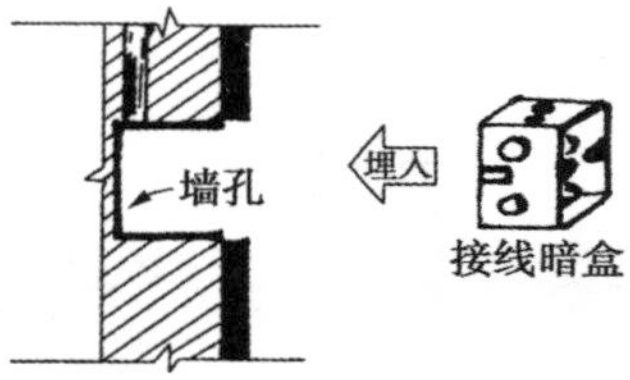 墙孔　埋入　接线暗盒	将接线暗盒按定位要求埋设（嵌入）在墙内，埋设时用水泥砂浆填充，但要注意埋设平整，不能偏斜，暗盒口面应与墙的粉刷层面保持一致，如左图所示
	第2步	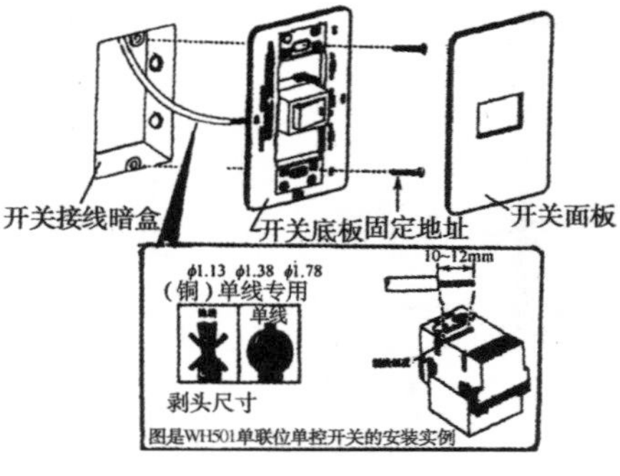 开关接线暗盒　开关底板固定地址　开关面板 $\phi1.13$ $\phi1.38$ $\phi1.78$ （铜）单线专用　单线　10~12mm 剥头尺寸 图是WH501单联位单控开关的安装实例	卸下开关面板，把穿入接线暗盒内的两根导线头分别插入开关底板的两个接线孔，并用木螺丝将开关底板固定在开关接线暗盒上；再盖上开关面板即可，如左图所示
注意事项		1. 开关安装要牢固，位置要准确。 2. 安装扳把开关时，其扳把方向应一致：扳把向上为"合"，即电路接通；扳把向下为"分"，即电路断开	

四、插座的安装

插座是供移动电器设备如台灯、电风扇、电视机、洗衣机及电动机等连接电源用的。插座分固定式和移动式两类。如图 3-3-16 所示是常见的固定式插座，有明装和暗装两种。如表 3-3-8 所示是插座的具体安装范例。

（a）明装插座 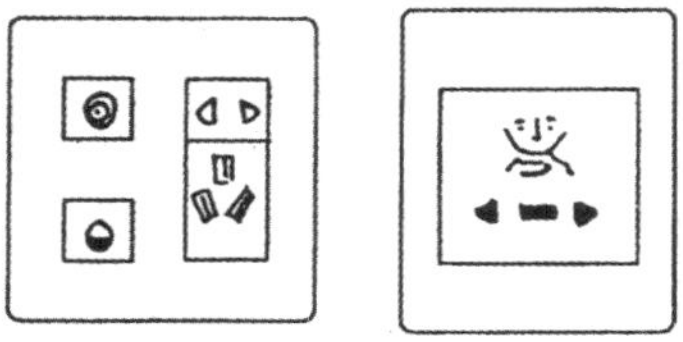　　　　　　　　　　　（b）暗装插座

图 3-3-16　几种常见的固定式插座

表3-3-8　插座的安装

安装形式	步骤	示意图	安装说明
明装	第1步	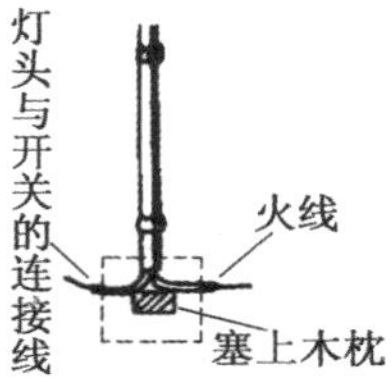 灯头与开关的连接线　火线　塞上木枕	在墙上准备安装插座的地方居中打1个小孔塞上木塞，如左图所示。高插座木塞安装距地面为1.8m，低插座木塞安装距地面0.3m
	第2步	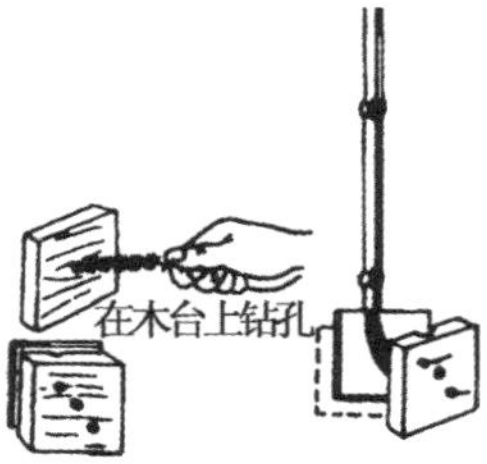 在木台上钻孔	对准插座上穿线孔的位置，在木台上钻3个穿线孔和1个木螺丝孔，再把穿入线头的木台固定在木枕上，如左图所示
	第3步	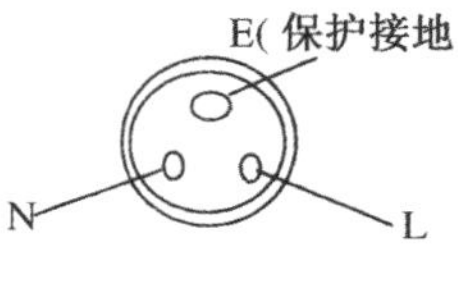 E(保护接地)　N　L	卸下插座盖，把3根线头分别穿入木台上的3个穿线孔。然后，再把3根线头分别接到插座的接线柱上，插座大孔接插座的保护接地E线，插座下面的2个孔接电源线（左孔接零线N，右孔接相线L），不能接错。如左图所示，是插座孔排列顺序
暗装	第1步	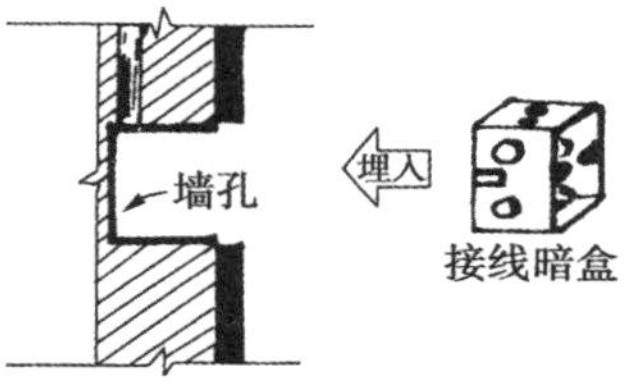 墙孔　埋入　接线暗盒	将接线暗盒按定位要求埋设（嵌入）在墙内，如左图所示。埋设时用水泥砂浆填充，但要注意埋设平整，不能偏斜，暗装插座盒口面应与墙的粉刷层面保持一致

安装形式	步骤	示意图	安装说明
暗装	第2步	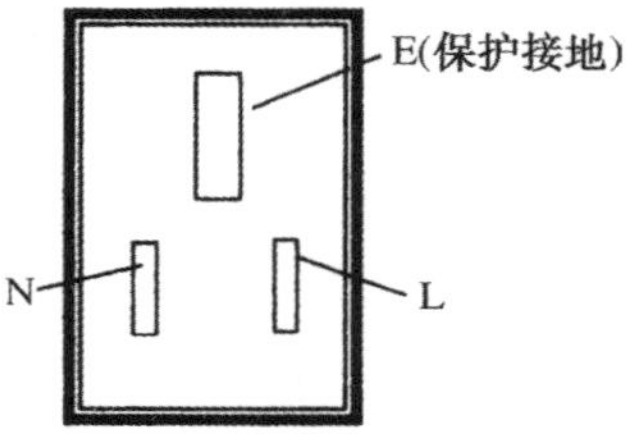 E(保护接地) N L	卸下暗装插座面板；把穿过接线暗盒内的两根导线线头分别插入暗装插座下面的两个小孔，如左图所示。检查无误后，固定暗装插座，并盖上插座面板
注意事项		1. 安装插座接线孔的排列、连接线路顺序要一致 2. 单相二孔插座：二孔垂直排列时，相线接在上孔，零线接在下孔；水平排列时，相线接在右孔，零线接在左孔 3. 单相三孔插座：保护线孔接在上孔，相线接在右孔，零线接在左孔 4. 三相四孔插座：保护线孔接在上孔，其他三孔按左、下、右接 A、B、C 三相线	

五、配电箱的安装

建筑装饰装修工程中所使用的照明配电箱有标准型和非标准型两种。标准型配电箱多采用模数化终端组合电器箱。它具有尺寸模数化、安装轨道化、使用安全化、组合多样化等特点，可向厂家直接订购，非标准配电箱可自行制作。照明配电箱根据安装方式不同，可分为明装和暗装两种。

1. 材料质量要求

（1）设备及材料均符合国家或部颁发的现行标准，符合设计要求，并有出厂合格证。

（2）配电箱、柜内主要元器件应为"CCC"认证产品，规格、型号符合设计要求。

（3）箱内配线、线槽等附件应与主要元器件相匹配。

（4）手动式开关机械性能要求有足够的强度和刚度。

（5）外观无损坏、锈蚀现象，柜内无器件无损坏丢失，接线无脱焊或松动。

2. 主要施工机具

电焊机、气割设备、台钻、手电钻、电锤、砂轮切割机、常用电工工具、扳手、锤子、锉刀、钢锯、台虎钳、钳桌、钢卷尺、水平尺、线坠、万用表、绝缘摇表（500V）。

3. 施工顺序

箱体定位画线→箱体明装或暗装→盘面组装→箱内配线→绝缘摇测→通电试验

4. 配电箱安装一般规定

（1）安装电工、电气调试人员等应按有关要求持证上岗。

（2）安装和调试用各类计量器具，应检定合格，使用时应在有效期内。

（3）动力和照明工程的漏电保护装置应做模拟动作实验。

（4）接地（PE）或接零（PEN）支线必须单独与接地（PE）或接零（PEN）干线相连接，不得串联连接。

（5）暗装配电箱，当箱体厚度超过墙体厚度时不宜采用嵌墙安装方法。

（6）所有金属构件均应做防腐处理，进行镀锌，无条件时应刷一度红丹，二度灰色油漆。

（7）暗装配电箱时，配电箱和四周墙体应无间隙，箱体后部墙体如已留通洞时，则箱体后墙在安装时需做防开裂处理。

（8）铁制配电箱与墙体接触部分须刷樟丹油或其他防腐漆。

（9）螺栓锚固在墙上用 M10 水泥砂浆，锚固在地面上用 C20 细石混凝土，在多孔砖墙上不应直接采用膨胀螺栓固定设备。

（10）当箱体高度为 1.2m 以上时，宜落地安装；落地安装时，柜下宜垫高 100mm。

（11）配电箱安装高度应便于操作、易于维护。设计无要求时，当箱体高度不大于 600mm 时，箱体下口距地宜为 1.5m；箱体高度大于 600mm 时，箱体上口距室内地面不宜大于 2.2m。

5. 配电箱安装

（1）配电箱明装

① 配电箱在墙上用螺栓安装如图 3-3-17 所示。

② 配电箱在墙上用支架安装如图 3-3-18 所示。

③ 配电箱在空心砌块墙上安装如图 3-3-19 所示。

④ 配电箱在轻质条板墙上安装如图 3-3-20 所示。

⑤ 配电箱在夹心板墙上安装如图 3-3-21 所示。

⑥ 配电箱在轻钢龙骨内墙上安装如图 3-3-22 所示。

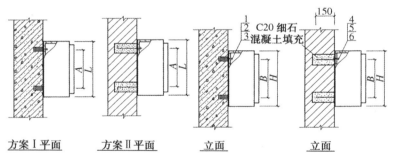

图 3-3-17　配电箱在墙上用螺栓安装

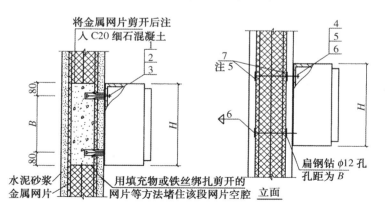

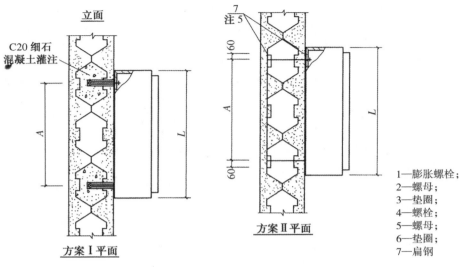

图 3-3-18 配电箱在墙上用支架安装

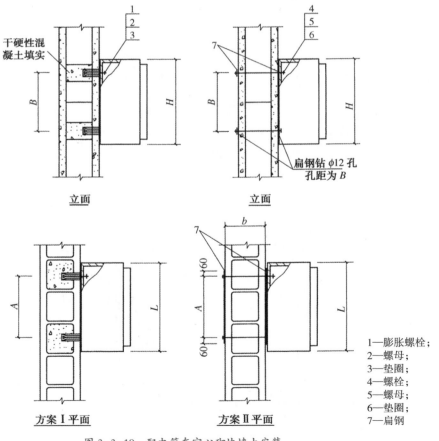

图 3-3-19 配电箱在空心砌块墙上安装

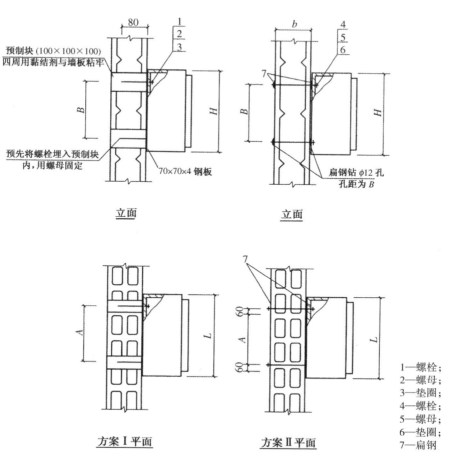

图 3-3-20 配电箱在轻质条板墙上安装

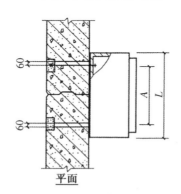

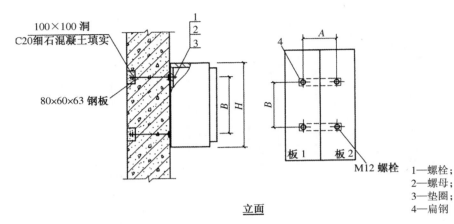

1—螺栓；
2—螺母；
3—垫圈；
4—扁钢

图 3-3-21　配电箱在夹心板墙上安装

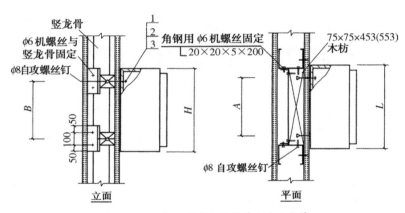

1—膨胀螺栓；
2—螺母；
3—垫圈

图 3-3-22　配电箱在轻钢龙骨内墙上安装

（2）配电箱暗装

① 配电箱嵌墙安装如图 3-3-23 所示。

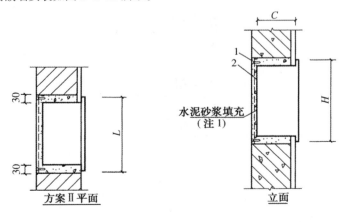

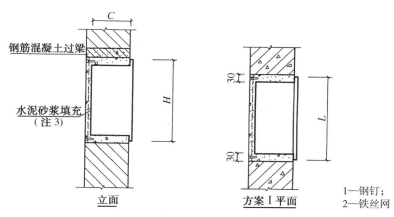

1—钢钉；
2—铁丝网

图 3-3-23　配电箱嵌墙安装

② 配电箱在空心砌块墙上嵌墙安装如图 3-3-24 所示。

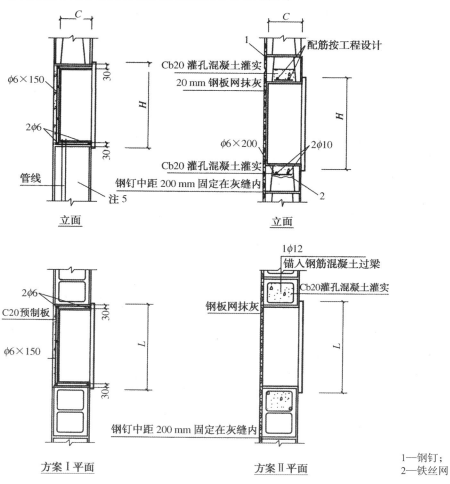

1—钢钉；
2—铁丝网

图 3-3-24　配电箱在空心砌块墙上嵌墙安装

235

③ 配电箱在轻钢龙骨内墙上安装如图 3-3-25 所示。

所有箱（盘）全部电器安装完后，用 500V 兆欧表对线路进行绝缘遥测，遥测相线与相线之间、相线与零线之间、相线与地线之间、零线与地线之间的绝缘电阻，达到要求后方可送电试运行。

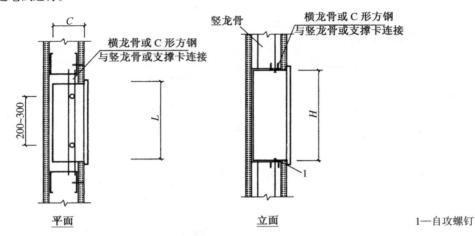

图 3-3-25　配电箱在轻钢龙骨内墙上安装

六、漏电保护器的安装

漏电保护器（俗称触电保安器或漏电开关），是用来防止人身触电和设备事故的装置。

1. 漏电保护器的使用

（1）漏电保护器应有合理的灵敏度。灵敏度过高，可能因微小的对地电流而造成保护器频繁动作，使电路无法正常工作；灵敏度过低，又可能发生人体触电后，保护器不动作，从而失去保护作用。一般漏电保护器的启动电流应在 15 ～ 30mA。

（2）漏电保护器应有必要的动作速度。一般动作时间小于 0.1s，以达到保护人身安全的目的。

2. 漏电保护器使用时注意事项

（1）不能认为安装了漏电保护器，就可以麻痹大意。

（2）安装在配电箱上的漏电保护器线路对地要绝缘良好，否则会因对地漏电电流超过启动电流，使漏电保护器经常发生误动作。

（3）漏电保护器动作后，应立即查明原因，待事故排除后，才能恢复送电。

（4）漏电保护器应定期检查，确定其是否能正常工作。

3. 漏电保护器的安装

漏电保护器的安装步骤如表 3-3-9 所示。

表3-3-9　漏电保护器的安装步骤

示意图	步骤	安装说明
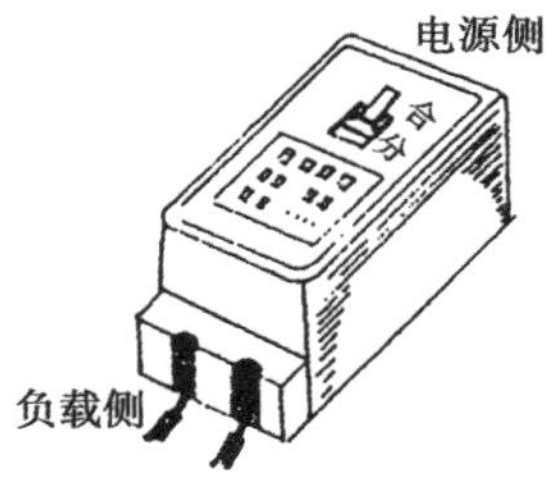 电源侧 负载侧	选型	应根据用户的使用要求来确定保护器的型号、规格。家庭用电一般选用220V、10～16A的单极式漏电保护器，如左图所示
	安装	安装接线应符合产品说明书规定在干燥、通风、清洁的室内配电盘上。家用漏电保护器安装比较简单，只要将电源两根进线连接于漏电保护器进线两个进线桩头上，再将漏电保护器两个不同线桩头与户内原有两根负荷出线相连即可
	测试	漏电保护器垂直安装好后，应进行试跳，试跳方法即将试跳按钮按一下，如漏电保护器开大跳开，则为正常

注：当电器设备漏电过大或发生触电时，保护器动作跳闸，这是正常的，绝不能因跳闸而擅自拆除。正确的处理方法是对家庭内部线路设备进行检查，消除漏电故障点，再继续将漏电保护器投入使用。

第四节　室内弱电工程的安装

　　弱电工程是建筑电气工程的主要组成部分。前几节所讲的照明工程称为强电工程，它是将电能经用电设备转换成机械能、热能和光能等，而弱电工程主要以传播信号、进行信息交流为主。弱电系统的建立，使建筑物的多样性服务功能大大扩展，从而大力增加了内外传递信息和交换信息的能力。同时随着计算机技术、激光、光纤通信技术等的发展，其建筑装饰装修工程中的弱电技术发展迅速，其范围不断扩展，尤其是智能建筑工程更是对弱电工程的延伸和发展。弱电工程是一个复杂的、多学科的集成系统工程，其涵盖的内容较广，目前常见的建筑弱电系统主要包括火灾自动报警和自动灭火系统、共用天线电视系统、闭路电视系统、电话通信系统、广播音响系统、安全监控系统、建筑物自动化系统及综合布线系统等。

　　本节就装饰装修工程中的有线电视、电话通信及安全防范和综合布线的安装进行初步介绍，实际施工安装、调试应由有专业资质的施工企业进行。

一、有线电视系统

　　有线电视系统（也叫作电缆电视系统，英文缩写为CATV），属于一种有线分配网络，除收看当地电视台的电视节目外，还可以通过卫星地面站接收卫星传播的电视节目，也可配合摄录像机、调制器等编制节目，向系统内各用户播放，构成完整的闭路电视系统。

1. 有线电视设备

（1）有线电视系统的基本组成

如图3-4-1所示为有线电视系统的基本组成，其前端设备一般建在网络所在的中心地区，这样可避免因某些干线传输太远而造成的传输质量下降，而且维护也比较方便。前端设在比较高的地方，可避开地面微波或其他地面微波的干扰。

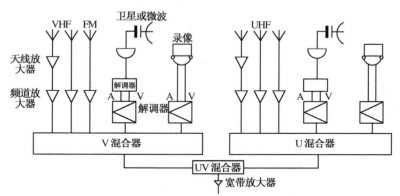

图 3-4-1　有线电视小型前端设置

前端设备主要设在天线竖杆上，其作用是提高接收天线的输出电平和改善信噪比，以满足处于弱电场强区和电视信号阴影区共用天线电视传输系统主干放大器输入电平的要求。

干线放大器安装于干线上，用于放大干线信号电平、补偿干线电缆的衰减损耗并增加信号的传输距离。

混合器是将所接收的多路信号混合在一起，合成一路输送出去，而又不相互干扰的一种设备。混合器有频道混合器、频段混合器和宽带混合器。按有无增益分为无源混合器和有源混合器，CATV系统大多采用无源混合器。

（2）有线电视用户分配网络

如图3-4-2所示为常用的两种网络分配方式，其中分支分配方式最为常用。

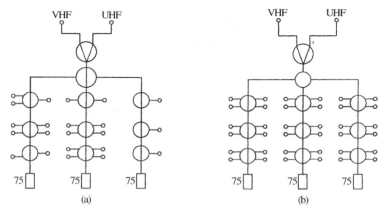

图 3-4-2　CATV 用户网络分配方式

在分配放大器输出电平设定后，选择不同分支损耗的分支器以保证系统输出口电平达标。

一般在靠近延长放大器的地方的分支器选用分支损耗大一些的，远离延长放大器的地方的分支器选用分支损耗小一些的。为了实现系统匹配，最后一个分支器输出口应接上 75Ω 的假负载。分支分配方式适用于延长放大器为中心分布的用户簇，且每簇的用户相差不多，若为二簇，则第一个分配器采用二分配器，依此类推。

2. 线路敷设

有线电视线路在用户分配网络部分，均使用特殊阻抗为 75Ω 的同轴电缆，常用国产同轴电缆主要技术性能指标见表 3-4-1。

表 3-4-1　常用国产同轴电缆主要技术性能指标

型号		内导体		绝缘		外导体	护套		绝缘电阻不小于（mΩ·km）
		结构	外径（mm）	结构	外径（mm）		结构	外径（mm）	
SYFV	−75−5	1/1.14	1.14	发泡聚乙烯	5.05	铜编织双层	聚氯乙烯（白色）	7.2	
SYFV	−75−7	1/1.5	1.5		6.08			9.4	
	−75−9	1/1.88	1.88		8.6			11.5	
SDV藕状电缆	−75−5−5	1/1.0	1.0	半空气聚乙烯	4.8±0.2	铝箔纵包外加铜丝编织	聚氯乙烯	6.8±0.3	1000
	−75−7−5	1/1.5	1.5		7.3±0.3			10±0.3	
	−75−9−5	1/1.9	1.9		9.0±0.3			12±0.4	
SYKV藕状电缆	−75−5−5	1/1.0	1.0	半空气聚乙烯	4.8±0.2	铝箔纵包外加铜丝编织	聚氯乙烯	7.0±0.3	1000
	−75−9−7	1/2.0	2.0		9.0±0.3			12.4±0.4	
SYLV	−75−5−1	6/1.0	1.0	藕芯	4.8		聚氯乙烯	6.1	≥2×104
SYLA	−75−7	1.6/1.6	1.6		7.3			10.2	
SYDY	−75−4.4		1.2	竹管	8.3				
	−75−9.5		2.6		14.0				
SIZV	−75−4		1.2	竹管	5.3	铜丝	聚氯乙烯	φ7.3	
	−75−5−A		1.2		5.3	铝塑		φ7.3	
SIOV	−75−5		1.13	藕芯	5.4	铜丝	聚氯乙烯	φ7.4	
	−75−5−A		1.13		5.4	铝丝		φ7.4	

型号		试验电压不低于（kV）	阻抗（Ω）	电容（pF·m⁻¹）	衰减不大于 db/100m			适用性
					30/MHz	200/MHz	800/MHz	
SYFV	−75−5		75±5	≥60	4.2	10.6	26	楼内支线
SYFV	−75−7		75±3	≥60	2.8	7.2	19	支线或干线
	−75−9		25±3	≥60	7	17		干线

续表

型号		试验电压不低于（kV）	阻抗（Ω）	电容（pF·m⁻¹）	衰减不大于 db/100m			适用性
					30/MHz	200/MHz	800/MHz	
SDV 藕状电缆	−75−5−5	4	75±3	60	4.10	11.0	22.5	楼内支线
	−75−7−5			60	2.60	7.60	16.9	支线或干线
	−75−9−5			60	2.05	5.90	12.9	干线
SYKV 藕状电缆	−75−5−5	1	75±3	57	4.10	11.0	22.9	楼内支线
	−75−9−7			53	2.10	5.9	13.0	支线或干线
SYLV	−75−5−1	1.2	75±3	55		10.3	21.2	楼内支线
SYLA	−75−7	2	75±2	54		6.7	13.9	支线或干线
SYDY	−75−4.4		75		4.3	8.2	16.0	架空、管道
	−75−9.5				1.4	4.3	8.6	
SIZV	−75−4				4.5	11	22	楼内支线
	−75−5−A				3.5	8.5	17	
SIOV	−75−5				4.7	12.5	28	楼内支线
	−75−5−A				3.5	9	18.5	

　　同轴电缆不能与有强电流的线路并行敷设，也不能靠近低频信号线路，如广播线和载波电话，室内装饰装修中多采用暗管敷设，敷设时不得与照明线、电力线同线槽、同管、同出线盒（中间隔防的除外）、同连接箱安装。其敷设方式可参见电气管线安装有关章节。同轴电缆穿管根数见表3-4-2。

表3-4-2　同轴电缆穿管根数表

序号	项目 类别	标称口径（mm）	（in）	外径（mm）	壁厚（mm）	内径（mm）	穿电缆根数 n					
							75—5P	75—7P	75—9P	75—9L	75—12L	75—14L
1	电线管（TM）	15	5/8	15.87	1.6	12.67	1	1	—			
2		20	3/1	19.05		15.85	2	1	—			
3		25	1	25.4		22.2	4	2	1			
4		32	1¼	31.75		28.55	6	2	1			
5		40	1½	38.1		34.9	10	4	2			
6		50	2	50.8		47.6	18	6	3			
7	焊接钢管（SC）	15	5/8	21.25	2.75	15.75	2	1	—			
8		20	3/1	26.75		21.25	3	1	1			
9		25	1	33.5		27	6	3	2			

续表

序号	项目 数据 类别	标称口径 (mm)	(in)	外径 (mm)	壁厚 (mm)	内径 (mm)	穿电缆根数 n 75— 5P	75— 7P	75— 9P	75— 9L	75— 12L	75— 14L
10	焊接钢管（SC）	32	$1\frac{1}{4}$	42.25	3.25	35.75	10	5	2	1		
11		40	$1\frac{1}{2}$	48	3.5	41	13	6	3	2	1	1
12		50	2	60		53				3	2	2
13		70	$2\frac{1}{2}$	75.5	3.75	68				5	4	3
14		80	3	88.5	4	80.5				7	6	4
15		100	4	114		106				9	7	6

电视用户终端盒距地高度，宾馆、饭店和客房一般为 0.3m，住宅一般为 1.2～1.5m 或与电源插座等高，但彼此应相距 50～100mm。接收机和用户盒的连接应采用阻抗为 75Ω，屏蔽系数高的同轴电缆，长度不宜超过 3m。

二、综合布线

1. 智能建筑与综合布线

智能建筑的重点是用先进的技术对楼宇进行控制、通信和管理，强调实现楼宇三个方面自动化的功能，即建筑自动控制化（Building Automation，BA），通信与网络系统的自动化（Communication and Network Automation，CAN），办公业务的自动化（Office Automation，OA）。

楼宇的自动化功能是指建筑物本身应具备的自动化控制功能，包括感知、判断、决策、反应、执行的自动化过程，能够对保证大楼运行办公必备的配电、照明、空调、供热、制冷、通风、电梯、给排水以及消防系统、保安监控系统提供有效安全的物业管理，达到最大限度的节能和对各类报警信号的快速响应。

通信系统的自动化指建筑物本身应具备的通信能力。为在该大楼内工作的用户提供易于连接，方便快速的各类通信服务，畅通的音频电话、数字信号、视频图像、卫星通信等各类传输渠道。它包括建筑物内的局域网和对外联络的广域网及远程网。通信网络正在向着数字化、综合化、宽带化、智能化和个人化方向发展。

办公业务的自动化是为最终使用者所具体应用的自动化功能。它提供包括各类网络应用在内的饱含创意的工作场所和富于思维性的创造空间，创造出高效有序及安逸舒适的工作条件为大楼内用户的信息检索分析、智能化决策、电子商务等业务工作提供方便。

实现建筑物自动化和智能化的龙骨是大楼的综合布线系统，它破除了以往存在于语音传输和数据传输间的界限，使这两类不同的信号能通过技术上的进步与飞跃，而在同一条线路中传输，这既为智慧型大楼提供了物理基础，也与代表未来发展方向的综合业务数据网络 ISDN 的传输需求相结合。如图 3-4-3 所示为智能化大楼综合布线的组成结构。

智能大楼的中心是以计算机为主的控制管理中心，它通过结构化综合布线系统与各种终端，如通信终端（电话、电脑、传真和数据采集等）和传感终端（如烟雾、压力、温度、湿度传感等）相连接，"感知"建筑物内各个空间的"信息"，并通过计算机处理给出相应的反应，使得该建筑好像具有"智能"，这样建筑物内的所有设施都实行按需控制，既提高了建筑物的管理和使用效率，又降低了能耗。智能大楼的组成结构如图 3-4-4 所示。

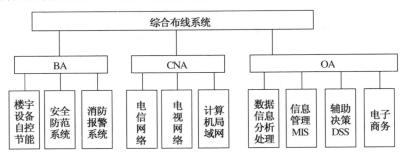

图 3-4-3　综合布线的组成结构

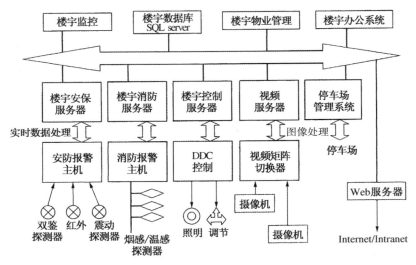

图 3-4-4　智能大楼的组成结构

2. 综合布线

综合布线（Premises Distribution Systems，PDS）是一个全新的概念，它与传统布线系统相比较，具有经济、可靠、开放、灵活、先进及综合性强等优点。

综合布线系统的组成部件主要有传输介质、连接器、信息插座、插头、适配器、线路管理硬件、传输电子设备、电气保护设备和各种支持硬件。这些部件被用来构建综合布线系统的各个子系统，不仅易于实施，而且能随着需求的变化在配线上扩充和重新组合。

综合布线系统中常用的传输介质有非屏蔽双绞线（UTP）、屏蔽双绞线（FTP 或 STP，SCP 等）、同轴电缆和光缆四种。线缆敷设一般应按下列要求敷设。

（1）线缆的形式、规格应与设计规定相符。

（2）线缆的布放应自然平直，不得产生扭绞、打圈接头等现象，不应受到外力的挤压和损伤。

（3）线缆两端应贴有标签，应标明编号，标签书写应清晰、端正和正确；标签应选用不易损坏的材料。

（4）线缆终接后，应有余量。交接间、设备间对绞电缆预留长度宜为 0.5 ～ 1.0m，工作区为 10 ～ 30mm；光缆布放宜盘留，预留长度宜为 3 ～ 5m。有特殊要求的应按设计要求预留长度。

（5）线缆的弯曲半径应符合下列规定。

① 非屏蔽 4 对绞电缆的弯曲半径应至少为电缆外径的 4 倍。

② 屏蔽 4 对绞电缆的弯曲半径应至少为电缆外径的 6 ～ 10 倍。

③ 主干对绞电缆的弯曲半径应至少为电缆外径的 10 倍。

④ 光缆的弯曲半径应至少为光缆外径的 15 倍。

（6）电源线、综合布线系统缆线应分隔布放。缆线间的最小净距应符合设计要求，并应符合表 3-4-3 的规定。

表3-4-3 对绞电缆与电力线最小净距

条件＼单位范围	最小净距（mm）		
	380V< 2kV·A	380V2.5 ～ 5kV	380V>5kV
对绞电缆与电力电缆平敷设	130	300	600
有一方在接地的金属槽道或钢管中	70	150	300
双方均在接地的金属槽道或钢管中	注	80	150

注：双方都在接地的金属槽道或钢管中，且平行长度小于 10m 时，最小间距可为 10mm，表中对绞电缆如采用屏蔽电缆时，最小净距可适当减小，并符合设计要求。

（7）建筑物内电、光缆暗管敷设与其他管线最小净距见表 3-4-4 的规定。

表3-4-4 电、光缆暗管敷设与其他管线最小净距

管线种类	平行净距（mm）	垂直交叉净距（mm）	管线种类	平行净距（mm）	垂直交叉净距（mm）
避雷引下线	1000	300	给水管	150	20
保护地线	50	20	煤气管	300	20
热力管（不包封）	500	500	压缩空气管	150	20
热力管（包封）	300	300			

（8）在暗管或线槽中缆线敷设完毕后，宜在通道两端出口处用填充材料进行封堵。

（9）预埋线槽和暗管敷设线缆应符合下列规定。

① 敷设线槽的两端宜用标准表示出编号和长度内容。

② 敷设暗管宜采用钢管或阻燃硬质 PVC 管。布放多层屏蔽电缆、扁平缆线和大对数主干电缆或主干光缆时，直线管道的管径利用率应为 50% ～ 60%，弯管道应为 40% ～ 50%，暗管布放 4 对对绞电缆或 4 芯以下光缆时，管道的截面利用率应为 25% ～ 30%。

预埋线槽宜采用金属线槽，线槽的截面利用率不应超过 50%。

（10）设置电缆桥架和线槽敷设缆线应符合下列规定。

① 电缆线槽、桥架宜高出地面 2.2m 以上。线槽和桥架顶部距楼板不宜小 300mm；在过梁或其他障碍物处，不宜小于 50mm。

② 槽内缆线布放应顺直，尽量不交叉，在缆线进出线槽部位，转弯处应绑扎固定，其水平部分缆线可以不绑扎；垂直线槽布放缆线应每间隔 1.5m 固定在缆线支架上。

③ 在水平、垂直桥架和垂直线槽中敷设缆线时，应对缆线进行绑扎。对绞电缆、光缆及其他信号电缆应根据缆线的类别、数量、缆径、缆线芯数分束绑扎。绑扎间距不宜大于1.5m，间距应均匀，松紧适度。

④ 楼内光缆宜在金属线槽中敷设，在桥架敷设时应在绑扎固定段加装垫套。

（11）采用吊顶支撑柱作为线槽在顶棚内敷设线缆时，每根支撑柱所辖范围内的线缆可以不设置线槽进行布放，但应分束绑扎，缆线护套应阻燃，缆线选用应符合设计要求。

（12）建筑群子系统采用架空、管道、直埋、墙壁及暗管敷设电、光缆的施工技术要求应照本地网通信线路工程验收的相关规定执行。

综合布线系统中的标准信息插座是8脚模块化I/O，这种8脚结构为单一I/O配置提供了支持数据、语音或两者的组合所需的灵活性。除了能支持直接的或现有服务方案外，标准I/O还符合综合业务数字网（ISDN）的接口标准。信息插座的核心是模块化的插孔、镀金的导线或插孔可维持与模块化插头弹片间稳定而可靠的电连接。由于弹片与插孔间的摩擦作用，电接触随插头的插入而得到进一步加强。插孔主体设计采用了整体锁定机制，当模块化插头插入时，插头和插孔的界面处会产生一定的拉拔强度。

对绞线在与8脚模式式通用插座相连时，必须按色标和线对顺序进行卡接，插座类型、色标和编号应符合图3-4-5的规定。在两种连接图中，首推A类连接方式，但在同一布线工程中两种连接方式不应混合使用。

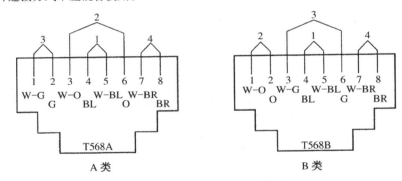

图3-4-5　脚模块式通用插座连接

G（Green）—绿；BL（Blue）—蓝；BR（Brown）—棕；W（White）—白；O（Orange）—橙

第五节　空调电器的安装

一、空调系统概述

空调系统的作用是对空气进行处理，使空气的温度、湿度、流动速度及新鲜度、洁净度等指标符合场所使用要求。空气处理所需的相应设备有：制冷机组、热水炉（或锅炉）、风机盘管系统、风管系统、水管系统等。另外还有相应的保护控制系统及有关的电气设备等。

1. 空调系统的分类

（1）分散式。如窗式空调机，它安装灵活，可节省风管及水管系统等，但换气量不够，且制冷量较小。

（2）局部集中式。如柜式空调机系统，它的系统制冷量较大，可采用风冷却或水冷却，也可使用风管。

（3）集中的中央空调系统。这是一种服务于大面积的空调系统，一般现代化的高层建筑，多采用这种形式，但投资较大，空气的处理集中在专用的空调机房内。中央空调的主要电气设备有压缩机、节流膨胀装置、冷凝器、调节阀、蒸发器等组成的冷水机组以及冷冻水泵、冷却塔、冷却水泵、电磁阀、空调器、鲜风机、排风机以及各种水管、风管系统等。

2. 空调系统的循环

从图 3-5-1 中央空调的循环系统图可看到空调系统实质是几个循环的合成结果。

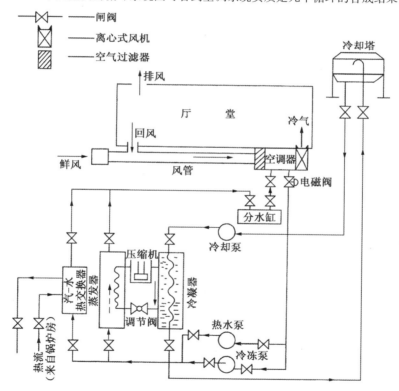

图 3-5-1 中央空调的循环系统

（1）制冷剂的循环。在冷水机组蒸发器内的低温、低压制冷气体吸收了制冷剂的热量后加速气化，通过压缩机气缸吸收压缩则变成高温、高压的气体（如虚线箭头所示），该气体进入冷凝器对冷却水放热后变成液体，该液体经调节阀后进入蒸发器气化，在气化过程中吸收蒸发器水箱中水的热量，又变成低温、低压的制冷气体，又被压缩机气缸重新吸收，进行第二次压缩，如此不断循环。

（2）冷却水的循不。在冷凝器内吸收了高压、高温的制冷气体的热量后的冷却水，通过管道直接输送到冷却塔，并经过冷却塔的风扇对其进行降温（使热量排入大气中），随后从冷却塔下端过滤后，又通过管道经冷却回水泵返回冷凝器内，完成一个冷却循环，并如此不断循环。

（3）冷冻水（冷媒）的循环。在蒸发器水箱内，气化后的制冷剂，吸收了水箱中水的热量后，水箱中的水温下降而成为冷冻水，并通过管道通入分水缸，再输送到各空调器的盘管内，并用冷风机，使室内的温度下降（图中室内实线箭头所示）。

在冬季需要取暖时，只要停止冷水机组、冷却水泵、冷却塔、冷冻水泵的运行，并关闭有关管道的闸阀，开启汽—水热交换器的闸阀及热水泵，把从锅炉房送来的蒸气，经汽—水热交换器转变为高温的热水，并进入分水缸，再通过管道输送到空调器的盘管内，最后由空调器的风机散热到各室内使室温上升，从而达到取暖的目的。

二、中央空调系统电气设备的安装

中央空调机组即冷水机组，又称主机，带有启动控制设备，只要连接三相四线电源即可。其导线截面积和开关容量可按主机的功率和有关规定选用，并按设计要求敷设。

1. 中央空调节电气设备控制的安装

（1）冷却塔、冷却水泵、冷冻水泵、冷冻机组均采用联动控制方式，它们相互间有电器联锁关系，采用集中控制，有指示灯、电流表、电压表监护运行状况。

总的启动顺序是冷却塔→冷却水泵→冷冻水泵→冷水机组。

由于管线是随启动方式不同而异的，因此，要根据产品说明书的要求安装。

（2）由于冷却水管及冷冻管上装有流水检测装置（水流开关），可以控制冷却水及冷冻水流动和开关以及主机的启动。

（3）中央空调系统中的冷却水泵、冷冻水泵功率较大，一般应配降压启动器。

（4）冷却水泵、冷冻水泵及主机一般同装在一个机房内，而冷却塔则一般另外安装在天面上。

（5）所有与管道、风管有直接联系的电气设备，要有良好的接地（或接零），接地电阻应等于或少于 4Ω。

（6）冷却塔、冷却水泵、主机输入电源的控制原理见图 3-5-2、图 3-5-3、图 3-5-4 所示。

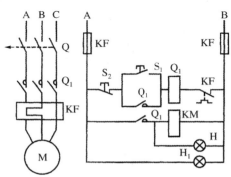

图 3-5-2　冷却塔控制原理

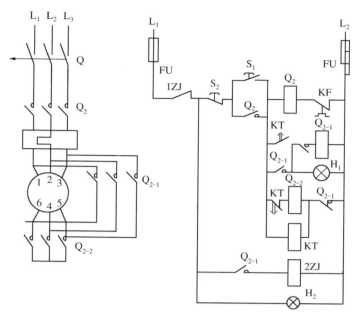

图 3-5-3 冷却水泵控制原理

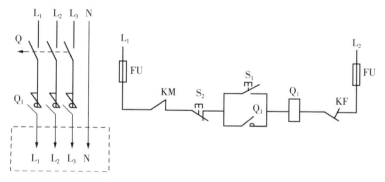

图 3-5-4 冷冻机组电源输入控制原理

2. 鲜风处理机及排风机的工作原理

根据规定，鲜风处理机要与消防中心互相联锁，一旦发出火灾警报就可自动切断电源，以免发生火灾，该防护原理如图 3-5-5 所示。消防中心的中间继电触头闭合时是两地控制；合上 Q 并按下按钮 S，接触器 C 通电，指示 H 及 H_1 亮，主触头闭合并使电动机 D 启动运转。另一方辅助触头 C 闭合，温度控制器 W 通电，二通阀动作（开启）。当室内温度达到预定温度时，由 W 切断二通阀电源，并关闭冷冻水源；当室内温度升高时，由温度传感器传到 W_1，由它自动接通电源，二通阀重新开启，以达到自动控制温度的目的。室内所需温度预先由人工调节设定。

排风机的作用是将室内污浊的空气排出室外，其控制线路与鲜风处理机基本相同，但排风机不用与消防中心联锁，同时减少了温度控制器、二通阀、温度传感器。

247

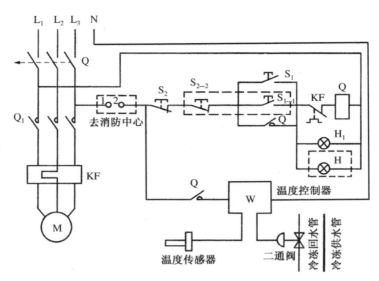

图 3-5-5 鲜风机控制原理

三、冷风柜的安装

冷风柜是中央空调系统将冷源（或热源）输送到室内的主要设备之一。一般是装在独立的房间里，或吊装藏在天花板里，视设计及使用单位的要求而定。但一定要水平安装，同时机座与基础或金属支架连接处要有较厚的橡胶垫层，以减少震动及噪声。

冷风柜的主要动力一般由 1 ~ 3 个电动机独立或并联驱动，同时要求可调速。调速的方法有变级调速和自耦降压调速两种。调速的目的是改变风量的大小。

1. 风柜电源控制线路（图 3-5-6 所示）

（1）在重要的场所，要与使用单位的消防中心互相联锁，一旦发生火灾自动断开风柜的电源，正常情况下则由消防中心的继电器触头连通。

（2）一般要求有两地控制，并有指示灯指示，电动机转向应符合规定。

（3）温度控制器 WJ 装在机房的电控箱里，便于调节温度，传感器一般装在风柜的回风口侧，并通过导线与 KF 连接。

（4）风柜的金属外壳、金属支架、控制箱及与风柜有直接联系的管道、风管，都要有可靠的接地（或零），接地电阻 R 等于或小于 4Ω。

2. 线路的工作过程

（1）合上 Q、DX 通电，在正常情况下断相保护开关的常闭触头闭合，消防触头也闭合，TC 通电，CXD 亮。

（2）按下 SG₁ 主触头 GQ 闭合，D₁ ~ D₃ 通电启动并运转。常开触头 GZ 闭合，指示灯 GD 亮，另一常开触头 GZ 合上，KF（温度控制器）及中间继电器 KM 通电。KM 线圈通电后，常开触头闭合，电磁阀 YT 通电而开启，使冷冻水流动，并通过电机风扇将冷冻水的冷气吹入室内。

（3）当室内温度达到整定值后，温度控制器触头 KF 打开，中间继电器 KM 断开，切断电磁阀 YT，电源关闭冷冻水源，当室内温度升高时，则 KF 触头重新闭合，中继器 KM 重新通电，KM 闭合，YT 通电，使冷冻水重新流动。

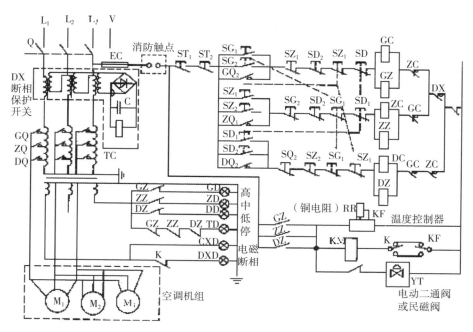

图 3-5-6 风柜电源控制线路

3. 风机盘管空调器的安装

风机盘管空调器常在适用于高层建筑或小型多室建筑集中空调冷热源的场合。

（1）风机盘管空调器的组成。风机盘管空调器由通风机、盘管、电动机、空气过滤器、凝水盘、送回风和室温控制装置等组成。机组分为立式和卧式两种，又可分别分为明装机组和暗装机组。

（2）风机盘管空调器的优点：

① 机组噪声较低，空调环境较安静。

② 机组设有高、中、低 3 挡风机变速，水路采用室温控制装置，调节灵活，可个别机组开动或关停。图 3-5-7 所示为风机盘管空调的控制原理。

③ 分区控制方便，可根据房间的用途、朝向，把空调系统设计成为若干个区域系统进行分区控制。

④ 机组装在房内，室内回风就地处理，不需要大风道，减少占有空间。

⑤ 机组体积小，重量轻，安装和维修较方便。

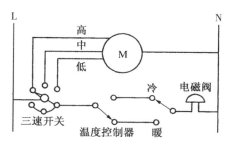

图 3-5-7 风机盘管空调器的控制原理

（3）安装风机盘管空调器的注意事项。风机盘管空调器由于有通风机、电动机等旋转部件，安装的场合和安装质量要求很严，安装时应特别注意机组本身的保温和防凝结水的排出。

（4）风机盘管空调器的调整方法。风机盘管空调器的主要动力是一台单机交流 220V、50Hz 电容式可调三速异步电动机，其调速方法为：

① 改变电动机启动线圈抽头以达到调速目的。

② 利用电抗器改变输入电机的电压来调速。

第六节 室外灯具的安装

一、小区道路照明灯具安装

1.道路照明灯具布置方式

道路照明有单侧布灯和对称布灯、交叉布灯等几种布置方式。常见道路照明灯布置方式和适用条件见表3-6-1。

表3-6-1 道路照明灯布置方式和适用条件

	单侧布灯	交叉布灯	丁字路口布灯	十字路口布灯	弯道布灯
布置方式					
适用条件	宽度不大于9m或照度要求不高的道路	宽度不大于9m或照度要求不高的道路	丁字路口	十字路口	道路弯曲半径较小时灯距应适当缩小

2.道路照明灯安装方法

道路照明灯安装方法主要分为两种：一是直埋灯杆；二是预制混凝土基础，灯杆通过法兰进行连接。预制混凝土基础时应配钢筋，表面铺钢板，钢板按灯杆座法兰孔距钻孔，螺栓穿入后与钢板在底部焊接，并与钢筋绑扎固定。道路照明灯用的电缆一般选用铠装电力电缆。安装方法见图3-6-1、图3-6-2。

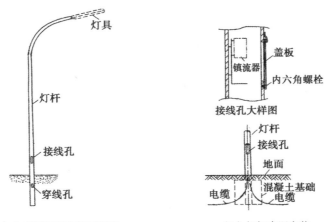

（a）直埋灯杆安装示意图　　　（b）灯杆直埋安装

图3-6-1 灯杆直埋安装方法

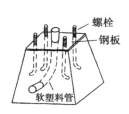
（a）预制混凝土基础

（b）法兰连接安装

图 3-6-2 预制混凝土基础安装方式

二、建筑物景观照明灯具的安装

建筑物景观照明主要有布在地面的地面灯、建筑物投光灯、玻璃幕墙射灯、草坪射灯和其他射灯等。建筑物景观灯安装要求：

（1）灯具导电部分对地绝缘电阻应大于 2MΩ。

（2）在人行道等人员来往密集场所安装的落地式灯具，无围栏防护时，安装高度距地面应在 2.5m 以上。

（3）金属构架和灯具的可接近裸露导体及金属软管，应可靠接地（PE）或接零（PEN），并且有标志牌标识。

（4）所有室外安装的灯具应选用防水型，接线盒盖要加橡胶密封垫圈保护，电缆引入处应密封良好。

（5）地面灯安装时，灯具防护等级应为 IP56。地面施工应与电线管埋设配合进行，并做好防水处理。

地面灯布置示意图及组装见图 3-6-3，建筑物投光灯安装方法见图 3-6-4，射灯安装方法见图 3-6-5 ～图 3-6-7。

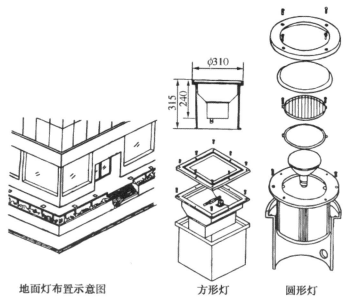

地面灯布置示意图　　方形灯　　圆形灯

图 3-6-3 地面灯布置示意图及组装

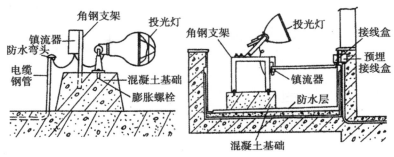

（a）投光灯地装方式1　　　　　　（b）投光灯地装方式2

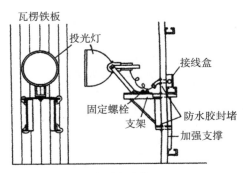

（c）投光灯壁装

图 3-6-4　建筑物投光灯安装方法

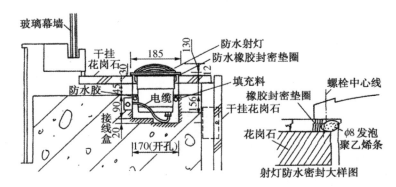

图 3-6-5　玻璃幕墙射灯安装方法

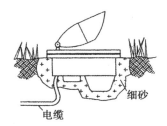

图 3-6-6　草坪射灯安装方法

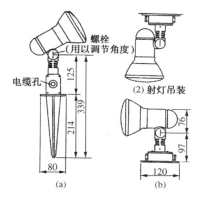

（a）　　　　　（b）

图 3-6-7　射灯插装、吊装、地装方法

三、庭院照明灯具安装

庭院照明主要分为安装在草坪上的和庭院道路上的园艺灯以及立柱式、落地式路灯等，安装方法分为灯杆法兰连接和灯杆直埋安装，见图 3-6-8、图 3-6-9。

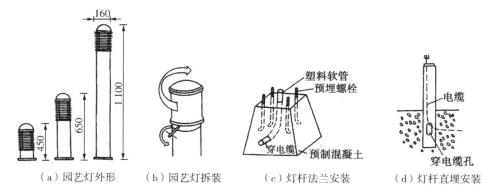

（a）园艺灯外形　　　（b）园艺灯拆装　　　（c）灯杆法兰安装　　　（d）灯杆直埋安装

图 3-6-8　园艺灯安装方法

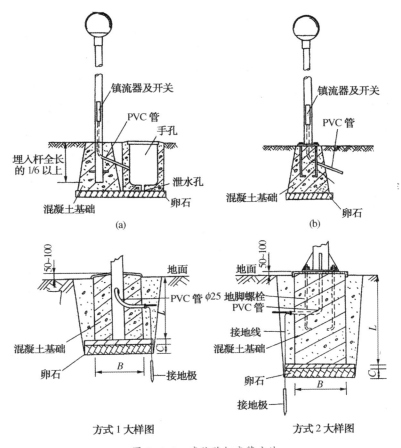

镇流器及开关

PVC管

手孔

埋入杆全长的 1/6 以上

泄水孔

混凝土基础

卵石

(a)

镇流器及开关

PVC管

混凝土基础

卵石

(b)

50~100

地面

PVC管 $\phi25$

混凝土基础

卵石

接地极

B

C

方式1大样图

50~100

地面

地脚螺栓

PVC管

接地线

混凝土基础

卵石

接地极

L

C

B

方式2大样图

图 3-6-9 庭院路灯安装方法

四、建筑物彩灯安装

建筑物彩灯安装要求:

(1)建筑物顶部彩灯应采用防雷性能的专用灯具,灯罩要拧紧。

(2)彩灯配线管路按明配管敷设,应具有防雨功能。管路间、管路与灯头盒间应采用螺纹连接,金属管、金属构件、钢索等可接近导体应可靠接地或接零。

(3)垂直彩灯悬挂挑臂采用不小于 10# 的槽钢。端部吊挂钢索用的吊钩螺栓直径不小于 10mm,槽刚上螺栓固定时应加平垫圈和弹簧垫圈且上紧。

(4)悬挂钢丝绳直径不小于 4.5mm,底把圆钢直径不小于 16mm,地锚采用架空外线用拉线盘的埋设深度大于 1.5m。

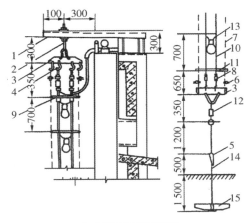

(a)彩灯安装示意图

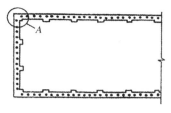
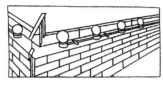

（b）屋顶彩灯安装

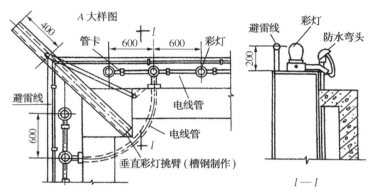

（c）垂直顶部彩灯安装

图 3-6-10 建筑物彩灯安装方法

1—垂直彩灯悬挂；2—开口吊钩螺栓，10 圆钢，上、下均附垫圈、弹簧垫圈及螺母；
3—梯形拉板，300mm×150mm×5mm 镀锌钢板；4—开口吊钩，6 圆钢，与拉板焊接；
5—心形环；6—钢丝绳卡子；7—钢丝绳（7×7），直径 4.5mm；8—瓷拉线绝缘子；
9—绑线；10—RV（6mm²）铜芯氯乙烯绝缘线；11—硬塑料管；12—花篮；
13—防水吊线灯；14—底把，16 圆钢；15—底盘

（5）垂直彩灯采用防水吊线灯头，下端灯头距离地面应高于 3m。

建筑物彩灯安装方法见图 3-6-10。

五、航空障碍灯具的安装

高层建筑航空障碍灯设置的位置，要考虑不被其他物体挡住，使远处便能看到灯光。因夜间电压偏高，灯泡易损坏，应考虑维修及更换灯泡的方便。

航空障碍灯具应安装在避雷针保护区内，闪光频率 20 ～ 70 次 /min。安装方式有直立式、侧立式、夹板式、抱箍式。航空障碍灯安装应符合以下规定：

（1）灯具装设在建筑物或构筑物的最高部位，若最高部位平面面积较大或为建筑群时，除在最高端装设外，还应在其外侧转角的顶端装设。

（2）在烟囱顶上装设航空障碍灯时，应安装在低于烟囱口 1.5 ～ 3mm 的部位，且呈正三角水平排列。

（3）灯具安装应牢固可靠，且有维修和更换光源的措施。

（4）安装用的金属支架与防雷接地系统焊接，接地装置有可靠的电气通路。航空障碍灯安装方法见图 3-6-11。

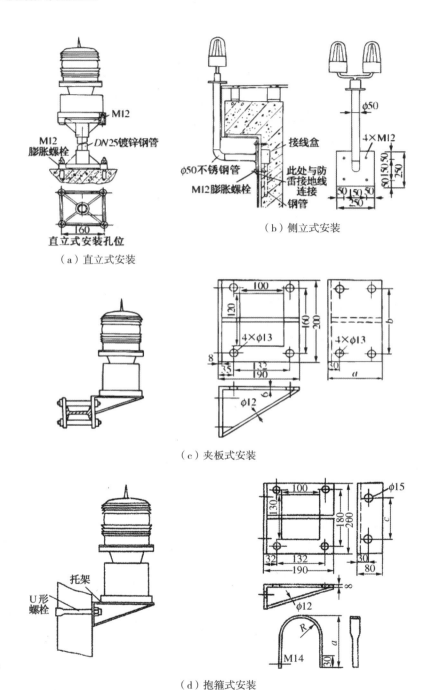

（a）直立式安装

（b）侧立式安装

（c）夹板式安装

（d）抱箍式安装

图 3-6-11　航空障碍灯安装方法

第四章　安全用电基本常识

第一节　电气安全装置及接法

为了安全用电，防止事故的发生，已越来越广泛地采用各种形式的电气安装装置。常用的电气安装装置有漏电保安装置（即触电保安器）和隔离变压器。

一、触电保安器

触电保安器是防止人身触电、漏电和火警事故的一项有效的技术措施。它是根据设备漏电时出现的两种异常现象设计制造的。如图4-1-1装有保护接地装置的电动机 M，当其金属外壳因绝缘损坏、碰壳等原因而漏电时，三相电流的平衡被破坏而出现了零序电流 i_0：

$$i_0 = i_a + i_b + i_c$$

式中：i_a、i_b、i_c 为 A、B、C 三相的相电流的瞬时值。同时，金属外壳也就有 3 对地电压 U_d：

$$U_d = i_0 R_d$$

式中：U_d 为对地电压的有效值；i_0 为零序电流的有效值；R_d 为保护接地的接地电阻。

触电保安器就是通过检测机构取得 i_0 和 U_d 这两种异常信号，经中间机构转换和传递，使执行机构动作，通过开关设备断开电源。触电保安器根据其反应的信号分为如下两种类型。

1. 以对地电压为信号的触电保安器

它是以保护设备的金属外壳或支架出现的异常对地电压作为动作信号，作用于主电路的控制电路，对被保护设备实行保护切断。其工作原理如图4-1-2所示。

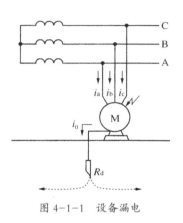

图 4-1-1　设备漏电

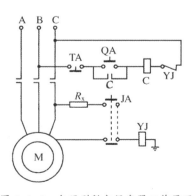

图 4-1-2　电压型触电保安器工作原理

图中 YJ 为检测用的灵敏电压继电器，其动作电压为 20 ~ 40V。当设备漏电，外壳出现的异常对地电压达到 YJ 的动作电压时，YJ 继电器动作，其常闭触点打开，断开了主电路的控制电路，主接触器 C 失电而把主电路切断。为了保证可靠的动作，YJ 线圈一端接被保护设备的外壳或支架，另一端必须接基准大地（离设备接地处无穷远处，一般 20m 外为基准大地零电位点）。

电压型触电保安器的主要优点是简单、经济，在原有的接地接零基础上，加一个灵敏电压继电器就可以自动动手改装，以提高原有的接地接零的效果和可靠性，缺点是保安器的接地接零发生故障以及人体接触导电部分时，保安器都不动作。

图中限流电阻 R_x 与按钮 JA 配合使用可以检查触电保安器是否动作。

2. 以接地电流为信号的触电保安器

反应接地电流的电流型触电保安器，是以保护设备的对地泄漏电流（即接地电流）为信号，作用于自动开关的脱扣器，漏电超过预定值时使开关超闸，切断被保护电路。电流型触电保安器不需要接地，被保护设备的外壳或支架也不需接地接零。图 4-1-3 为放大器式触电保安器的电原理图。它由零序电流互感器 H、漏电脱扣器 TQ、自动开关 ZK 和放大器组成。图中电动机的接地符号仅表示其机座与大地接触接地。作为漏电检测原件的零序电流互感器，有一个圆环形铁芯，其初级绕组即为穿过圆环内孔的电源导线，次级绕组即为绕在 H 圆环上与 TQ、放大器相连的线圈。设备正常工作时，三相电流平衡，无零序电流（实际有很小的正常漏电电流），次级绕组无电压输出到放大器，脱扣线圈 TQ 无电流，自动开关不动作，保护合闸供电状态。当负载侧发生漏电接地，如人触导体或设备绝缘损坏时等，穿过互感器的三相电流不平衡有零序电流 I_0 产生，I_0 在铁芯中产生交变磁通，在互感器次级绕组感应出交变电压 U_z 经放大器放大后作用于脱扣器线圈，使自动开关跳闸，达到触电保护的目的。

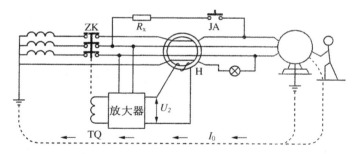

图 4-1-3　放大器式触电保安器

图中限流电阻 R_x 与 JA 一起仍作为检查触电保安器动作状态之用。

触电保安器必须正确安装、正确使用才能发挥它应有的保护作用。运行中的保安器发生作用后，如果有误动作，应查明原因，消除故障，再重新投入使用，切不可掉以轻心。触电保安器要定期（一周或一月）检查它的灵敏度和可靠性，以确保有较高的安全系数。

在安装电压型漏电保安器的低压电网中，中性线不允许重复接地，设备也不允许接零。

采用电流型的漏电保安器时，低压电网的中性点可以直接接地，零线可以重复接地，设备也可以接零。但在保安器（电流型）所保护的范围内零线不能重复接地，设备上也不允许接零。因此建筑工地和生活中，常用电流型漏电保安器。

二、隔离变压器

隔离变压器能将用电设备与三相四线制的接地系统断绝电报联系，使单相触电不能构成回路，杜绝了人体触及一根电线而发生触电的事故。

隔离变压器的输出端与接地系统没有电的联系，电能通过磁的联系而转换。初级绕组与电源的三相四线制接地系统相接，将电能转换为铁芯中的磁能，再由磁能转换为次初绕组的电能。图4-1-4为隔离变压器原理接线图，其中初、次级绕组间有接地的屏蔽层。使用时隔离变压器次级输出端电源必须采用插座形式，初级（输入端）电源引入线则采用插头形式，以防止使用时初、次级接错而造成事故。

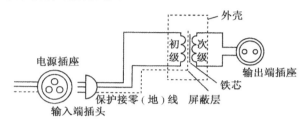

图 4-1-4 隔离变压器接线图原理

隔离变压器次级绕组的任何一个线端都不接地，才能防止单相触电，其原理如图4-1-5所示。

由图4-1-5可见，人若接触次级绕组中的一根线，由于隔离层的存在，电流不可能通过人体与电网接地中性点形成回路，从而保证了操作人员的安全。

为了防止人体同时触及两根线而发生触电事故，可采用12/220、24/220、36/220的隔离变压器。此类隔离变压器与一般低压安全变压器的不同之处是：它的外壳必须是塑料的（达到双重绝缘），初、次级绕组间有屏蔽层接地，因此它的外壳、铁芯和次级均不要和零线（或地线）相接。而一般低压安全变压器的次级、铁芯和外壳必须接零或接地，这样，电流才能在初级绝缘损坏或相线碰壳时，通过零线或地线流入地下，从而保证了人身安全。

对于较大容量的移动式电动工具，额定电压多为220V或380V，在危险环境中不能直接地使用，应采用1∶1隔离变压器。

所谓1∶1的隔离变压器，即为次级输出电压等于初级输入电压，但次级输出的任何一端都不能接地，以确保电流不会通过人体与电网接地中性点形成回路。1∶1的隔离变压器仅能防止人体触及一根线不触电，如果同时触及两根线仍是极危险的，但这种可能性实际上不大。

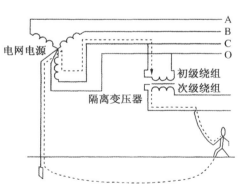

图 4-1-5 隔离变压器防止单相触电的原理

第二节 电气火灾预防

电气火灾和爆炸事故是指由电气原因引起的火灾和爆炸事故。电气火灾和爆炸事故除可能造成人身伤亡和设备损坏外，还可能造成电力系统大面积停电或长时间停电，给国民经济造成重大损失。因此，防止电气火灾和爆炸事故是安全工作的重要内容。

一、电气火灾和爆炸原因

电气火灾和爆炸的原因，除了设备缺陷或安装不当等设计、制造和施工方面的原因外，在运行中，电流产生的热量和电火花或电弧等也是电气火灾和爆炸的直接原因。

1. 电气设备过热

引起电气设备过热主要有下列原因：

（1）短路。线路发生短路时，线路中电流将增加到正常工作电流的几倍甚至几十倍，使设备温度急剧上升，尤其是连接部分接触电阻大的地方，当温度达到可燃物的起燃点时，就会引起燃烧。

引起线路短路的原因很多，如电气设备载流部分的绝缘损坏，这种损坏或者是设备长期运行，绝缘自然老化；或者是设备本身不合格，绝缘强度不符合要求；或者是绝缘受外力损伤引起短路事故。再如在运行中误操作造成弧光短路，还有小动物误入带电间隔或鸟、禽跨越裸露的相线之间造成短路等。必须采取有效措施防止发生短路，发生短路后应以最快的速度切除故障部分，保证线路安全。

（2）过负荷。由于导线截面或设备选择不合理，或运行中电流超过设备的额定值，引起发热并超过设备的长期允许温度而过热。

（3）接触不良。导线接头做得不好，连接不牢靠，活动触头（开关、熔丝、接触器、插座、灯泡与灯座等）接触不良，导致接触电阻过大，电流通过时接头会过热。

（4）铁芯过热。变压器、电动机等设备的铁芯压得不紧而使磁阻很大，铁芯绝缘损坏，长时间过电压使铁芯损耗大，运行中使铁芯过饱和，非线性负载引起高次谐波，这些都可能造成铁芯过热。

（5）散热不良。设备的散热通风措施遭到破坏，设备运行中产生的热量不能有效散发而造成设备过热。

（6）发热量大的一些电气设备安装或使用不当，也可能引起火灾。例如电阻炉的温度一般可达600℃以上，照明灯泡表面的温度也会达到很高的数值，一只60W的灯泡表面化温度可达到130℃～180℃。

2. 电火花和电弧

电火花和电弧在生产和生活中是经常见到的一种现象，电气设备正常工作时或正常操作时会发生电火花和电弧。直流电机电刷和整流子滑动接触处、交流电机电刷与滑环滑动接触处，在正常运行中会有电火花。开关断开电路时会产生强烈的电弧；拔掉插头或接触器断开电路时都会有电火花。电路产生短路或接地事故时产生的电弧更大。绝缘不良造成电气闪络等也都会有电火花、电弧产生。

电火花、电弧的温度很高，特别是电弧，温度可高达6000℃。这么高的温度不仅能引起可燃物燃烧,还能使金属熔化、飞溅,构成危险的火源。在有爆炸危险的场所,电火花和电弧更是十分危险的因素。电气设备本身不会发生爆炸,例如变压器、油断路器、电力电容器、电压互感器等充油设备。电气设备周围空间在下列情况下也会引起爆炸:

(1)周围空间有爆炸性混合物,当遇到电火花或电弧时就可能引起爆炸。

(2)充油设备的绝缘油在电弧作用下分解和汽化,喷出大量油雾和可燃性气体,遇到电火花、电弧时或环境温度达到危险温度时可能发生火灾和爆炸事故。

(3)氢冷发电机等设备,如发生氢气泄漏,形成爆炸性混合物,当遇到电火花、电弧或环境温度达到危险温度时也会引起爆炸和火灾事故。

二、防止电气火灾和爆炸的措施

从上面分析可看到,发生电气火灾和爆炸的原因可以概括为现场有可燃易爆物质;现场有引燃引爆的条件。所以应从这两方面采取防范措施,防止电气火灾和爆炸事故发生。

1. 排除可燃易爆物质

(1)保持良好通风,使现场可燃易爆气体、粉尘和纤维浓度降低到不致引起火灾和爆炸的限度内。

(2)加强密封,减少和防止可燃易爆物质泄漏。有可燃易爆物质的生产设备、储存容器、管道接头和阀门应严加密封,并经常巡视检测。

2. 排除电气火源

应严格按照防火规程的要求来选择、布置和安装电气装置。对运行中可能产生电火花、电弧和高温危险的电气设备和装置,不应放置在易燃易爆的危险场所。在易燃易爆危险场所安装的电气设备应采用密封的防爆电器。另外,在易燃易爆的场所应尽量避免使用携带式电气设备。

在容易发生爆炸和火灾危险的场所内,电力线路的绝缘导线和电缆的额定电压不得低于电网的额定电压,低压供电线路不应低于500V。要使用铜芯绝缘线,导线连接应保证接触良好、可靠、应尽量避免接头。工作零线的截面和绝缘应与相线相同,并应敷设在同一护套或管子内。导线应采用阻燃型导线(或阻燃型电缆)并穿管敷设。

在突然停电有可能引起电气火灾和爆炸危险的场所,应有两路以上的电源供电,电源能自动切换。

在容易发生爆炸危险场所的电气设备的金属外壳应可靠接地(或接零)。

在运行管理中要加强对电气设备的维护、监督,防止发生电气事故。

3. 电气火灾的扑救

从灭火角度考虑,电气火灾与其他火灾相比有以下两个特点:一是着火后电气装置或设备可能仍然带电,而且因电气绝缘损坏或带电导线断落接地,在一定范围内会存在跨步电压和接触电压,如果不注意,可能引起触电事故;二是有些电气设备内部充有大量油(如电力变压器、电压互感器等),着火后受热,油箱内部压力增大,可能会发生喷油甚至爆炸,造成火灾蔓延。

电气火灾的危害很大,因此要坚决贯彻"预防为主"的方针。万一发生电气火灾,必须迅速采取正确有效的措施,及时扑灭电气火灾。

(1)断电灭火

当电气装置或设备发生火灾或引燃附近可燃物时,首先要切断电源。室外高压线路或杆上配电变压器起火时，应立即打电话与供电部门联系拉断电源；室内电气装置或设备发生火灾时应尽快拉掉开关切断电源，并及时正确选用灭火器进行扑救。

断电灭火时应注意下列事项：

① 断电时，应按规程所规定的程序进行操作，严防带负荷拉隔离开关（刀闸）。在火场内的开关和闸刀，由于烟熏火烤，其绝缘可能降低或损坏，因此，操作时应戴绝缘手套、穿绝缘靴，并使用相应电压等级的绝缘工具。

② 紧急切断电源时，切断地点选择要适当，防止切断电源后影响扑救工作的进行。切断带电线路导线时，切断点应选择在电源侧的支持物附近，以防导线断落后触及人身、短路或引起跨步电压触电。切断低压导线时应分相在不同部位剪断，剪的时候应使用有绝缘手柄的电工钳。

③ 夜间发生电气火灾，切断电源时，应考虑临时照明，以利扑救。

④ 需要电力部分切断电源时，应迅速电话联系，说清情况。

（2）带电灭火

发生电气火灾时应首先考虑断电灭火，因为断电后火势可减小下来，同时扑救比较安全。但有时在危急情况下，如果等切断电源后再进行补救，会延误时机，使火势蔓延，扩大燃烧面积，或者断电会严重影响生产，这时就必须在确保灭火人员安全的情况下，进行带电灭火。带电灭火一般限在10kV及以下电气设备上进行。

带电灭火很重要的一条就是正确选用灭火器材。绝对不准使用泡沫灭火剂对有电的设备进行灭火，一定要用不导电的灭火剂灭火，如二氧化碳、四氯化碳、二氟－氯－溴甲烷（简称1211）和化学干粉等灭火剂。

带电灭火时，为防止发生人身触电事故，必须注意以下几点：

① 扑救人员及所使用的灭火器材与带电部分必须保持足够的安全距离，并应戴绝缘手套。

② 不准使用导电灭火剂（如泡沫灭火剂、喷射水流等）对有电设备进行灭火。

③ 使用水枪带电灭火时，扑救人员应穿绝缘靴、戴绝缘手套并应将水枪金属喷嘴接地。

④ 在灭火中电气设备发生故障，如电线断落在地上，局部地区会形成跨步电压，在这种情况下，扑救人员必须穿绝缘靴（鞋）。

⑤ 扑救架空线路的火灾时，人体与带电导线之间的仰角不应大于45°，并应站在线路外侧，以防导线断落触及人体发生触电事故。

4. 常用电气设备灭火器的使用和保养

（1）"1211"灭火器（二氟－氯－溴甲烷灭火器）

① 使用：使用手提式"1211"灭火器需先拔掉红色保险圈，然后压下把手，灭火剂就能立即喷出。使用推车式灭火器时，需取出喷管，伸展胶管，然后逆时针转动钢瓶手轮，即可喷射。

② 保养：手提式灭火器应定期检查，减轻的重量不可超过额定总重量的10%。推车式灭火器需定期检查氮气压力，低于1.5MPa（15kg/cm^2）时应充氮。

（2）四氯化碳灭火器

① 使用：将喷嘴对准着火物，拧开梅花手轮即可喷射。使用时人要站在上风位置。如着火现场空气不流通，需用毛巾捂住口鼻或戴防毒面具。

② 保养：定期检查灭火筒、阀门、喷嘴有无损坏、漏气、腐蚀、堵塞等现象。气压需保持在0.55～0.7MPa（5.5～7kg/cm^2）。灭火器器内药液减少时需及时补充，不可放在高温处。

（3）二氧化碳灭火器

① 使用：一手拿喷筒对准着火物，一手拧开梅花轮（手轮式）或一手握紧鸭舌（鸭嘴式），

气体即可喷出。注意现场风向，逆风使用时效能低。

二氧化碳灭火器一般用在 600V 以下电气装置或设备灭火。电压高于 600V 的电气装置或设备灭火时需停电灭火。

二氧化碳灭火器可用于珍贵仪器设备灭火，而且可扑灭油类火灾，但不适用于钾、钠等化学产品的火灾扑救。注意使用时不可手摸金属枪，不可把喷筒对人。

② 保养：二氧化碳灭火器怕高温，存放地点温度不可超过 42℃，也不可存放在潮湿地点。每三个月要查一次二氧化碳重量，减轻重量不可超过额定总重量的 10%。

（4）干粉灭火器

① 使用：将手提式灭火器拿到距火区 3～4m 处。拔去保险销，将喷嘴对准火焰根部，手握导杆提环，压下顶针即喷出干粉，并可从近至远反复横扫。

② 保养：保持干燥、密封，避免暴晒，半年检查一次干粉是否结块。总有效期一般为 4～5 年。

第三节　触电与急救

电气化能够减轻劳动强度，提高生产率，丰富人们的文化生活，给人类带来了巨大的物质文明。但是如果不能正确使用，不仅会损坏电气设备，严重时还会引起火灾、爆炸以及人员触电死亡等。因此搞好安全用电，防止触电，保障人身安全是一个极为重要的问题。

触电的情况比较复杂，但从大量的统计资料显示，在触电事故中以低压交流尤其是 250V 以下的触电占绝大多数，380V 的触电事故较少。在高压触电事故中，主要是 3～6kV 的高压触电，10kV 以上的基本没有触电事故，这是因为，10kV 以上的电力网难于接近，线路作业人员都是经过严格的专业训练，并且是在严格监护下进行工作的。3～6kV 的电力网除易于接近外，还缺少严格监护，操作维护人员的用电知识不足是发生事故的主要原因。380V 的触电事故少，是因为两相触电的可能性较少；220V 电压是日常生活和生产中用得最广、接触最多的一种电压，对于缺乏安全用电知识的人来说，较易发生触电事故。统计资料也表明，在触电人员中非电工专业人员占绝大多数。

在低压触电事故中，触及在正常情况下不应带电而在意外情况下带电的设备的触电事故又占较大的比例。这类事故发生的原因主要是设备有缺陷、运行不合理、保护装置不完善等。

统计数字还表明，触电事故与季节有关，夏、秋两季发生较多，特别是 6、7、8 三个月，这是因为，这个时期气候潮湿、多雨，降低了设备的绝缘性能，又因为天热，人体出汗多，增大了触电的危险性。因此，雨季前应注意对电气设备的检查，落实各种安全措施。

一、电流对人体的伤害

电对人体的伤害分为电击和电伤两种。电击是指电流通过人体内部，影响呼吸、心脏和神经系统，可造成人体内部组成的损坏或死亡。电伤是指电对人体外部造成的局部伤害，如电弧烧伤等，绝大部分触电事故是电击造成的。

电流通过人体内部对人体伤害的严重程度与电流的大小、通电时间、电流通过人体的路径、电流的种类以及人体的状况等多种因素有关，各因素之间又有着密切的联系和影响。

1. 电流的大小

通过人体的电流越大，人体的生理反应越强烈，致命的危险就越大，致死所需的时间也就越短。

对于工频交流电，根据通过人体的电流大小和人体呈现的状态，可划分为三级，即感知电流、摆脱电流和致命电流。

引起人体感觉最小的电流称为感知电流。人触电后能自主摆脱电源的最大电流称为摆脱电流。在较短时间内危及人的生命的最小电流称为致命电流。由于电击致命的主要原因是电流引起心室颤动或窒息造成的。资料表明，成年男性的平均感知电流约为1.1mA，成年女性约为0.7mA。成年男性的最小摆脱电流约为9mA，成年女生约为6mA。

通过人体的电流大小，主要取决于施加于人体的电压和人体电阻，电压越高，通过人体的电流越大；人体电阻大则电流小，反之亦然。人体电阻包括皮肤电阻和体内电阻。体内电阻不受外界影响，约为500Ω。皮肤电阻则随外界条件不同而异。不同条件下的人体电阻见表4-3-1。

表4-3-1　不同条件下的人体电阻

加于人体的电压（V）	人体电阻（Ω）			
	皮肤干燥[①]	皮肤潮湿[②]	皮肤湿润[③]	皮肤浸入水中[④]
10	7000	3500	1200	600
25	5000	2500	1000	500
50	4000	2000	875	440
100	3000	1500	770	375
250	1500	1000	650	325

注：① 相当干燥场所的皮肤，电流途径为单手至双足；
② 相当潮湿场所的皮肤，电流途径为单手至双足；
③ 有水蒸气等特别潮湿场所的皮肤，电流途径为双手至双足；
④ 类似游泳池或浴池中的情况，基本上为体内电阻。

2. 通电时间

通电时间越长，便越容易引致心室颤动，即电击的危险性越大。这是因为人的心脏每收缩、扩张一次，中间约为0.1s的间隙，此时心脏对电流最为敏感，在这一瞬间，即使是很小的电流（几十毫安）通过心脏也会引起心室颤动。如果电流不在这一瞬间通过心脏，即使电流很大（几安以上）也不会引起心脏骤停。此外，由于通电时间长，会使人体电阻因出汗等原因而降低，通过人体的电流则增大，从而增加电击的危险性。

3. 电流通过人体的路径

电流通过心脏会引起心室颤动而致死。较大的电流会使心脏骤停，因此电流通过的路径以胸至左手为最危险。此外，电流通过中枢神经或有关部位会引起神经中枢系统失调，强烈时会造成窒息导致死亡。电流通过头部会使人昏迷，对脑造成损害，严重时可能不醒而死。电流通过脊髓会导致截瘫。

各种不同通电路径的危险程度可以用心脏电流系数来表示。心脏电流系数是电流在给定的通电路径流过时，心脏电场强度与同样电流流过左手至双脚路径时的心脏电场强度之比。各种不同路径的心脏电流系数如表4-3-2所示。

表4-3-2　不同通电路径的心脏电流系数

通电路径	心脏电流系数
左手至左脚、右脚或双脚、双手至双脚	1.0
左手至右手	0.4
右手到左脚、右脚或双脚	0.8
背至右手	0.3
背至左手	0.7
胸部至右手	1.3
胸部至左手	1.5
臀部至左手、右手或双手	0.7

电流纵向通过人体比横向通过时心脏上的电场强度要高，更易于发生心室颤动，因而危险性更大。

4. 电流的种类

直流电流、高频电流、冲击电流对人体都有伤害作用，但其伤害程度一般都较工频电流轻。

直流电的危险性相对小于交流电。直流电的最小感知电流：男性为5.2mA，女性为3.5mA。平均摆脱电流，男性约为76mA（交流电为16mA），女性约为51mA（交流电为10.5mA）。可能引起心脏颤动的电流在通电时间为0.3s时约为1300mA。

交流电中，频率为25～300Hz的交流电对人体的伤害最为严重，低于或高于这个频段，伤害程度明显减轻。100000Hz高频交流电的最小感知电流，男性约为12mA。平均摆脱电流，男性约为75mA，通电3s时引起心室颤动的电流约为500mA。但高频电流比工频电流易于灼伤皮肤，因此仍不能忽视使用高频电流的安全，尤其是高压高频电流仍有电击致命的危险。

雷电和电容器放电都能产生冲击电流。冲击电流通过人体时，能引起强烈的肌肉收缩。由于这种电流通过人体的时间很短，导致心室颤动的电流值要高得多。当人体电阻为500Ω时，引起心室颤动的冲击电流I与冲击时间t的关系如图4-3-1所示。

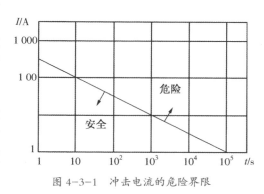

图4-3-1　冲击电流的危险界限

5. 人体的状况

电对人体的伤害程度与人体状况（包括人的性别、年龄、体重和健康）有很大关系。

二、触电方式

在低压电网中，常见的触电方式有单相触电、两相触电及跨步电压和接触电压触电。

1. 单相触电

单相触电是指人体的某一部位在地面上或其他接地体上，而另一部位则触及三相系统中任一根相线。这时触电的危险程度取决于三相电网的中性点是否接地。当中性点接地时，如

图 4-3-2 所示。由于电网中性点接地电阻比较小，一般只有几欧，加于人体上的电压接近于相电压，如果人体电阻按 1000Ω 考虑，则通过人体的电流约为 220mA。如前所述，通电时间大于 1s 时，50mA 的工频电流即可引起心室颤动，因此这种触电方式是极为危险的。当中性点不接地、对地绝缘时，如图 4-3-3 所示。

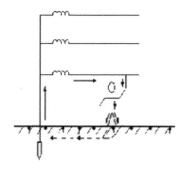

图 4-3-2　中性点接地的单相触电

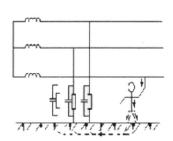

图 4-3-3　中性点不接地的单相触电

2. 两相触电

一般是人体同时触及两根相线，这时加到人体上的电压为线电压（380V）。如果人体电阻按 1000Ω 考虑，通过人体的电流可达 380mA，然而，因两相触电而死亡的例子比较少，这主要是因为两根相线的安置通常相距较近，人体接触时多限于某一局部，电流通过人体的路径很短，通过重要器官而危及生命的机会就少。因此属于此类触电死亡的事故多发生在设备检修时的误通电。

3. 跨步电压和接触电压触电

通常是以大地的电位为零、带电体与大地之间的电位差称为对地电压。当带电体接触大地并有电流流入大地时，接地点周围的土地对大地将有对地电压。

带电体与大地接触，实际上有两类：一类是故障接地，它是带电体与大地之间发生意外连接，如电力网断线落地、电气设备碰壳短路等；另一类是人为的正常接地，其中又有两种情况，一种是工作接地，另一种是安全接地。工作接地是维持系统正常安全运行的接地，如三相四线制中性点接地。安全接地是为了防止触电（保护接地）、雷击（防雷接地）等危害而实施的接地。

正常接地是把电气设备或电力网通过连接导体（称为接地线）与埋入地下并直接与大地接触的金属导体（称为接地体）相连的。埋入地下的接地体和接地线通常总称为接地装置。正常接地，在平时是没有电流或只有很小电流流入大地，接地体及其周围土地的对地电压为零。当系统发生故障时，如导线接地、设备碰壳短路或遭受雷击等，接地装置将比较大的电流流过，接地体及其周围的土地将有对地电压产生。

对地电压以接地体处最高，离开接地体，随着距离的逐渐扩大，对地电压逐渐下降，至离接地体约 20m 处，对地电压降为零。这是因为靠近接地体处电流所遇到的土壤电阻较大，远离接地体处所遇到的土壤电阻小。图 4-3-4 是电流通过接地体流入大地的情况。电流通过接地体向大地作半球形的流散。半球面积随着远离接地体而迅速增大，因此与半球面积对应的土壤电阻随着远离接地体而迅速减小。在距接地体 20m 处，半球面积已达 2500m²，土壤电阻已小到可以忽略不计的程度，通常电气上所说的"地"就是指远离接地体 20m 以外的大地。

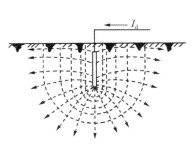

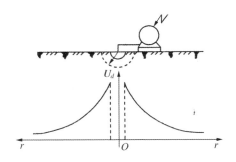

图 4-3-4　电流通过接地体的散流图　　图 4-3-5　接地体附近对地电压的变化曲线

接地体周围各点对地电压的变化规律与接地体的形状有关，大体上都具有双曲线的特点，即接地体周围各点对地电压与该点至接地体的距离成反比关系，靠近接地体的对地电压变化大，下降迅速，距离接地体越远，对地电压变化越小，下降越缓慢，如图 4-3-5 所示。

由于有电流流入大地，接地体附近各点有对地电压，也就是有电位存在，当人站在这种接地体附近时，两脚将具有不同的电位，即在两脚之间将有一个电压存在而使人触电，这种触电称为跨步电压触电，如图 4-3-6 中的 U_{k1} 和 U_{k2}。

人的跨步距离一般按 0.8m 考虑，大型牲畜的跨步距离按 1.0～1.4m 考虑。图 4-3-6 中的甲靠近接地体，对地电压变化大，因而承受的跨步电压大；乙距接地体远，对地电压变化缓慢，因而承受的跨步电压小。

跨步电压触电时，电流通过人体的路径是从一只脚到另一只脚，没有通过人体的重要器官，理论上应是比较安全，但当跨步电压较高时，人会因双脚抽筋而倒地，从而会使加于人体的电压增高，并且会使电流通过人体的路径改变，例如从脚到头或手，即流经人的心肺，在这种情况下，几秒钟内致死的危险是极有可能的。

由于接地短路故障的设备有对地电压，人触及将电压加于人体，这种电压称为接触电压。图 4-3-6 中的丙所承受的电压即为接触电压，它是设备外壳的对地电压（也就是接地体的对地电压）与人体站立处（一般按人体离设备 0.8m 考虑）的对地电压之差。

跨步电压和接触电压触电，一般只有在雷击或有强大的接地短路电流出现时发生。

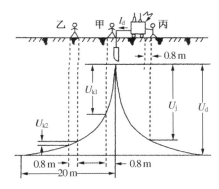

图 4-3-6　跨步电压触电

还有一种触电方式：当人走近高压带电体，其距离小于高压放电的距离时，人和高压带电体之间就会产生电弧放电，从而导致触电，这时通过人体的电流虽然很大，但由于人会在极短时间内被击倒而脱离放电距离，因此不一定致死，但可造成严重灼伤。

三、触电急救

人触电后不一定就立即死亡，很多情况下只是呈"假死"状态，此时如能及时而迅速地抢救，方法得当，触电者大多可以获救。

作为抢救者，首先要使触电者脱离电源，其次便是实施救治。

1. 使触电者迅速脱离电源

使触电者尽快脱离电源是抢救成功的重要一步，是实施急救的前提。触脱电源的正确方法如下。

（1）如果电源开关或插销离事故地点较近，可迅速拉开开关或拔掉插销。一般的电灯开关或拉线开关只控制单线，且不一定是控制相（火）线，因此拉开这种开关有时并不保险，还应拉开前一级的闸刀开关。

（2）如开关离事故地点很远，无法立即拉开时，可根据具体情况采取相应的措施。例如，电线是搭在触电者的身上，或压在身下，救护者可用干燥的木棒、木板、竹竿或其他绝缘物迅速将电线拨开。

如果触电者的衣服是干燥的，又不贴紧身体，救护者可以站在干燥的木板上用一只手（注意：只能一只手）拉住触电者的衣服将其拖离带电体（此法对高压触电不适用）。也可以用电工钳或装有干燥木柄的斧、刀、铁锹等把电线切断；还可以用干木板、干胶木板等绝缘物插入触电者的身下，以隔断电源。前者对于触电者因抽筋而紧握电线不放时更为适用。

除了迅速使触电者脱离电源之外，还应防止摔伤事故（特别是触电者在高处时），即使在平地，也须注意触电者倒下的方向，防止碰伤。

2. 抢救护理

当触电者脱离电源后，应立即根据具体情况实施救治，同时派人请医生到场。按照触电者受电击的严重程度，大体有以下 3 种情况。

（1）触电者的伤害不是很严重，神志还清醒，仅表现为心慌，四肢发麻，全身乏力，或虽曾一度昏迷但未失去知觉，此时应使之安静休息，不要走路，且需严密观察，并请医生前来诊治或送医院治疗。

（2）如触电者已失去知觉，但心脏有跳动，且有呼吸，此时应使其舒适平卧，周围不要围人，空气要流通。为使呼吸畅顺，可解开触电者的上衣。在此同时，应速派人请医生到场。如发现触电者呼吸困难，且不时发生抽搐时，要立即准备进行人工氧合。

（3）如触电者的呼吸、脉搏、心脏跳动均已停止，这时应立即在现场施行人工氧合，进行紧急救治。

3. 人工氧合

人工氧合就是用人工的方法恢复呼吸或心脏跳动，是触电急救行之有效的科学方法。

人工氧合包括人工呼吸和心脏按压两种方法。根据触电者的具体情况，这两种方法可以单独使用，也可以配合使用。不论应用哪种方法，实施前均应将触电者身上妨碍呼吸的衣服、裤带等解开，将触电者口中的呕吐物、假牙、血块等取出，如果舌根后缩，应将舌头拉出，以利于呼吸畅通。如果触电者牙关紧闭，救护人可将两手的四指托住触电者的下颌骨的后角，大拇指放在下颌边缘上，然后用力将下颌骨慢慢向前推移，使下牙移到上牙前，促使触电者把口张开，也可用开口器、小木片、金属片等硬质物从触电者的口角伸入牙缝，撬开牙齿使其张口。

（1）人工呼吸法

当触电者停止呼吸而心脏还在跳动时，可采用人工呼吸法抢救。人工呼吸法有 3 种：口对口（鼻）法、俯卧压背法和仰卧牵臂法。其中口对口（鼻）人工呼吸法效果最好，简单易学，其操作方法如下。

① 使触电者仰卧，颈部放直，头部尽量后仰，鼻孔朝天，这样舌根就不会阻塞气流，如

图 4-3-7（a）所示。触电者的颈部下方可以垫起，但不可在其头部下方垫放枕头或其他物品。

② 救护人蹲跪在触电者头旁，一手捏紧触电者的鼻孔，另一只手将其下颌拉向前下方，使嘴巴张开（嘴上可盖上一块纱布），并做好吹气的准备，如图 4-3-7（b）所示。

③ 救护人作深吸气后，紧贴触电者的嘴向其吹气，如图 4-3-7（c）所示（如掰不开触电者的嘴，可捏紧其嘴巴向鼻孔吹气）。同时观察触电者胸部的膨胀情况，以判断吹气是否有效或适度（吹气以胸部略有起伏为宜）。

④ 吹气完毕立即离开触电者的嘴（或鼻），并放开其鼻孔（或嘴），让其自动向外呼（排）气，如图 4-3-7（d）所示。

开放气道
（a）清理口腔阻塞物

捏鼻张口
（b）鼻孔朝天头后仰

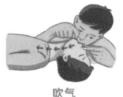
吹气
（c）贴嘴吹气胸扩张

呼气
（d）放开嘴鼻好换气

图 4-3-7　口对口人工呼吸法

这时要注意触电者胸部的复原情况，注意呼吸道是否有堵塞现象。

以上步骤要连接不断地进行，对成年人每分钟吹气 14～18 次，每 5s 一次（吹气 2s，呼气 3s）。对儿童则每分钟吹气 18～24 次。对于儿童，吹气时不必捏紧鼻孔，任其漏气，并只可小口吹气，防止肺泡破裂。

（2）心脏按压法

如果触电者呼吸没有停止，只是心脏跳动停止了，则可采用心脏按压，即胸外心脏挤压，其操作方法如下。

① 使触电者仰卧，仰卧姿势与人工呼吸法相同。背部着地处应平整结实，以保证按压效果。

② 选好正确压点，救护人跪在触电者腰部一侧，两手相叠，如图 4-3-8 所示。将下面那只手的掌根放在触电者心窝稍高一点的地方，即两乳头间略下一点，在胸骨的下 1/3 部位，其中指尖约在触电者颈部凹陷的下边缘，也就是所谓"当胸一手掌，中指对凹腔"，这时的手掌根部就是正确的压点（图 4-3-9、图 4-3-10（a））。

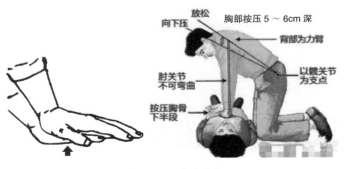
图 4-3-8　叠手姿势

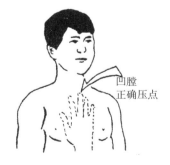
图 4-3-9　正确压点

③ 选好压点后，救护人伸直肘关节，然后用力适当地有冲击性地向下（背脊方向）压按

触电者的胸骨，压出心脏的血液，如图4-3-10（b）所示。对成年人应按压5～6cm（图4-3-10（c））；儿童可只有用一只手按压，且用力要轻，防止压伤胸骨。

④ 按压后，掌根要突然放松（但手掌不必完全离开胸部），使触电者胸部自动复原，血液又回到心脏，如图4-3-10（d）所示。

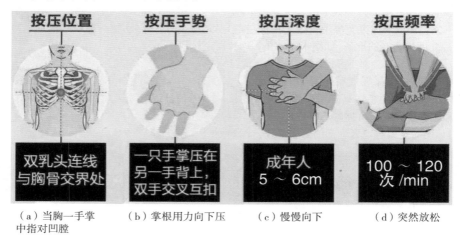

按压位置	按压手势	按压深度	按压频率
双乳头连线与胸骨交界处	一只手掌压在另一手背上，双手交叉互扣	成年人5～6cm	100～120次/min
（a）当胸一手掌中指对凹腔	（b）掌根用力向下压	（c）慢慢向下	（d）突然放松

图4-3-10 人工心脏挤压法

按以上步骤连接不断地进行，成年人以每分钟挤压100～120次为宜；儿童则以100次左右为宜。

一旦呼吸及心脏跳动都停止了，则应同时进行口对口呼吸和胸外心脏按压。由两个救护人共同进行。如果现场仅有一个人进行抢救，则两种方法可交替进行，即每吹气2～3次，再按压心脏10～15次。

人工氧合法抢救触电者往往需要很长时间（有时要进行1～2h）。而且必须连续进行，切不可轻率放弃，即使在送往医院的途中也不应中断人工氧合。在人工氧合过程中，如果发生触电者的皮肤由紫变红，瞳孔由大变小，说明人工氧合收到了效果。当触电者自己开始呼吸时，则可停止人工氧合，但如果人工氧合停止后，触电者不能维护正常的心脏跳动和呼吸，则应继续进行人工氧合。在抢救过程中，只有触电者身上出现尸斑或身体僵冷、经医生作出无法救活的诊断后方可停止人工氧合。

对于与触电同时发生的一般外伤，可放在急救后处理，如属于严重外伤，则应在急救的同时做适当处理。

四、防止触电的主要措施

（1）电气系统正常运行时，只要是绝缘、屏护、间距、载流量等均符合有关的技术要求，则电气安全就可以得到保证。

绝缘是为了避免带电体与其他物体或人体等接触造成短路或触电事故，而用绝缘材料将带电体加以隔绝。屏护则是当电气设备不便于绝缘或绝缘不足以保证安全时所采取的一种隔离措施。常用的屏护有遮拦、护罩、护盖、箱匣等。

间距是带电体与地面之间、带电体与带电体之间、带电体与其他设施或设备之间所必须保持的安全距离，其目的是防止人体触及或靠近带电体，避免车辆或其他物体碰撞或过分接近带电体，防止电气短路和因此而引起的火灾。

　　载流量是指导线通过电流的数量（即电流强度）。任何一种导线都有电阻，电流通过时会消耗电能而发热，如果通过的电流量超过安全载流量，就会导致发热，以致损坏绝缘材料造成漏电，严重时可引起火灾。因此必须正确选择导线的种类和规格，使线路在正常工作时的最大电流不超过其安全载流量。

　　（2）电气系统中由于绝缘的破坏、线路的断线、过载等会造成不带电体带电、碰壳短路、高压窜入低压等意外事故，为防止触电，就要采取一些预防性的安全措施，如设置熔断器、断路器、漏电开关，采用安全电压、保护接地、保护接零等安全措施。

　　（3）为了防止错误操作、违章操作，维护电气系统的正常运行，必须认真贯彻和坚决执行有关的安全管理措施和各地区的《电气安全工程规程》，它是操作和检修电气设备时必须执行的规章、制度，是保证安全的技术措施和组织措施。

参考文献

［1］梁勇，王术良，孙德升.电子元器件的安装与拆卸［M］.北京：机械工业出版社，2020.

［2］王水平，等.电子元器件应用基础［M］.北京：电子工业出版社，2016.

［3］韩雪涛.电子元器件识别、检测、选用与代换［M］.北京：电子工业出版社，2019.

［4］孙洋，孔军.电子元器件识别·检测·选用·代换·维修全书［M］.北京：化学工业出版社，2021.

［5］蔡杏山.电子元器件一本通［M］.北京：人民邮电出版社，2020.

［6］刘纪红，沈鸿媛，等.电子元器件应用［M］.北京：清华大学出版社，2019.

［7］韩雪涛.电子元器件从入门到精通［M］.北京：化学工业出版社，2019.

［8］张校铭.从零开始学电子元器件——识别·检测·维修·代换·应用［M］.北京：化学工业出版社，2017.

［9］高礼忠，杨吉祥.电子测量技术基础［M］.南京：东南大学出版社，2015.

［10］于安红.简明电子元器件手册［M］.上海：上海交通大学出版社，2005.

［11］王昊，李昕，郑凤翼.通用电子元器件的选用与检测［M］.北京：电子工业出版社，2006.

［12］张庆双，等.电子元器件的选用与检测［M］.北京：机械工业出版社，2006.